Heidelberger Taschenbücher Band 59/60

C. Streffer

Strahlen-Biochemie

Mit 69 Abbildungen

Springer-Verlag Berlin · Heidelberg · New York 1969

Privatdozent Dr. C. Streffer
Radiologisches Institut der Universität,
78 Freiburg, Albertstr. 23

ISBN-13: 978-3-540-04553-3   e-ISBN-13: 978-3-642-95117-6
DOI: 10.1007/978-3-642-95117-6

Alle Rechte vorbehalten. Kein Teil dieses Buches darf ohne schriftliche Genehmigung des Springer-Verlages übersetzt oder in irgendeiner Form vervielfältigt werden. © by Springer-Verlag Berlin · Heidelberg 1969.
Number 78-81584

Die Wiedergabe von Gebrauchsnamen, Handelsnamen, Warenbezeichnungen usw. in diesem Werk berechtigt auch ohne besondere Kennzeichnung nicht zu der Annahme, daß solche Namen im Sinne der Warenzeichen- und Markenschutz-Gesetzgebung als frei zu betrachten wären und daher von jedermann benutzt werden dürften.
Titel-Nr. 7588

*Meiner Frau und meinen vier Knöpfen,
die auf manchen Sonntagsmarsch in den
Schwarzwald verzichten mußten, gewidmet.*

Vorwort

Die strahlenbiologische Forschung ist beinahe ebenso alt wie die Erkenntnis, daß es radioaktive Isotope gibt, die ionisierende Strahlen aussenden. Derartige Untersuchungen entsprangen nicht, wie es manchmal scheinen mag, der Angst vor den Gefahren dieser Strahlung sondern vielmehr dem Trieb des Menschen, die Umwelt mit ihren Phänomenen zu erfassen. Heute, in einer Zeit, die sich anschickt, mit der Kerntechnik zu leben, stellt sich die Frage nach den biologischen Wirkungen ionisierender Strahlen zwar mit einer besonderen Aktualität. Sie sollte jedoch vor allem aus der Grundhaltung wissenschaftlichen Suchens, das Wissen zu vermehren, gesehen werden. Zum Verständnis des Mechanismus kommt den Untersuchungen dieser Fragestellung im molekularen Bereich besondere Bedeutung zu.

In den letzten 10—15 Jahren ist eine große Zahl biochemischer Messungen an bestrahlten Organismen veröffentlicht worden. Es erschien mir daher reizvoll, einen Versuch zu unternehmen, die experimentellen Befunde zusammenfassend darzustellen und einzuordnen. Dabei wurde nicht verkannt, daß die Forschung auf dem Gebiet der Strahlen-Biochemie sehr stark im Fluß ist und die Sicht der kausalen Zusammenhänge bisher in vielen Fällen nicht möglich ist, so daß viele Fragen unbeantwortet bleiben müssen. Da die Parameter, wie Zeitfaktoren, Bestrahlungsbedingungen usw., die die biologischen Strahleneffekte beeinflussen, sehr vielfältig sind, ergibt sich häufig eine sehr komplexe Situation. Es kann daher nicht der Anspruch erhoben werden, daß die in der Literatur beschriebenen Daten in den folgenden Kapiteln erschöpfend dargestellt sind. Ich hoffe jedoch, die großen Linien der Entwicklung aufzeigen zu können und damit dem heutigen Stand des Wissens über biochemische Veränderungen bei bestrahlten Organismen Rechnung zu tragen.

In einem einführenden Kapitel werden einige allgemeine Grundlagen der Strahlenforschung kurz umrissen. Der interessierte Leser, der vor allem das Wissen über die physikalisch-chemischen Vorgänge vertiefen möchte, sei auf das Buch Heidelberger Taschenbücher, Bd. 57/58 „Molekulare Strahlenbiologie" von H. Dertinger und H. Jung verwiesen. Vor jedem weiteren Kapitel sind die biochemischen Grundzüge des betreffenden Sachgebietes skizziert, die hier aus Gründen des Umfanges nur kurz behandelt werden konnten.

Um den Rahmen eines Taschenbuches nicht zu sprengen, habe ich die Literaturangaben knapp gehalten. Es werden nach Möglichkeit neuere Arbeiten zitiert, deren Literaturangaben den Zugang zu weiteren Originalarbeiten eröffnen.

Wenn dieses Buch gelungen ist, so ist das nicht zuletzt den Diskussionen mit vielen Kollegen zu danken. Mein besonderer Dank gilt Herrn Professor H. Langendorff, Herrn Dr. J. Berndt und Herrn Dr. H. Mönig, die viele Anregungen bei der Abfassung des Manuskriptes gaben, sowie dem Springer-Verlag für die Unterstützung und das Entgegenkommen bei der Gestaltung des Buches.

Freiburg i. Br., im Februar 1969 C. STREFFER

Inhalt

I. Einführung und Grundlagen der Strahlenforschung . . . 1
  1. Wechselwirkung ionisierender Strahlen mit Materie . . 3
  2. Ionisationsdichte und Linearer-Energie-Transfer (LET) der ionisierenden Strahlen 7
  3. Dosiseinheiten und relative biologische Wirkung . . . 9
  4. Direkte und indirekte Strahlenwirkung 11
  5. Strahlenchemie des Wassers 13
  6. Der Sauerstoffeffekt 16
  7. Die Strahlenempfindlichkeit lebender Organismen . . 17
  8. Die Strahlenempfindlichkeit von Zellen und Geweben der Säugetiere 20

II. Veränderungen der Nucleinsäuren und ihres Stoffwechsels nach Bestrahlung 22
  1. Strahlenschäden an den Nucleinsäuren 24
     a) Die Bestrahlung von Phagen-DNS 26
     b) Die Bestrahlung von DNS aus Bakterien und Säugetierzellen 31
  2. Reparationsvorgänge an der DNS nach Bestrahlung . 35
     a) Die Photoreaktivierung 35
     b) Der Dunkel-Repair 36
     c) Zur Regulation des Dunkel-Repairs 42
  3. Der Abbau von Nucleinsäuren 45
     a) Der Abbau von DNS in Mikroorganismen 45
     b) Der Abbau von DNS in Säugetierzellen 46
     c) Die Aktivität der DN-asen in Säugetierzellen . . . 49
     d) Der Abbau der RNS 52
  4. Der Stoffwechsel der Nucleotide 55
     a) Der Gehalt an Nucleotiden in den Geweben und im Urin 55
     b) Enzymaktivitäten des Nucleotid-Stoffwechsels . . . 57
  5. Die Synthese der DNS 59
     a) Der Einbau von Vorstufen in die DNS 59
     b) Zum Mechanismus der DNS-Synthese-Hemmung . 61
     c) Die Synthese der RNS 65

III. Der Stoffwechsel der Proteine und Aminosäuren nach Bestrahlung 69
   1. Veränderungen an Proteinen nach Bestrahlung *in vitro* 70
   2. Die Protein-Biosynthese nach Bestrahlung 76
      a) Der Einbau von Vorstufen in die Proteine 76
      b) Die Enzyminduktion und Antikörpersynthese . . . 80
   3. Der Abbau von Proteinen 82
   4. Der allgemeine Stoffwechsel der Aminosäuren 87
   5. Der Stoffwechsel des Cysteins 88
   6. Der Stoffwechsel des Tryptophans 92
IV. Der Stoffwechsel der Kohlenhydrate nach Bestrahlung . . 95
   1. Der Glykogengehalt 96
   2. Die Gluconeogenese 98
   3. Die Glykolyse 100
   4. Der Pentose-Phosphat-Cyclus 104
   5. Untersuchungen des Citrat-Cyclus 104
V. Die Atmungskette und der Stoffwechsel „energiereicher" Phosphate nach Bestrahlung 106
   1. Die Atmung 107
   2. Die oxidative Phosphorylierung in den Mitochondrien 108
   3. Die oxidative Phosphorylierung in den Zellkernen . . 111
   4. Der Gehalt „energiereicher" Phosphate in den Zellen und Geweben 113
VI. Die Lipide und ihr Stoffwechsel nach Bestrahlung 115
   1. Die Bildung von Lipidperoxiden nach Bestrahlung . . 115
   2. Der Gehalt von Lipiden in den Organen 117
   3. Der Stoffwechsel der Fettsäuren 120
   4. Die Biosynthese von Triglyceriden und Phosphatiden . 122
   5. Die Biosynthese von Cholesterin 124
VII. Die Hormone und ihr Stoffwechsel nach Bestrahlung . . 126
   1. Die Hormone der Hypophyse 127
   2. Die Corticosteroide 128
   3. Die Keimdrüsenhormone 130
   4. Die biogenen Amine 132
VIII. Die Vitamine und Coenzyme nach Bestrahlung 136
   1. Untersuchungen über einige Vitamine 136
   2. Der Stoffwechsel der Pyridinnucleotide 139
   3. Die Biosynthese des Häms 143

IX. Der Elektrolythaushalt, die Permeabilität und der Aktive
   Transport nach Bestrahlung 145
   1. Der Natrium- und Kaliumhaushalt 145
   2. Permeabilität und „enzyme release" 151
   3. Der Aktive Transport 153

X. Die Bildung toxischer Substanzen nach Bestrahlung . . . 156

XI. Biochemische Untersuchungen zur Diagnostik des Strahlenschadens 160

XII. Schlußbetrachtungen 163
   1. Die Bakteriophagen 164
   2. Die Bakterien 165
   3. Die Lymphocyten 167
   4. Die Säugetiere 168

Abkürzungen und Erläuterungen 171

Literatur 182

Namenverzeichnis 189

Sachverzeichnis 193

I. Einführung und Grundlagen der Strahlenforschung

Bereits kurze Zeit nach der Entdeckung der ionisierenden Strahlen durch Röntgen (1895) bzw. Becquerel (1896) wurden die ersten Beobachtungen über die biologische Wirkung dieser Strahlen gemacht. Becquerel selbst bemerkte „Verbrennungserscheinungen" seiner Haut. Sie wurden durch ein Radiumpräparat hervorgerufen, das er in der Tasche mit sich trug. Im ersten Jahrzehnt dieses Jahrhunderts wurde dann von Albers-Schönberg, Bergonié und Tribondeau, Bohn, Halberstaedter, Heineke, London sowie Perthes über eine Reihe von systematischen Untersuchungen berichtet, die sich mit Veränderungen nach der Einwirkung ionisierender Strahlen auf biologische Objekte befaßten. Seit dieser Zeit hat die strahlenbiologische Forschung es sich zur Aufgabe gemacht, Vorgänge aufzuklären, die durch die Absorption von Strahlenenergie ausgelöst werden und die schließlich zu einem Strahleneffekt, zu einer Schädigung oder gar zum Tode der Zelle bzw. des Organismus führen.

Die Diskussion dieser Reaktionskette durch viele Arbeitsgruppen hat zu Vorstellungen geführt, wie sie in der Abb. 1 schematisch dargestellt sind: Werden biologische Objekte ionisierenden Strahlen ausgesetzt, so wird die Strahlenenergie teilweise oder vollständig in diesem Material absorbiert. Dieser außerordentlich schnelle Prozeß führt im allgemeinen über aktivierte Übergangszustände zu einer Ionisation der Moleküle und damit zur Bildung von Radikalzuständen. Durch schnell ablaufende inter- und intramolekulare Reaktionen dieser Radikale erfahren die strahlenchemischen Vorgänge ihren Abschluß. Als ihre Folge treten relativ stabile molekulare Veränderungen („manifestierte" molekulare Veränderungen, Koch u. Mönig sowie Korogodin, Abb. 1) auf. Bei diesen Prozessen unterscheidet man zwei Reaktionswege:

A. Bei der „direkten" Strahlenwirkung findet die Absorption der Strahlenenergie und damit die Ionisation in biologisch wichtigen Molekülen (z.B. in der Desoxyribonucleinsäure oder in den Proteinen) selbst statt, deren strahlenchemische Veränderung dann zu einer Schädigung des bestrahlten Systems führt.

B. Bei der „indirekten" Strahlenwirkung wird die Strahlenenergie durch das Medium, im Falle biologischen Materials vorwiegend durch die Wassermoleküle, absorbiert. Es werden auf Grund verschiedener Reaktionen, auf die noch eingegangen wird, Radikale gebildet, die ihrerseits mit biologisch wichtigen Molekülen reagieren und dadurch eine Strahlenwirkung hervorrufen.

Diese strahlenchemisch veränderten Moleküle führen nun zur Hemmung bzw. zur vorwiegend quantitativen Veränderung von Stoffwechselprozessen. Damit tritt eine entscheidende Fortentwicklung der Strahlenwirkung ein, die schließlich zu morphologischen sowie physiologischen Abnormitäten führt und nach hohen Strahlendosen schwerwiegende Schädigungen sowie den Tod der Zelle bzw. des Organismus zur Folge hat. Welche Bedeutung dem Stoffwechsel in dieser Reaktionskette zukommt, kann aus dem Einfluß der Temperatur auf die Entwicklung des Strahlenschadens ersehen werden. Holthusen [10] beobachtete, daß die Strahlenempfindlichkeit von Ascaris-Eiern bei erhöhter Umgebungstemperatur zunimmt. Ancel u. Vintemberger [10] legten Hühnereier 24 Std in einen Kühlschrank und bestrahlten diese dann mit Röntgenstrahlen. Wurden die Eier anschließend in den Kühlschrank zurückgebracht, so wurde 3 Tage später keine strahlenbedingte Veränderung beobachtet. Dagegen traten Schädigungen auf, wenn die Eier nach der Bestrahlung bebrütet wurden. Diese Autoren hoben bereits drei Punkte besonders hervor: 1. die primäre Strahlenschädigung, 2. Faktoren, die den Effekt manifestieren, 3. heilende Faktoren.

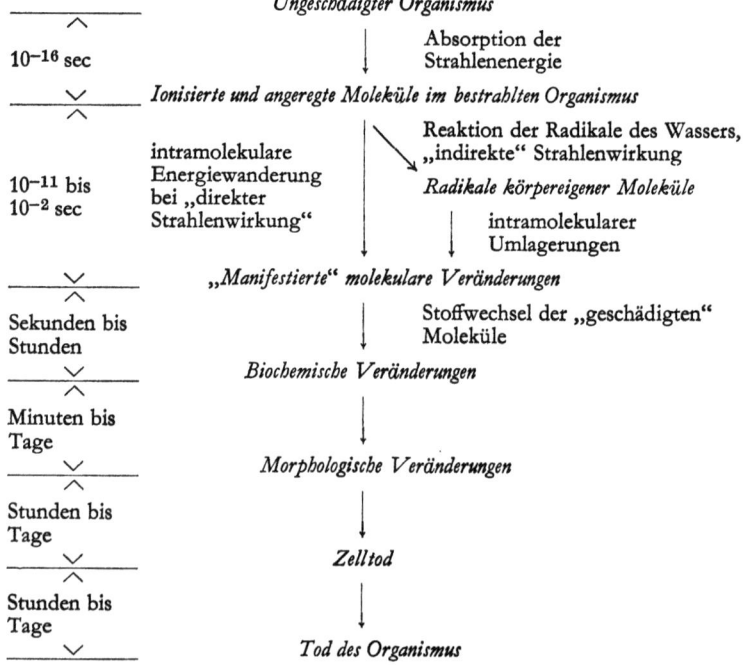

Abb. 1. Schematische Darstellung für die Entwicklung der biologischen Strahlenwirkung

Besonders eindrucksvoll wurde der Temperatureffekt durch Untersuchungen an Fröschen und Tieren im Winterschlaf demonstriert. Frösche, die bei 23 °C mit 3000—6000 R (R = Röntgen, Dosiseinheit, s. S. 9) bestrahlt und anschließend bei 23 °C gehalten wurden, starben innerhalb von 3—6 Wochen nach dem Strahleninsult. Dagegen überlebten 80—90% der Tiere 3—4 Monate, wenn sie nach der Bestrahlung auf 5 °C abgekühlt wurden. Wenn die unterkühlten Tiere auf eine Umgebungstemperatur von 23 °C 60—130 Tage nach der Bestrahlung überführt wurden, trat die Entwicklung der Strahlenkrankheit und schließlich der Tod der Tiere ein [10, 249]. Ganz analoge Ergebnisse wurden bei Eichhörnchen, Siebenschläfern und Murmeltieren beobachtet. So lange die Tiere nach Bestrahlung mit einer letalen Dosis im Winterschlaf gehalten werden konnten, überlebten sie. Dagegen starben alle Tiere innerhalb von 10 Tagen ab, wenn der Winterschlaf 2—4 Wochen nach Bestrahlung beendet wurde [10, 249]. Durch die Erniedrigung der Temperatur wird das Eintreten des Strahlenschadens nicht unterdrückt, es wird jedoch eine erhebliche Verzögerung bei der Entwicklung der Schädigung beobachtet. Allerdings muß die Physiologie des betreffenden Tieres eine derartige Abkühlung tolerieren können. Versuche dieser Art bei adulten Mäusen und Ratten erbrachten bisher keine Erhöhung der Strahlenresistenz.

Es ist naheliegend und erscheint für die beschriebenen Temperatureffekte als eine plausible Erklärung, daß der herabgesetzte Umsatz des Stoffwechsels bei den unterkühlten Tieren das verzögerte Auftreten des Strahlenschadens bewirkt. Da die strahlenchemischen Primärprozesse schnell ablaufen und der Temperaturkoeffizient von Reaktionen, an denen Radikale beteiligt sind, im allgemeinen gering ist, ist eine Modifizierung der Vorgänge durch die Temperatur erst nach Abschluß dieser Reaktionen zu erwarten. Damit wird die Bedeutung des Stoffwechsels für die biologische Strahlenwirkung besonders betont. Es erhebt sich daher die Frage, welche strahlenchemischen Veränderungen von biologisch wichtigen Molekülen in den Stoffwechsel eingehen und vor allem welche biochemischen Prozesse auf Grund dieser Vorgänge eine derartige Änderung erfahren, daß es zu einer Schädigung der biologischen Systeme kommt. Bevor die Untersuchungen zu diesen Fragen beschrieben werden, erscheint es jedoch notwendig, die physikalischen Elementarvorgänge bei einer Strahleneinwirkung auf Materie, sowie einige allgemeine Probleme der Strahlenbiologie zu erläutern.

1. Wechselwirkung ionisierender Strahlen mit Materie

Man unterscheidet bei den ionisierenden Strahlen [180]:
a) Direkt ionisierende Teilchen,
b) indirekt ionisierende Teilchen.

Im ersten Fall handelt es sich um Elementarteilchen, die eine elektrische Ladung tragen, wie z.B. Elektronen, Protonen und Helium-

Kerne (α-Teilchen) und die genügend kinetische Energie besitzen, um Ionisationen durch Stoß auszulösen. Die Partikel der zweiten Kategorie, z.B. Neutronen und Photonen (elektromagnetische Wellenstrahlen, wie Röntgen oder γ-Strahlen) sind nicht elektrisch geladen, sie vermögen jedoch direkt ionisierende Teilchen (z.B. Protonen bzw. Elektronen) durch Wechselwirkung mit Materie freizusetzen oder Kernumwandlungen durchzuführen. Die ionisierenden Strahlen entstehen entweder durch Zerfall natürlicher bzw. künstlicher Isotope (Radioisotope, Radionuklide) oder werden durch elektrische Felder in Generatoren (z.B. Röntgenröhre, Betatron, Cyclotron) erzeugt. Die Energie (E) dieser Strahlenarten wird im allgemeinen in Elektronenvolt (eV)[1] angegeben. Über die Beziehung

$$E = h \cdot \nu = \frac{h \cdot c}{\lambda} = \frac{m \cdot v^2}{2} = e \cdot V$$

h = Plancksches Wirkungsquantum,
ν = Frequenz der Strahlung,
c = Lichtgeschwindigkeit,
λ = Wellenlänge der Strahlung,
m = Masse des Teilchens,
v = Geschwindigkeit des Teilchens nach Durchlaufen einer Potentialdifferenz (Spannung) V,
e = Elementarladung des Elektrons

ist der Zusammenhang zwischen der Energie und der Frequenz sowie der Wellenlänge elektromagnetischer Wellenstrahlen bzw. zwischen der Energie und der Geschwindigkeit der Korpuskularstrahlen definiert. So wandern z.B. bei gleicher Energie Protonen wesentlich langsamer als Elektronen, da ihre Masse größer ist.

Durch die Wechselwirkung ionisierender Strahlen, die Energien von einigen Tausend Elektronenvolt (keV) bis zu Millionen (MeV) und Milliarden Elektronenvolt (GeV) haben, mit Materie wird die Energie in einem Einzelprozeß oder in Folgeprozessen absorbiert. Ein Teil des absorbierten Energiebetrages wird in chemische Arbeit umgesetzt, d.h. die absorbierenden Atome oder Moleküle werden ionisiert. Da es bei diesem Prozeß zur Trennung von elektrischen Ladungen kommt, — es wird z.B. ein Elektron aus einem Atom oder Molekülverband herausgeschlagen —, treten Ionenpaare auf. Aus Untersuchungen bei der Durchstrahlung von Gasen konnte errechnet werden, daß für jedes Ionenpaar, das gebildet wird, eine Energie von etwa 34 eV absorbiert wird. Dieser Betrag wird heute auch für die Ionisation durch Strahlung

---

[1] Die Energieeinheit 1 eV ist gleich der Energie, die ein Teilchen mit einer elektrischen Elementarladung (z.B. ein Elektron oder Proton) beim Durchlaufen einer Spannung von 1 Volt erhält. Da die Elementarladung e = $1{,}602 \cdot 10^{-19}$ Coulomb (C) beträgt, ist 1 eV = $1{,}602 \cdot 10^{-19}$ C · V (Joule) = $1{,}602 \cdot 10^{-12}$ erg = $3{,}827 \cdot 10^{-20}$ cal.

in Flüssigkeiten und Festkörpern angenommen, obwohl bisher keine exakten Messungen durchgeführt werden konnten. Von dem Energiebetrag 34 eV geht ein beträchtlicher Teil durch Anregung von Molekülen bzw. durch Umwandlung in Wärme verloren. Dieser Betrag bleibt wahrscheinlich ohne biologische Wirkung, da die Strahlendosis, die einen Säugetierorganismus abtötet, selbst bei einer vollständigen Übertragung der Strahlungsenergie in Wärme nur zu einer Temperaturerhöhung von etwa 0,002 °C führen würde.

Im Unterschied zum sichtbaren oder ultravioletten (UV) Licht ist es für ionisierende Strahlen charakteristisch, daß die Absorption selbst in Hinsicht auf die chemische Struktur unspezifisch erfolgt. Bestrahlt man z. B. eine Lösung von Nukleoproteinen (s. S. 24) mit UV-Licht der Wellenlänge 253,7 mµ, so wird die eingestrahlte Energie überwiegend von der Nucleinsäure absorbiert werden, da die Purin- und Pyrimidin-Basen (s. S. 22) dieser Makromoleküle bei etwa 260 mµ ein Absorptionsmaximum haben. Dagegen wird die Absorption der Strahlenenergie sowohl durch die Nucleinsäuren, die Proteine und vor allem auch das Lösungsmittelsystem stattfinden, wenn die Lösung mit Röntgen- oder γ-Strahlen bestrahlt wird. Für den Prozeß der Energieabsorption selbst scheint es auch bei lebenden Organismen keine Spezifität zu geben. Erst die folgenden physikalisch-chemischen und chemischen Vorgänge werden durch die spezifische Reaktivität von Molekülen und Strukturen beeinflußt.

Die Röntgen- und γ-Strahlen unterscheiden sich vom UV-Licht durch ihre wesentlich kürzere Wellenlänge und damit durch ihren höheren Energieinhalt. Bei Röntgenstrahlen der Energie 200 kV [2] beträgt die Wellenlänge 0,06 Å [3], während die Wellenlänge des UV-Lichtes bei 200—400 mµ liegt. Elektromagnetische Wellenstrahlen, die bei dem Zerfall von radioaktiven Isotopen entstehen, werden allgemein als γ-Strahlen bezeichnet, während Röntgenstrahlen von Maschinen — bei modernen Generatoren kann ihre Energie wie bei den γ-Strahlen mehrere MeV betragen — erzeugt werden.

Auf Grund ihrer hohen Energie vermögen diese Strahlen Elektronen aus der Elektronenhülle von Atomen bzw. Molekülen herauszulösen, während UV-Licht im allgemeinen zur Anregung der Moleküle führt. Bei der vollständigen Absorption eines Röntgen- oder γ-Quants wird die Energie, vermindert um die Ablösearbeit, auf das abgespaltene Elektron als kinetische Energie übertragen. Dieser Vorgang wird als Photoeffekt bezeichnet. Die kinetische Energie, die das ionisierte Atom oder Molekül erhält, ist außerordentlich klein.

Bei Röntgenstrahlen mit einer Energie von 0,1—3 MeV führt die Energieabsorption jedoch überwiegend zur Bildung von sogenannten Compton-Elektronen. Bei einem derartigen Ereignis wird nur ein Teil

---

[2] Es ist gebräuchlich, die Energie von Röntgenstrahlen in kV (Kilovolt) anstatt keV anzugeben.
[3] 10 Å = 1 mµ = 10^{-6} mm.

der Energie des Photons auf das Elektron übertragen. Es tritt damit ebenfalls eine Ionisation ein, aber das gestreute Photon kann durch erneute Stöße mit Elektronen weitere Ionisationen erzeugen. Wird ein Quant mit einer Strahlungsenergie > 1,022 MeV absorbiert, so kann schließlich noch die Bildung von einem Positron und einem Elektron (Paarbildung) eintreten. Alle diese gebildeten, hochenergetischen Teilchen (Photoelektronen, Compton-Elektronen, Elektron und Positron der Paarbildung) erzeugen weitere Ionisationen in dem bestrahlten Material.

Auf Grund der beschriebenen Vorgänge entstehen Elektronen mit sehr unterschiedlicher Energie. Bei einer Röntgenstrahlung von 250 kV beträgt die mittlere Energie der Sekundärelektronen 60 keV [5]. Elektronen dieser Art, häufig als δ-Strahlen bezeichnet, vermögen durch Stöße mit gebundenen Elektronen etwa 1700 Ionisationen hervorzurufen, da im Mittel die Absorption von 34 eV zur Bildung eines Ionenpaares führt. Es wird also nur ein verschwindend kleiner Teil der Ionisationen primär durch die Röntgenstrahlung erzeugt (1 : 1700).

Ebenso wie durch die mit Röntgenstrahlen erhaltenen Sekundärelektronen werden Ionisationen ausgelöst, wenn Materie direkt mit Elektronen (β-Strahlen) bestrahlt wird. Auch bei diesen Vorgängen werden Elektronen durch Stoß aus den Atomen bzw. Molekülen, von denen die Strahlung absorbiert wird, herausgeschlagen. Ähnliche Ionisationsprozesse werden durch andere geladene Teilchen wie Protonen oder Heliumkerne (α-Strahlen) hervorgerufen.

Komplexer als für die genannten Strahlenarten liegen die Verhältnisse bei der Bestrahlung mit Neutronen. Diese Partikel treten nur mit den Atomkernen in Wechselwirkung. Schnelle Neutronen können wie ein γ-Quant beim Photoeffekt mit *einem* Stoß ihre Gesamtenergie verlieren oder sie analog zum Compton-Effekt bei mehreren derartigen Vorgängen in Teilbeträgen abgeben. Sie bewirken dabei die Freisetzung von energiereichen Protonen. In biologischem Material reagieren sie vornehmlich durch Stöße mit den Wasserstoffatomen, bei Energien > 10 MeV gewinnt jedoch die Wechselwirkung mit anderen Kernen wie Sauerstoff und Kohlenstoff an Bedeutung. Durch die erzeugten Protonen wird eine große Zahl weiterer Moleküle ionisiert. Bei einer Energie des Protons von 1 MeV werden etwa 30000 Ionenpaare (Absorption von 34 eV/Ionenpaar) entlang der Bahn des Sekundärteilchens gebildet. Neben Protonen können bei diesen Prozessen auch γ-Quanten mit hoher Energie entstehen.

Langsame (thermische) Neutronen werden dagegen von Atomkernen stets in einem Prozeß „eingefangen", es kommt damit häufig zur Bildung von radioaktiven Isotopen. Dieser Vorgang wird allgemein als Aktivierung bezeichnet. In biologischem Material werden durch thermische Neutronen im wesentlichen zwei Reaktionen ausgelöst:

$$^{14}_{7}N + n \rightarrow {}^{14}_{6}C + {}^{1}_{1}H + 0,6 \text{ MeV} \qquad (1)$$
$$^{1}_{1}H + n \rightarrow {}^{2}_{1}H + 2 \text{ MeV}. \qquad (2)$$

Reaktion (1) überwiegt zu mehr als 90%, es entstehen für jedes „eingefangene" Neutron Protonen mit einer Energie von 600 keV, die ihrerseits Ionisationen auslösen können. Bei Reaktion (2) erhält man 2 MeV Photonen als ionisierende Partikel [204].

2. Ionisationsdichte und Linearer-Energie-Transfer (LET) der ionisierenden Strahlen

Ein in der Strahlenforschung vielfach verwendeter Begriff ist die Ionisationsdichte (Zahl der Ionisationsereignisse bezogen auf die Wegstrecke, die von dem ionisierenden Teilchen durchlaufen wird). Die biologische Wirkung ionisierender Strahlen wird von ihr maßgeblich beeinflußt. Während diese Größe in Gasen mit Hilfe von Ionisationskammern gut zu messen ist, kann in flüssigen und festen Körpern die Ionisation selbst nicht beobachtet werden, man verwendet für diese Stoffe daher den Begriff des „Linearen-Energie-Transfers" (LET). Er bezeichnet den Energieverlust pro μ der Bahn eines primären, ionisierenden Teilchens und wird im allgemeinen in keV/μ angegeben. Die Ionisationsdichte ergibt sich aus dieser Angabe, wenn man den LET durch die Energie, die zur Bildung eines Ionenpaares (34 eV) führt, dividiert. Diese Werte für die Ionisationsdichte sind nur in Gasen exakt bestimmbar.

Der LET steigt mit dem Quadrat der Ladung sowie mit abnehmender Geschwindigkeit bzw. Energie des ionisierenden Teilchens an (Tabelle 1). Bei gleicher Energie liegt die Ionisationsdichte der Protonen wesentlich höher als die der Elektronen (Tabelle 1). Besonders hoher LET wird durch α-Strahlen und andere Atomkerne mit mehreren Ladungen (z.B. C^{6+}) erreicht. 4 MeV Heliumkerne erzeugen etwa um den Faktor 700 mehr Ionisationen/Weglängeneinheit als Elektronen gleicher Energie [5]. Auf Grund dieses Verhaltens ist die Eindringtiefe von α-Strahlen äußerst gering, bei einer Energie von 2 MeV beträgt sie in Wasser etwa 7 μ. Bei der Bestrahlung von Säugetieren werden im allgemeinen durch Partikel dieser Art nur Hautreaktionen hervorgerufen, es sei denn, daß Isotope, die α-Strahler sind, durch den Organismus inkorporiert werden.

Tabelle 1. *Linearer Energietransfer (LET) in Proteinen in keV/μ. (Nach E.C. Pollard, W. R. Guild, F. Hutchinson and R. B. Setlow: In: Progress in biophysics and biophysical chemistry. Ed. I. A. V. Buttler and J. T. Randall. London-New York: Pergamon Press Vol. 5, 1955*

Energie der Teilchen	10 MeV	4 MeV	2 MeV	1 MeV	0,5 MeV
α-Teilchen	66,2	130,0	208,0	252,0	246,0
Deuteronen	9,3	19,4	32,0	54,0	79,5
Protonen	5,7	11,7	19,4	32,0	54,0
Elektronen	—	—	0,275	—	—

Die Ionisationsdichte bleibt entlang der Bahn eines elektrisch geladenen Partikels nicht konstant. Da die Energie des Teilchens beim Durchgang durch Materie in Teilbeträgen absorbiert wird, wird es allmählich abgebremst. Mit der abnehmenden Geschwindigkeit steigt dann die Ionisationsdichte gegen Ende der Teilchenbahn erheblich an, um plötzlich abzufallen, sobald die Energie für einen Ionisationsvorgang nicht mehr groß genug ist (Abb. 2). Damit ist die Reichweite von Partikeln mit einer elektrischen Ladung und die Tiefe der maximalen Ionisationsdichte, z. B. von β-Strahlen oder Protonen, im Gewebe durch ihre Energie sehr gut festgelegt. Bei Elektronen mit der Energie von 100 keV beträgt die Reichweite in biologischem Material etwa 140 μ [199].

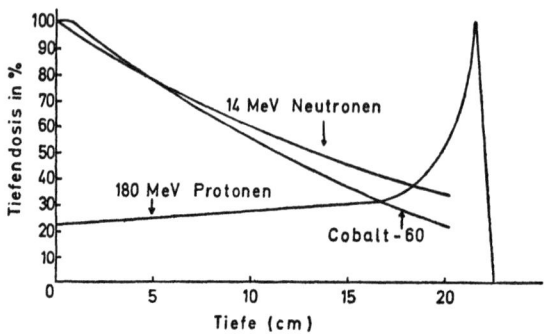

Abb. 2. Relative Tiefendosis-Kurve (Ionisationsdichte in Abhängigkeit von der Eindringtiefe) für ^{60}Co-γ-Strahlen, 14 MeV Neutronen und 180 MeV Protonen (J. R. Andrews: In: Cellular radiation biology. Ed. by J.R. Andrews. Baltimore: The Williams and Wilkins Company 1965, p. 558)

Dagegen ist die Eindringtiefe von Neutronen wesentlich größer, da diese elektrisch neutralen Teilchen nur mit den Atomkernen, die ein wesentlich kleineres Volumen als die Elektronenhüllen einnehmen, in Wechselwirkung treten. Es ereignen sich vorwiegend Stöße mit den leichten Kernen, bei biologischem Material vor allem Wasserstoff. Die Absorption der Neutronen wird daher nicht von der Zahl der Elektronen, die mit zunehmender Massenzahl ansteigt, sondern von der Zahl der Atomkerne bestimmt. So ist Wasser, bezogen auf die Masse, ein wesentlich besseres Absorptionsmaterial für Neutronen als Eisen.

Wie bereits erwähnt, können durch diese Partikel in dem bestrahlten Material Protonen erzeugt werden, die die Ionisationsprozesse auslösen. Damit entstehen Teilchen mit hohem LET in einer Tiefe, die durch Protonenstrahlen selbst nicht zu erreichen wäre.

Röntgen- bzw. γ-Strahlen besitzen keine Reichweite im eigentlichen Sinne. Da die Intensitätsabnahme streng exponentiell mit der Schichtdicke erfolgt, besitzen sie ebenfalls ein großes Durchdringungsvermögen. Allerdings ist der LET der gebildeten Sekundärteilchen (Elektronen) wesentlich geringer als bei einer Neutronenstrahlung. Im Gegensatz zu Protonen- oder β-Strahlen nimmt die Ionisationsdichte mit fortschreitender Eindringtiefe nicht zu (Abb. 2), vielmehr wird die Intensität der Röntgenstrahlung geringer (Abb. 2). So fällt die Strahlendosis bei einer monochromatischen Strahlung mit einer Energie von 250 kV ($\lambda = 0,05$ Å) auf die Hälfte ab, wenn Wasser in einer Schichtdicke von 5,5 cm durchstrahlt wird [79]. Eine derartige Schichtdicke wird als Halbwertschicht bezeichnet, sie ist ein Maß für die Qualität der Röntgenstrahlung und wird im allgemeinen in mm Kupfer oder Aluminium angegeben.

3. Dosiseinheiten und relative biologische Wirkung

Der Begriff der Dosis wurde von der Pharmakologie in die Strahlenforschung übertragen. Bei der therapeutischen Anwendung von ionisierenden Strahlen erwies sich eine exakte Dosierung erstmals als notwendig. In der Pharmakologie wird jedoch als Dosis einer Substanz diejenige Menge angegeben, die z. B. einem Säugetier injiziert wird. Dabei wird nicht berücksichtigt, welcher Teil am Erfolgsorgan zur Wirkung kommt bzw. welcher Anteil durch den Stoffwechsel oder die Ausscheidung eliminiert wird und keinen Effekt erzielt. Dagegen wird in der Strahlenforschung unter dem Begriff Dosis derjenige Energiebetrag verstanden, der in dem bestrahlten Material absorbiert wird. Die Strahlenenergie, die aus dem Objekt wieder austritt, ohne zur Wirkung zu kommen, wird nicht berücksichtigt. Glocker [79] hat dieses Prinzip in einem Grundgesetz für die Röntgenstrahlung folgendermassen definiert: „Maßgebend für die Wirkung ist, unabhängig von der Wellenlänge, der Bruchteil der auffallenden Röntgenenergie, der innerhalb des betrachteten Volumens in Energie von Photo- und Comptonelektronen verwandelt wird."

Die Dosis ist also ein Energiemaß bezogen auf das Volumen oder die Masse. Prinzipiell könnte sie also in erg/cm^3 oder erg/g angegeben werden. In der Tat kann die Messung am genauesten kalorimetrisch durchgeführt werden unter der Voraussetzung, daß die Gesamtenergie der Strahlung im Kalorimeter in Wärme umgesetzt wird und keine chemischen Bruttoumsätze stattfinden. Da die kalorimetrische Dosisbestimmung jedoch meßtechnisch außerordentlich schwierig ist, beruhen die gebräuchlichen Meßmethoden für Röntgen- und γ-Strahlen auf ihrer Eigenschaft, Gase zu ionisieren. Daher ist im Jahre 1928 die Dosiseinheit für diese Strahlung als ein Maß für die Zahl der gebildeten Ionenpaare in Luft definiert worden. Als Einheit wurde das „Röntgen" (R) als diejenige Röntgenstrahlenmenge festgelegt, die unter Ausnutzung aller Sekundärelektronen eine Ladung von einer elektrostatischen Einheit ($2,08 \cdot 10^9$ Ionenpaare) pro cm^3 Luft bei 0 °C und 760 mm Hg (1,293 mg Luft) erzeugt.

Im Laufe der Jahre ist diese Definition immer wieder geändert worden, um neuen Erkenntnissen Rechnung zu tragen. 1962 wurde die

Röntgeneinheit im Zusammenhang mit der Ionendosis (Exposition, exposure) von der ICRU (International Commission on Radiological Units and Measurements) erneut definiert. Danach erhält man die Ionendosis, wenn die Zahl der erzeugten elektrischen Ladungen aller Ionen eines Vorzeichens (+ oder —), die durch Photonen in einem Luftvolumen mit der Masse m gebildet werden, durch m dividiert wird. Es wird dabei vorausgesetzt, daß alle durch Photonen freigesetzten Elektronen in dem Luftvolumen vollständig abgebremst werden. Die Röntgeneinheit erhält dann den Wert [180]

$$1 R = 2{,}58 \cdot 10^{-4} C \cdot kg^{-1}. \text{ }^{4}$$

Diese Angabe entspricht ungefähr dem Zahlenwert der ersten Definition. Unter Berücksichtigung der absorbierten Energie von 34 eV pro Ionenpaar ergibt sich, daß 87,7 erg/g Luft bei einer Röntgendosis 1 R aufgenommen werden. Bei der Bestrahlung von wäßrigen Lösungen beträgt dieser Wert 93—98 erg/g.

Eine derartig festgelegte Dosiseinheit ist allerdings von der Strahlenqualität nicht unabhängig, sie gilt nur für Röntgen- und γ-Strahlung mit einer Energie < 3 MeV. Es wurde daher als universellere Strahlendosis die Energiedosis („absorbierte" Dosis) eingeführt. Sie wird erhalten, wenn die Energie, die von ionisierenden Strahlen auf ein Volumenelement mit der Masse m übertragen wird, durch m dividiert wird. Dieser Dosisbegriff kann für alle ionisierenden Strahlen einschließlich der Neutronen verwendet werden. Die spezielle Einheit der Energiedosis ist das rad (roentgen absorbed dose). Es entspricht einer Strahlendosis, die eine Absorption von 100 erg/g des bestrahlten Materials zur Folge hat. Ein Vergleich mit der Röntgeneinheit zeigt, daß beide Werte für die Bestrahlung von Wasser — bei der Bestrahlung von organischem, weichem Gewebe ergeben sich ähnliche Daten — nicht sehr unterschiedlich voneinander sind.

Für die meisten strahlenbiologischen Untersuchungen ist die Zeit, in der eine Strahlendosis verabreicht wird, von außerordentlicher Bedeutung. Es wurde daher der Begriff der Dosisleistung eingeführt, der als applizierte Dosis/Zeit (z.B. rad/min) angegeben wird.

Unberücksichtigt blieb bei dieser Definition die unterschiedliche Ionisationsdichte der einzelnen Strahlenarten. Die Wirkung der energiereichen Strahlen hängt jedoch bei den meisten biologischen Objekten in starkem Maße von dem LET ab. So liegt z.B. die letale Dosis für Mäuse, angegeben in rad, etwa um den Faktor 2,4 höher bei der Verwendung von Röntgenstrahlen als bei 0,6 MeV Protonen [10]. Andererseits haben γ-Strahlen der Energie 1,33 MeV und Protonen der Energie 340 MeV, deren mittlere LET mit etwa 0,5 keV/μ ungefähr gleich ist, dieselbe Wirkung auf lymphatische Leukämiezellen der Maus [130]. Es wurde bereits erwähnt, daß die Ionisationsdichte

---

[4] C: Coulomb = Ampère · sec.

und damit der LET entlang der Bahn eines ionisierenden Teilchens nicht konstant bleibt. Eine genaue Angabe des LET ist also problematisch. Man hat daher versucht, mittlere LET-Werte für ein Bahnsegment oder einen Energiebereich des Partikels anzugeben [61]. Um diese verschiedenen Strahlenqualitäten miteinander vergleichen zu können, ist der Begriff der *R*elativen *B*iologischen *W*irksamkeit (RBW)[5] eingeführt worden. Dabei wird die Dosis einer untersuchten Strahlenart auf die Röntgen- oder γ-Strahlendosis bezogen, die benötigt wird, um den gleichen biologischen Effekt zu erreichen. Der RBW-Faktor ist wie folgt definiert:

$$RBW = \frac{\text{Dosis der Röntgenstrahlen in rad}}{\text{Dosis der untersuchten Strahlenart in rad}}.$$

Es wird vorausgesetzt, daß alle anderen Bestrahlungsbedingungen, wie Dosisleistung, Temperatur, Zusammensetzung des Mediums, Sauerstoffgehalt usw. konstant gehalten werden.

Bei vielen strahlenbiologischen Untersuchungen hat sich gezeigt, daß der RBW-Faktor mit zunehmendem LET ansteigt und schließlich ein Maximum durchläuft (Abb. 3). Bei der Bestrahlung von Nieren-Zellkulturen und anderen Objekten wurde dieses Maximum bei etwa 100 keV/μ gefunden [61] (Abb. 3).

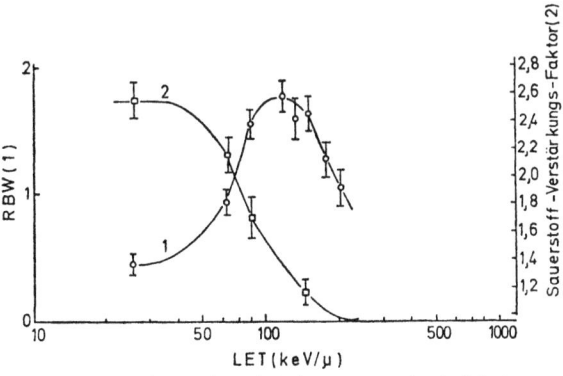

Abb. 3. Relative biologische Wirksamkeit (RBW) pro Dosiseinheit von α-Strahlen auf die Kolonienbildung menschlicher Zellkulturen (Kurve 1) und die entsprechenden Sauerstoff-Verstärkungs-Faktoren (Kurve 2) in Abhängigkeit vom LET (G. W. Barendsen: In: Cellular radiation biology. Ed. by J. R. Andrews. Baltimore: The Williams and Wilkins Company 1965, p. 331)

4. Direkte und indirekte Strahlenwirkung

In unmittelbarem Zusammenhang mit derartigen RBW-LET Studien steht die Frage, ob der Strahleneffekt auf eine direkte oder indirekte Wirkung zurückzuführen ist. Auf diese beiden Möglichkeiten

---

[5] Im angelsächsischen Schrifttum als „*r*elative *b*iological *e*ffectiveness" (RBE) bezeichnet.

der Strahlenwirkung wurde bereits hingewiesen. In den zwanziger Jahren wurde von Dessauer, Crowther sowie Holweck die Treffertheorie zum biologischen Wirkungsmechanismus der Strahlen formuliert.

Die grundlegende Überlegung war dabei, daß die Strahlenenergie quantenhaft absorbiert und an kleinen, diskreten Punkten oder Bereichen wirksam wird, sowie daß sie sich nicht über die ganze Zelle oder den Organismus gleichmäßig verteilt. Die Fülle der sich hieran anschließenden Arbeiten wurde von Lea [137], Timofeeff-Ressovsky u. Zimmer [241] sowie Sommermeyer [214] zusammenfassend dargestellt. Grundlegend für diese Untersuchungen, die sich im wesentlichen auf die theoretische Behandlung der direkten Strahlenwirkung beschränkten, waren die Analyse von Dosis-Wirkungskurven, eine physikalische Definition des „Trefferereignisses", sowie eine physikalische und biologische Beschreibung des „Treffbereiches". Als Treffbereich wird das strahlenempfindliche Volumen (Organ, Zellpartikel oder Molekül) bezeichnet, dessen Ausfall zur Schädigung des betrachteten biologischen Systems führt. Physikalisch ist er analog dem Wirkungsquerschnitt, er bedeutet ein Wirkungsvolumen [241].

Man unterscheidet zwischen Eintreffer- und Mehrtrefferprozessen, d.h., ob der Treffbereich durch eine oder mehrere Ionisationen (Treffer) inaktiviert wird. Für den letzteren Vorgang (Mehrtrefferprozeß) erscheint verständlich, daß die RBW mit der Ionisationsdichte ansteigt (Abb. 3), da mit steigendem LET die Wahrscheinlichkeit zunimmt, daß mehrere Ionisationen in dem strahlenempfindlichen Volumen (Treffbereich) stattfinden. Man spricht von einem „Konzentrationseffekt". Wird die Ionisationsdichte weiter erhöht, so wird schließlich ein Zustand erreicht, bei dem im Treffbereich mehr Trefferereignisse eintreten, als zur Inaktivierung notwendig wären. Diese liefern dann keinen Beitrag zur biologischen Wirkung, fallen aber bei der Dosismessung voll ins Gewicht, d.h., der RBW-Faktor einer derartigen Strahlung wird geringer, es tritt ein „Sättigungseffekt" auf [214, 241].

Die Treffertheorie ist vor allem auf Untersuchungen über die Abtötung von Bakterien- und Hefezellen, die Inaktivierung von Viren und Enzymen sowie die Chromosomenschäden bei Drosophila melanogaster durch ionisierende Strahlen angewendet worden. Durch die Entdeckung und das bessere Verstehen von Erholungs- und Reparationsvorgängen nach Bestrahlung gestaltet sich ihre Anwendbarkeit bei einer Vielzahl von biologischen Objekten jedoch äußerst schwierig [275][5a].

Nur in wenigen Fällen kann die Strahlenwirkung eindeutig auf einen direkten Effekt zurückgeführt werden, z.B. bei Bestrahlung von trocknen Viren oder gereinigten Proteinen, obwohl auch hier die

---

[5a] Eingehend dargestellt ist diese Problematik durch H. Dertinger und H. Jung „Molekulare Strahlenbiologie", Heidelberger Taschenbücher, Bd. 57/58.

Frage des gebundenen Wassers bzw. eventueller Begleitstoffe gewisse Probleme für die Beurteilung aufwirft.

Bei jeder Strahleneinwirkung auf Lösungen und lebende Zellen sowie Organismen kommen indirekte Effekte zur Geltung. Bisher konnte kein sicheres Kriterium entwickelt werden, um vor allem bei Zellen und Organismen den Anteil der direkten bzw. indirekten Strahlenwirkung zu messen. Lediglich der „Verdünnungseffekt" hat sich für die Untersuchung von Lösungen z. B. von Proteinen als brauchbar erwiesen. Im Gegensatz zum direkten ist beim indirekten Strahleneffekt nach der Einwirkung einer konstanten Strahlendosis die prozentuale Inaktivierung des Proteins von der Konzentration abhängig [10]. Alle anderen vorgeschlagenen Kriterien haben sich als unbrauchbar erwiesen. So beeinflussen der Sauerstoff und Strahlenschutzstoffe das Ausmaß beider Arten der Strahlenwirkung. Da die indirekte Wirkung über Radikale, die aus den Lösungsmittelmolekülen entstehen, abläuft und deren Diffusion vom Entstehungsort zum Wirkungsort von der Temperatur abhängt, wurde der Temperatureinfluß auf den Strahlenschaden zur Entscheidung der aufgeworfenen Frage herangezogen. Eine genauere Analyse zeigte jedoch, daß auch diese Befunde nicht schlüssig waren [214].

Bei biologischem Material besteht das Lösungsmittel im wesentlichen aus Wasser, so daß die Radikale dieses Mediums für die Strahlenwirkung auf biologische Objekte von wesentlicher Bedeutung sind. Es soll daher im folgenden Abschnitt die Strahlenchemie des Wassers besprochen werden.

5. Strahlenchemie des Wassers

Nur wenige Jahre nach der Formulierung der Treffertheorie durch Dessauer führten Risse sowie Fricke die grundlegenden Experimente für die indirekte Strahlenwirkung durch. Fricke u. Mitarb. [74] fanden bei der Bestrahlung wäßriger Lösungen von Eisensulfat und Hämoglobin Reaktionen, „von denen wir annehmen können, daß die primäre Strahlenwirkung in einer Reaktion auf das Wasser besteht, wobei eine gewisse Anzahl aktiver Modifikationen der Wassermoleküle gebildet wird, welche die beobachtbaren Reaktionen verursachen". Risse vermutet, daß bei der Bestrahlung von Wasser H- und OH-Radikale ($H^.$ und $OH^.$) gebildet werden. Von Weiss wurde diese Vorstellung erneut aufgegriffen und Lea formulierte für die Radiolyse des Wassers 1947 folgende Prozesse [10]:

$$H_2O \xrightarrow{Strahl.} H_2O^+ + e^- \quad (1)$$

$$H_2O^+ + H_2O \longrightarrow H_{aq}^+ + OH^. \quad (2)$$

$$e^- + H_2O \longrightarrow H_2O^- \quad (3)$$

$$H_2O^- + H_2O \longrightarrow H^. + OH_{aq}^- \quad (4)$$

$$\text{Nettoumsatz: } H_2O \xrightarrow{Strahl.} H^. + OH^. \quad (5)$$

Samuel u. Magee berechneten, daß das Elektron, das auf Grund der Reaktion in Gleichung (1) gebildet wird, sehr schnell seine Energie an benachbarte Wassermoleküle abgibt und daß nach Gleichung (6) eine Neutralisation der elektrischen Ladungen eintritt:

$$H_2O^+ + e^- \to H_2O^* \to H^\cdot + OH^\cdot. \tag{6}$$

Platzmann u. Fröhlich widersprachen dieser Formulierung und sagten voraus, daß die Lebensdauer des Elektrons ähnlich wie bei flüssigem Ammoniak auch im Wasser groß genug ist, um als selbständiger Reaktionspartner mit Substanzen, die im Wasser gelöst sind, zu reagieren. In einer Reihe von chemischen Systemen konnte die Existenz von Elektronen, die durch eine Hydrathülle stabilisiert sind (e_{aq}^-), als reagierende Spezies nachgewiesen werden. So entsteht bei der Radiolyse wäßriger Chloracetatlösungen das Chlorid (Cl^-), dessen Bildung nur durch den Angriff von hydratisierten Elektronen erklärt werden kann.

Mit der Entwicklung der Puls-Radiolyse konnte eine Fülle von Reaktionen nachgewiesen werden, an denen hydratisierte Elektronen beteiligt sind. Bei dieser Technik werden Elektronen in einem sehr kurzen Puls (10^{-6} sec) in die zu untersuchende Lösung geschossen. Da das hydratisierte Elektron eine sehr starke Lichtabsorption mit einem Maximum bei 720 mµ besitzt, kann die Kinetik der ablaufenden Reaktionen sehr gut photometrisch verfolgt werden. Zu den Reaktionsgleichungen (1—4), die für die Radiolyse des Wassers aufgestellt wurden, muß also die Reaktion (7) hinzugefügt werden:

$$e^- + H_2O \to e_{aq}^-. \tag{7}$$

Die Halbwertszeit von e_{aq}^- beträgt bei pH 7 230 µsec. Es entstehen also bei der Bestrahlung von Wasser im wesentlichen als reaktive Agentien die reduzierenden e_{aq}^- und H- sowie die oxidierenden OH-Radikale. Dabei werden weitaus mehr hydratisierte Elektronen als H-Radikale gebildet, wie die G-Werte [6] bei pH 7 zeigen ($G(e_{aq}^-) = 2{,}6$ und $G(H) = 0{,}6$) [207]. Die Reaktionsgleichungen (3, 4 und 6) laufen auf Grund dieser Befunde nur in untergeordnetem Maße ab, da die Stabilisierung der Elektronen durch die Hydrathülle nach Gleichung (7) die Halbwertszeit dieser Partikel derart verlängert, daß sie in weitere Reaktionen mit gelösten Substanzen eintreten können. Allerdings wird diese Halbwertszeit weitgehend vom pH-Wert der Lösung mitbestimmt. Auf Grund des Gleichgewichtes (8)

$$e_{aq}^- + H_2O \rightleftharpoons H^\cdot + OH^- + H_2O \tag{8}$$

beträgt sie bei hohen pH-Werten 780 µsec [207] und nimmt mit sinkender OH-Ionen- bzw. steigender H-Ionenkonzentration ab, da

---

[6] Der G-Wert gibt die Zahl der Moleküle an, die bei der Energieabsorption von 100 eV verändert oder gebildet werden.

in saurer Lösung wahrscheinlich die Reaktion (9) abläuft

$$H_3O^+ + e^-_{aq} \to H^{\cdot} + H_2O. \qquad (9)$$

Mit aromatischen Verbindungen reagieren die hydratisierten Elektronen nach den Gesetzen der nucleophilen Substitution [207]. Von besonderem biologischen Interesse ist, daß ihre Reaktivität gegenüber Sulfhydryl-, Disulfid- und Imidazol-Gruppen besonders hoch ist.

Die OH-Radikale sind die wichtigsten oxidierenden Agentien, die bei der Radiolyse von Wasser nach den Reaktionsgleichungen (2 und auch 6) entstehen. Sie können im wesentlichen folgende Reaktionen eingehen: 1. Elektronentransfer (z. B. Oxidation von Arsenit zu Arsenat), 2. Addition (z. B. Benzol zu Phenol) und 3. Wasserstofftransfer (z. B. $R_3CH + OH^{\cdot} \to R_3C^{\cdot} + H_2O$). Von den Aminosäuren reagieren mit den OH-Radikalen vor allem Tryptophan, Phenylalanin, Histidin, Cystein und Cystin sehr schnell. Ebenso wie bei den hydratisierten Elektronen ist auch die Lebensdauer der OH-Radikale vom pH-Wert der Lösung abhängig.

Die Reaktivität dieser Radikale ist in einer Fülle von chemischen Systemen untersucht worden [207]. Wegen der komplexen Reaktionen ist eine entsprechend differenzierte Analyse bei der Bestrahlung von biologischen Objekten bisher nicht gelungen. Zur Aufklärung der primären chemischen Veränderungen an biologischen Molekülen erscheint sie jedoch notwendig.

Neben den genannten radikalischen Produkten wurden auch die molekularen Produkte Wasserstoff (H_2) und Wasserstoffperoxid (H_2O_2) bei der Bestrahlung von Wasser gefunden. Ihr Anteil nimmt mit steigender Dosisleistung und Ionisationsdichte zu, obwohl der Gesamtumsatz des Wassers nahezu konstant bleibt. Bestrahlt man reines Wasser mit γ-Strahlen des Isotops ^{60}Co, so betragen die G-Werte für die Bildung von Wasserstoff $G(H_2) = 0{,}39$ und von Wasserstoffperoxid $G(H_2O_2) = 0{,}78$ sowie für den Umsatz von Wasser $G(-H_2O) = 4{,}48$. Bei der Bestrahlung des Wassers mit α-Strahlen der Energie 5,3 MeV wurden dagegen folgende Daten gemessen:

$$G(H_2) = 1{,}70, \quad G(H_2O_2) = 1{,}65 \quad \text{und} \quad G(-H_2O) = 3{,}95 \ [10].$$

Obwohl der Mechanismus für die Bildung der molekularen Produkte bisher nicht eindeutig geklärt ist, wird im allgemeinen angenommen, daß sie durch die Kombination zweier H- bzw. OH-Radikale zustandekommt. Ein derartiger Vorgang ließe es auch verständlich erscheinen, daß ihre Ausbeute mit höherer Dosisleistung und Ionisationsdichte zunimmt, da dadurch die Entfernung und damit der Diffusionsweg der Radikale zueinander geringer wird. Die molekularen Produkte treten ebenfalls vermehrt auf, wenn das Wasser Sauerstoff während der Bestrahlung enthält.

Unter diesen Bedingungen wurden noch einige weitere oxidierende Radikale wie z. B. $HO_2^{\cdot}$ und O_2^{-} beobachtet. Eine wäßrige, belüftete

Ferrosulfatlösung, pH 1,5, hat sich als günstig für die Messung der Strahlendosis erwiesen und ist allgemein als Fricke-Dosimeter bekannt. Durch die Strahleneinwirkung werden in dieser Lösung Ferro- zu Ferri-Ionen nach der Reaktionsgleichung (10) oxidiert:

$$2\,H_2O + O_2 + 4\,Fe^{2+} \xrightarrow{Strahl.} 4\,Fe^{3+} + 4\,OH^-. \tag{10}$$

Unter Berücksichtigung des G-Wertes kann aus der Menge an gebildetem Fe^{3+} die Dosis berechnet werden.

6. Der Sauerstoffeffekt

Es wurde bereits darauf hingewiesen, daß die Anwesenheit von Sauerstoff im Wasser während der Bestrahlung die Radikalausbeute erhöht. Es wird außerdem unter diesen Bedingungen mehr Wasserstoffperoxid gebildet. Die Steigerung der Strahlenwirkung durch Sauerstoff, von Holthusen 1921 erstmals beobachtet, hat sich bisher als eine allgemein gültige Regel für die Strahlenbiologie erwiesen. Ein derartiger Effekt wurde sowohl bei strahlenchemischen Untersuchungen *in vitro* als auch bei der Bestrahlung von Bakterien sowie Säugetierzellkulturen gefunden. Ebenso wird die Strahlenresistenz von Säugetieren durch Sauerstoffmangel gesteigert. Allerdings muß berücksichtigt werden, daß die Hypoxie eine Reihe physiologischer Veränderungen hervorruft, die von sich aus bereits die Strahlenempfindlichkeit der Tiere beeinflußt, wie eingehende Untersuchungen von Forssberg u. Tribukait gezeigt haben.

Bei Untersuchungen über die Abtötung von E. coli durch 250 kV Röntgenstrahlen wurde von Hollaender u. Mitarb. beobachtet, daß eine um den Faktor 3 höhere Strahlendosis benötigt wurde, um die gleiche Wirkung zu erzielen, wenn die Bakterienzellen in einer Stickstoffatmosphäre statt unter Sauerstoff bestrahlt wurden (Abb. 4). Es wurde ferner gefunden, daß die Bakterien strahlenresistenter waren, wenn sie unter anaeroben im Vergleich zu aeroben Bedingungen kultiviert wurden (Abb. 4). Auf diese Fragen des Stoffwechsels wird in späteren Kapiteln eingegangen, z.B. spielt der Sauerstoff bei den Restitutionsvorgängen eine wesentliche Rolle.

Der Sauerstoffeffekt, der hier besprochen wird, ist nicht in einer Wirkung auf metabolische Prozesse sondern vielmehr in einer Beeinflussung der strahlenchemischen Vorgänge zu sehen, die in Bruchteilen von Sekunden nach der Bestrahlung ablaufen (Abb. 1). Der Sauerstoff muß während der Bestrahlung anwesend sein. Auch unter Bedingungen, bei denen nur die direkte Strahlenwirkung zur Geltung kommt, wurde eine Steigerung der Resistenz durch Anoxie beobachtet. Alexander fand eine erhöhte Inaktivierung, wenn Proteine unter Sauerstoff bestrahlt wurden [10]. Als Mechanismus wurde vorgeschlagen, daß das Gas mit Radikalen zu Peroxiden reagiert oder daß durch Elektroneneinfang das reaktive Radikal O_2^- gebildet wird.

In einer Reihe von Untersuchungen ist gezeigt worden, daß die Strahlenempfindlichkeit biologischer Objekte mit einem Sauerstoffgehalt bis zu 20% in der Gasphase zunimmt und dann ein Sättigungseffekt eintritt. Mit steigendem LET wird eine geringere Wirkung des

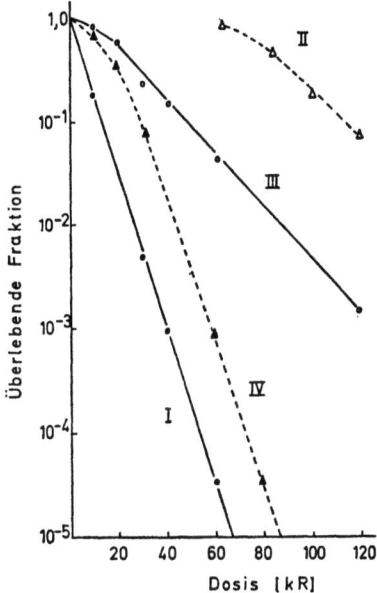

Abb. 4. Die Überlebensraten von E. coli B in Abhängigkeit von der Strahlendosis. I = Aerob kultivierte Bakterien in O_2-gesättigter Pufferlösung bestrahlt, II = anaerob kultivierte Bakterien in N_2-gesättigter Pufferlösung bestrahlt, III = aerob kultivierte Bakterien in N_2-gesättigter Pufferlösung bestrahlt, IV = anaerob kultivierte Bakterien in O_2-gesättigter Pufferlösung bestrahlt. [A. Hollaender, G. E. Stapleton u. F. L. Martin: Nature 167, 103 (1951)]

Sauerstoffs auf die Strahlenschädigung gefunden (Abb. 3). Zum Beispiel ist der Sauerstoffeffekt bei der Bestrahlung von Säugetierzellen mit α-Strahlen und Neutronen minimal, während unter der Einwirkung von γ-Strahlen beinahe eine Verstärkung der Strahlenwirkung um den Faktor 3 erreicht wird. Dieses Verhalten kann für die strahlentherapeutische Anwendung von Bedeutung sein. So enthalten viele Tumoren hypoxische, nekrotische Regionen, die bei therapeutischer Anwendung einer Strahlung mit hohem Sauerstoffeffekt resistenter sind als das umliegende Gewebe. Bei ionisierenden Strahlen mit hohem LET, z.B. Neutronen, könnte dieser Unterschied dagegen auf ein Minimum gebracht werden [109].

7. Die Strahlenempfindlichkeit lebender Organismen

In einer Vielzahl strahlenbiologischer Untersuchungen ist gezeigt worden, daß die Strahlenempfindlichkeit lebender Organismen über einen weiten Dosisbereich gestreut ist. Forssberg beobachtete bei dem

Pilz Phycomyces blakesleeamus bereits nach einer Röntgenbestrahlung mit 0,01 R eine Wachstumshemmung, während für die Abtötung von Amöben, Paramaecium und Infusorien 100000 R und mehr benötigt werden. Für die Angabe der Strahlenempfindlichkeit von Säugetieren hat es sich als zweckmäßig erwiesen, die Strahlendosis zu ermitteln, die 50% eines Tierkollektivs innerhalb von 30 Tagen abtötet. Sie wird als $LD_{50/30}$ bezeichnet. Diese Werte liegen für die einzelnen Säugetierarten bei weniger als 1000 R. Jedoch dürfen die angegebenen Zahlen nur als Richtwerte angesehen werden [10], da Tierstämme der gleichen Tierart sich erheblich in ihrer Strahlenresistenz unterscheiden können. Noch beträchtlichere Unterschiede wurden zwischen Mutanten von Bakterien beobachtet. So wurden E. coli-Stämme isoliert, bei denen erst ein Mehrfaches der Strahlendosis den gleichen Effekt auslöst, der bei einem weniger resistenten E. coli-Bacterium mit derselben Dosis erreicht wird (Abb. 11).

Von wenigen Ausnahmen abgesehen, nimmt die Strahlenempfindlichkeit in der Reihe Warmblüter-Kaltblüter-Wirbellose Tiere-Einzeller ab. Eine befriedigende Erklärung für diese Abstufung kann bisher nicht gegeben werden. Neben einer Reihe von Hypothesen, auf die später eingegangen wird, ist die Temperatur dieser Organismen, auf deren Bedeutung bereits hingewiesen wurde, als Argument angeführt worden. Gegen eine derartige Begründung spricht jedoch, daß z.B. Vögel eine höhere Körpertemperatur als Säugetiere haben, aber daß sie dennoch resistenter gegen ionisierende Strahlen sind. Bei einigen Organismen, z.B. Hefen, wurde beobachtet, daß die Strahlenempfindlichkeit mit der Zahl der Chromosomensätze von haploiden zu diploiden Zellen zunahm. Bei Tumorzellen wurde dagegen ein derartiger Zusammenhang nicht gesehen [249].

Neben den physikalischen Faktoren der Bestrahlung, z.B. Dosis, Dosisleitung, LET, die bereits erläutert wurden, wird die Strahlenwirkung von einer Reihe biologischer Faktoren beeinflußt. Bei Mikroorganismen sind die Kulturbedingungen von besonderer Bedeutung, auf die unterschiedliche Wirkung von aerob und anaerob kultivierten E. coli Bakterien wurde bereits hingewiesen (Abb. 4). Auch bei Säugetieren wurde ein Einfluß der Nahrung auf die Strahlenempfindlichkeit gefunden. Wie überhaupt dem physiologischen Zustand der Tiere in diesem Zusammenhang große Bedeutung zukommt. Bei Mäusen wird beobachtet, daß die $LD_{50/30}$ für weibliche Tiere höher liegt als bei männlichen. Auch das Alter der Tiere muß beachtet werden, so erreicht die Resistenz bei 30 Tage alten Mäusen ein Minimum (Abb. 5), sie steigt dann an und nimmt bei Tieren, die älter als 50 Wochen alt sind, wieder ab [10].

Ferner ist entscheidend für die biologische Strahlenwirkung, welche Region eines Organismus bestrahlt wird. Während die LD_{50} für Menschen bei einer Ganzkörperbestrahlung auf 300—500 R geschätzt wird, können bei der lokalen Bestrahlung von Tumoren häufig mehrere 1000 R verabreicht werden. Bei Mäusen beträgt die $LD_{50/30}$ etwa 600 R bei der Ganzkörperbestrahlung mit Röntgenstrahlen. Wird dagegen nur der Kopf der Tiere der Strahlung ausgesetzt, so wird für den gleichen Effekt eine Strahlendosis von ungefähr 2000 R und schließlich bei einer Rumpfbestrahlung von 1400 R benötigt.

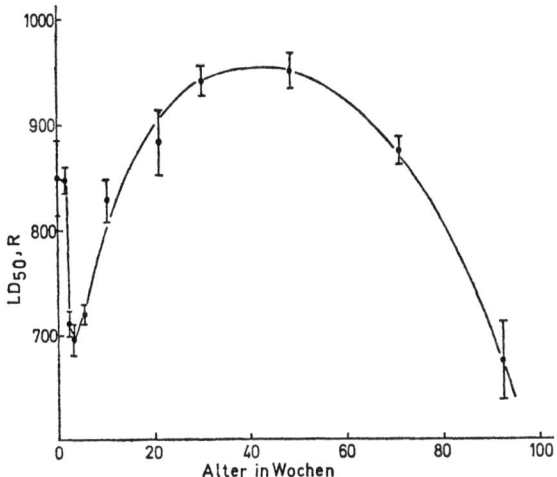

Abb. 5. Die Strahlenempfindlichkeit von Mäusen (SAS/4) in Abhängigkeit vom Alter. [M. L. Crossfill, P. J. Lindop u. J. Rotblat: Nature **183**, 1729 (1959)]

Im allgemeinen ist der biologische Strahleneffekt dann am größten, wenn die Verteilung der Dosis in dem bestrahlten Objekt möglichst homogen ist. Die Energie der Strahlung muß groß genug sein, damit kein Dosisabfall in dem bestrahlten Volumen auftritt. Eine besonders starke Inhomogenität der Strahlung ergibt sich häufig, wenn radioaktive Isotope inkorporiert werden, da diese oft in bestimmten Organen spezifisch angereichert werden (z. B. Jod in der Schilddrüse). Andererseits ist das eine Eigenschaft, die für die strahlentherapeutische Anwendung äußerst vorteilhaft sein kann, da die ionisierenden Strahlen dann in einem kleinen, definierten Volumen absorbiert werden.

Bei vielen Systemen hat sich eine Abhängigkeit der Wirkung von der Dosisleistung ergeben. In engem Zusammenhang damit steht, daß die Strahlenschädigung abnimmt, wenn die Dosis nicht in einer Einzelbestrahlung sondern in Teilbeträgen fraktioniert verabreicht wird. Unter diesen Bedingungen kommen Erholungsvorgänge zum Zuge, die einen Teil der Strahlenwirkung „löschen".

Werden Säugetiere mit steigenden Strahlendosen einer Ganzkörperbestrahlung ausgesetzt, so überleben im unteren Dosisbereich (200—400 R) alle Tiere den Strahleninsult, obwohl in verschiedenen

Organen strahlenbedingte Veränderungen auftreten. Nach einer Bestrahlung im Bereich der $LD_{50/30}$ bis $LD_{95/30}$ sterben, z.B. Mäuse etwa 10—14 Tage p.r. (post radiationem). Es wird heute allgemein angenommen, daß der Tod dieser Tiere vorwiegend durch die hämatologischen Schädigungen bedingt ist [25]. Wird die Strahlendosis weiter gesteigert, so nimmt die Überlebenszeit ab und bleibt schließlich über einen breiteren Dosisbereich von ca. 1000—10000 R mit etwa 3,5 Tagen beinahe konstant (Rajewsky). Das unter diesen Bedingungen auftretende, akute Strahlensyndrom wird als Gastro-Intestinal-Syndrom bezeichnet, da es im wesentlichen durch Darmschäden bestimmt wird [25]. Nach Strahlendosen über 10000 R wird die Überlebenszeit dann weiterhin verkürzt, die auftretenden Symptome sind nun weitgehend durch zentralnervöse Störungen gekennzeichnet [25].

Es bedarf keiner besonderen Erläuterung, daß auf Grund der biologischen Variabilität eine scharfe Trennung dieser Syndrome in definierte Dosisbereiche nicht möglich ist. Ähnliche Beobachtungen wurden bei allen bisher untersuchten Säugetierarten gemacht, allerdings wurde bei Meerschweinchen, Hamstern und Affen das Plateau der Überlebenszeit im Dosisbereich 1000—10000 R 6 Tage p.r. gefunden.

Dem Zeitpunkt der Untersuchung und der Höhe der Strahlendosis muß daher für die Beurteilung biochemischer Ergebnisse erhebliche Bedeutung beigemessen werden; zumal die biologische Strahlenwirkung in Abhängigkeit von Dosis und Zeit verschiedene Stadien der Entwicklung durchläuft, an der einzelne Organe und Gewebe unterschiedlich beteiligt sind.

8. Die Strahlenempfindlichkeit von Zellen und Geweben der Säugetiere

Aus den im vorangegangenen Abschnitt besprochenen Ergebnissen geht bereits hervor, daß die Organe und Gewebe von Säugetieren eine sehr unterschiedliche Strahlenempfindlichkeit besitzen. So werden im Knochenmark, in den lymphatischen Geweben wie Milz und Thymus, in den Keimdrüsen oder in den Krypten des Duodenums bereits nach niedrigen Strahlendosen (< 400 R) Veränderungen beobachtet, während die Leber, Niere, das Herz, die quergestreifte Muskulatur sowie das Nervengewebe als strahlenresistenter gelten.

Bergonié u. Tribondeau formulierten bereits im Jahre 1906 eine Regel, um Gewebe und Zellen entsprechend ihrer Strahlenempfindlichkeit einzuordnen. Sie besagt, daß mit zunehmender morphologischer und funktioneller Differenzierung sowie abnehmender Mitosetätigkeit der Zelle ihre Strahlenresistenz ansteigt. Zwar wurden seit der Aufstellung dieser Regel eine Reihe von Ausnahmen gefunden, dennoch kann sie noch heute als Richtlinie gelten. Als bemerkenswerteste Abweichung sind wohl die kleinen Lymphocyten zu betrachten. Sie werden als das letzte, reifste Glied der lymphatischen Reihe angesehen, das sich wahrscheinlich nicht mehr teilt. Trotzdem gehören diese Zellen zu den strahlenempfindlichsten Zellformen, die heute bekannt sind. Andererseits sind die primitiven Reticulumzellen relativ strahlenresistent.

Dieses unterschiedliche Verhalten einzelner Zellarten erschwert die Beurteilung biochemischer Messungen vor allem bei solchen Organen und Geweben, die sich aus mehreren Zelltypen verschiedener Empfindlichkeit zusammensetzen. Nach einer Bestrahlung kann sich die Zellpopulation, bedingt durch Zelltod oder Zellwanderung, ändern. Da die Enzymverteilungsmuster in diesen Zellen nicht hinreichend bekannt sind, ergeben sich dann Schwierigkeiten bei der Bewertung der experimentellen Ergebnisse.

Histologische und cytologische Veränderungen sind nach einer Strahleneinwirkung sehr eingehend untersucht worden. Wie beim Ganztier werden sehr hohe Strahlendosen benötigt, um den akuten Zelltod herbeizuführen. Bei niederen Dosen liegt zwischen der Bestrahlung und dem Absterben von Zellen ein mehr oder minder großes Zeitintervall, in dem die Entwicklung des Strahlenschadens verschiedene Stadien durchläuft. In strahlenempfindlichen Geweben tritt bereits nach Bestrahlung mit einigen R eine Mitosehemmung ein [197], deren Ausmaß und Dauer von der Höhe der Strahlendosis abhängt. Die Ursache dieses Strahleneffektes ist bisher nicht geklärt. Da trotz der Mitosehemmung die DNS-Synthese weiterlaufen kann, kommt es unter diesen Bedingungen zur Bildung von polyploiden Zellen. Haben die bestrahlten Zellen die Fähigkeit, sich zu teilen, wiedererlangt, können sie dennoch nach einer oder mehreren Teilungen als Folge von Chromosomenschäden zugrundegehen [197].

In der angelsächsischen Literatur wird dieser Vorgang als „reproductive death" der Zellen bezeichnet. Im Gegensatz dazu findet beim „interphase death" keine Zellteilung mehr statt. In den Zellen laufen in diesem Falle innerhalb von Stunden nach Bestrahlung degenerative Prozesse ab, und die betroffenen Zellen verschwinden schließlich aus dem Gewebe [233].

Der Zellkern scheint an der Entwicklung beider Mechanismen maßgeblich beteiligt zu sein. Die Frage, ob diese Vorgänge primär vom Kern oder vom Cytoplasma ihren Ausgang nehmen, ist jedoch umstritten. Braun beobachtete bei elektronenmikroskopischen Untersuchungen der Lymphocyten im Thymus, daß nach letaler Bestrahlung der Strahlenschaden durch Veränderungen an der Kernmembran eingeleitet wird. Dagegen wurden bei subletalen Strahlendosen zunächst „Entdifferenzierungsvorgänge" im Cytoplasma gesehen, bevor die gesamte Zelle von Makrophagen aufgenommen wurde [29].

Bei den Zellkernen wie bei den Mitochondrien tritt nach Bestrahlung häufig ein Schwellen der Partikel ein. Die Mitochondrien verklumpen und es kommt zu einem Abbau der Cristae[7], deren Struktur für den Stoffwechsel von besonderer Bedeutung ist (Abb. 48). Ferner werden endoplasmatische Membranen als Folge des Strahleninsultes zerstört und ihr Ribosomenbesatz nimmt ab. Für die cytologischen Veränderungen, die in diesem Rahmen nur ganz allgemein dargestellt werden können, gelten dieselben Grundsätze hinsichtlich der Abhängigkeit von der Strahlendosis, von der Empfindlichkeit der Zellen usw., wie sie im vorangegangenen Abschnitt dargestellt wurden. Im allgemeinen wird die Beobachtung gemacht, daß strahlenempfindliche Zellen relativ wenig Cytoplasma und Mitochondrien besitzen. Generell wird dem Zellkern und insbesondere dem Träger der genetischen Information, der Desoxyribonucleinsäure (DNS), für die Entwicklung einer Strahlenwirkung große Bedeutung beigemessen.

II. Veränderungen der Nucleinsäuren und ihres Stoffwechsels nach Bestrahlung

Bevor die strahlenbedingten Veränderungen der Nucleinsäuren besprochen werden, seien einige Merkmale zur Struktur und Biochemie dieser Stoffklasse skizziert. Die Nucleinsäuren sind hochmolekulare Substanzen, die sich aus Mononucleotiden zusammensetzen. Die Mononucleotide bestehen jeweils aus einer Base mit einem Pyrimidin- oder Purin-Ringsystem, das N-glykosidisch an einen Zucker mit 5 Kohlenstoffatomen in unverzweigter Kette gebunden ist[8]. Es gibt zwei Typen von Nucleinsäuren; bei dem einen besteht die Zuckerkomponente aus Ribose, bei dem anderen aus 2-Desoxyribose. Man unterscheidet daher Ribonucleinsäure (RNS) und Desoxyribonucleinsäure (DNS).

In der Nucleinsäurekette sind die beschriebenen Nucleotide in der Form von Phosphorsäurediestern miteinander verknüpft, indem der Phosphorsäurerest eine weitere Esterbindung mit der 3-Hydroxylgruppe des folgenden Nucleotides eingeht (Abb. 6). Die Nucleinsäuren enthalten stets zwei verschiedene Pyrimidin-Basen (Cytosin und Uracil in der RNS sowie Cytosin und Thymin in der DNS) und zwei Purin-Basen (Guanin und Adenin sowohl in der RNS als auch in der DNS) (Abb. 6). Neben diesen „klassischen" Basen wurden in neuerer Zeit einige „seltene" Basen gefunden, die vor allem in den „Transfer"-Ribonucleinsäuren (zur biologischen Funktion s. S. 70) auftreten.

Die räumliche Struktur der RNS ist bisher nur ungenügend bekannt. Es wird häufig angenommen, daß sie auch im nativen Zustand nicht

---

[7] Die Cristae mitochondriales sind lamellenartige Doppelmembranen, die von der Außenmembran ihren Ausgang nehmen. Mit der Struktur der Cristae ist die oxidative Phosphorylierung eng verbunden, da auf den Membranen die Enzymsysteme dieses biochemischen Prozesses angeordnet sind.

[8] Die Hydroxylgruppe des Zuckers in Position 5 ist mit Phosphorsäure verestert (Abb. 6).

spezifisch festgelegt ist. Neuere Untersuchungen haben jedoch ergeben, daß zumindest bei den „Transfer"-Ribonucleinsäuren — es handelt sich um relativ niedermolekulare RNS mit einem ungefähren Molekulargewicht von 30 000 — eine spezifische, räumliche Anordnung der Polynucleotidkette vorliegt. Bei dieser RNS ist auch die Sequenz der Basen teilweise aufgeklärt [146].

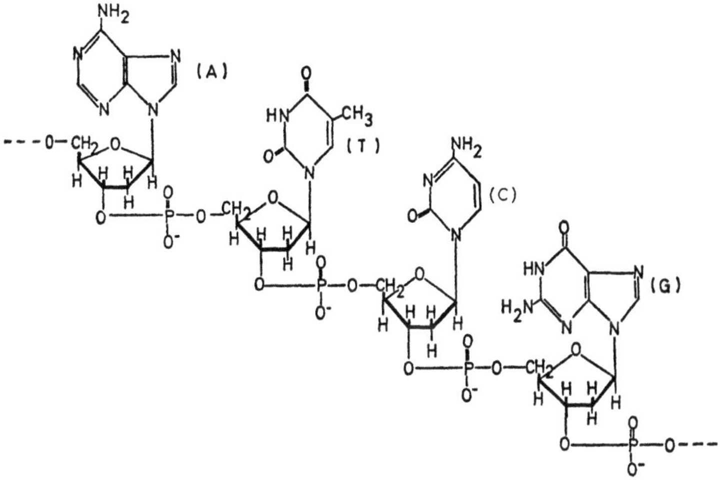

Abb. 6. Formelausschnitt aus einem Polynucleotidstrang der Desoxyribonucleinsäure (DNS) A = Adenin, G = Guanin, C = Cytosin und T = Thymin

Dagegen gilt für die native Struktur der DNS das Modell von Watson u. Crick als gesichert. Nach diesen Vorstellungen liegt die DNS als Doppelstrang vor, beide Nucleotidketten sind schraubenförmig ineinander verdrillt (Abb. 7), der Durchmesser dieser Helix beträgt 20 Å. Die Doppelstranghelix wird durch Wasserstoffbrücken zwischen den Basen der beiden Polynucleotidketten stabilisiert. Solche Bindungen werden nur spezifisch zwischen jeweils einer Purin- und einer Pyrimidin-Base ausgebildet und zwar zwischen Guanin und Cytosin (3 Wasserstoffbrücken pro Basenpaar), sowie Adenin und Thymin (2 Wasserstoffbrücken pro Basenpaar) (Abb. 7). Auf Grund dieser Spezifität ist durch die Basenfolge in der einen Nucleotidkette die Sequenz der Basen in dem zweiten, sogenannten komplementären DNS-Strang bereits festgelegt. In demselben Prinzip liegt die biologische Aktivität des DNS begründet. Bekanntlich ist die DNS die Trägerin der genetischen Information, die auf einer definierten Basenfolge — bei ihrer Änderung entstehen Mutationen — beruht und die auf Grund der spezifischen Basenpaarung weitergegeben werden kann.

Dabei kann an einem DNS-Strang sowohl eine komplementäre DNS- als auch eine RNS-Kette synthetisiert werden. Für die *de novo* DNS-Synthese wird die Doppelstranghelix aufgedrillt, jeder Einzelstrang wirkt dann als Matrize, an der unter Verwendung der Triphosphate der Desoxyribonucleoside durch das Enzym DNS-Polymerase neue Polynucleotidketten aufgebaut werden (Abb. 23). Bei den Triphosphaten der Desoxyribonucleoside ist an den Phosphatrest der beschriebenen Mononucleotide Pyrophosphat anhydridartig gebunden. Durch das Enzym RNS-Polymerase kann durch Einbau der Triphosphate der Ribonucleoside nach demselben Prinzip eine RNS-Kette entstehen, damit wird die in der DNS enthaltene Information auf die RNS übertragen (Transkription). Allerdings wird bei diesem Prozeß im Gegensatz zur DNS-Synthese wahrscheinlich nur einer der beiden DNS-Stränge abgelesen. Für beide Reaktionen müssen die Triphosphate aller vier Nucleoside und DNS als „Starter" („primer") anwesend sein. RNS kann außerdem durch eine weitere Polymerase aus den Diphosphaten der Nucleoside ohne DNS als „Starter" gebildet werden.

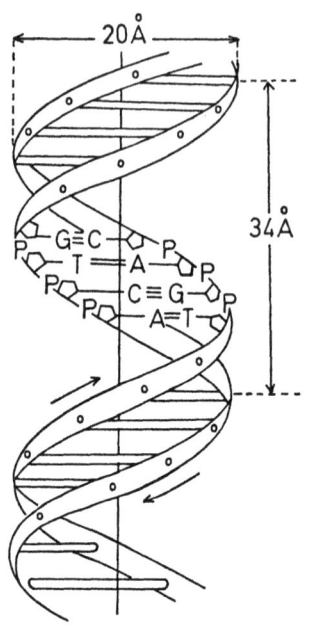

Abb. 7. Struktur der Doppelstranghelix der DNS, A = Adenin, G = Guanin, C = Cytosin, T = Thymin und P = Phosphat (E. Harbers: Biochemie der Nucleinsäuren. Stuttgart: Thieme 1969)

Der Abbau der Nucleinsäuren erfolgt im wesentlichen durch Nucleasen, die spezifisch mit DNS oder RNS als Substrat reagieren. Diese Nucleasen spalten im allgemeinen Phosphatdiesterbindungen hydrolytisch, so daß es zur Abspaltung einzelner Nucleotide (Exonucleasen) oder zu Kettenbrüchen (Endonucleasen) kommt. Während die DNS überwiegend im Zellkern lokalisiert und am Aufbau der Gene und Chromosomen wesentlich beteiligt ist, ist die RNS über die gesamte Zelle verteilt. Man unterscheidet auf Grund der Eigenschaften und biologischen Funktion „messenger"-RNS (m-RNS), ribosomale RNS (r-RNS) und „Transfer"-RNS (t-RNS) (s. S. 70). Die DNS liegt vor allem in den Zellen höherer Organismen im Komplex mit basischen Proteinen, den Histonen, vor, der als Desoxyribonucleoprotein (DNP)-Komplex bezeichnet wird.

1. Strahlenschäden an den Nucleinsäuren

Aus verschiedenen Gründen ist die DNS häufig als der empfindliche Treffbereich („target") lebender Organismen diskutiert worden, deren Schädigung schließlich zum Tode führt. Zum einen enthält sie die lebensnotwendige genetische Information, zum anderen ist im Gegensatz zu allen anderen Substanzen pro Zelle meist nur ein Molekül mit dem betreffenden Informationsinhalt vorhanden, so daß *ein* Treffereignis zum vollständigen Ausfall führen kann. Ferner wurde lange Zeit angenommen, daß eine Reparatur der geschädigten DNS von der Zelle nicht durchgeführt werden kann.

Folgende Veränderungen können an der DNS durch ionisierende Strahlen hervorgerufen werden, die bisher experimentell gesichert sind:

1. Kettenbruch durch Spaltung einer oder mehrerer Phosphatdiesterbindungen (Einzelketten (E.K.)- oder Doppelketten (D.K.)- Brüche) (Abb. 9).

2. Vernetzung durch Bildung intra- oder intermolekularer Bindungen.

3. Strahlenchemische Veränderung oder Eliminierung der Basen Adenin, Guanin, Cytosin und Thymin.

Zur Erkennung von Schäden an der DNS, die unter Punkt 1 oder 2 fallen, werden physikalische Methoden angewendet, die auf eine Bestimmung des Molekulargewichts hinauslaufen, während bei Punkt 3 eine chemische Analyse der Basenzusammensetzung erforderlich ist. Da heute allgemein angenommen wird, daß jeder Informationsinhalt der DNS pro Zelle nur einmal vorhanden ist, kann also die strahlenchemische Veränderung einer einzigen Base eines DNS-Stranges bereits zu biologischen Konsequenzen führen. Da andererseits in einem DNS Molekül mit dem Molekulargewicht $20 \cdot 10^6$ etwa 40 000 Basen, also im Mittel 10 000 Basen der gleichen Art, enthalten sind, erscheint es einleuchtend, daß die bisher bekannten chemischen Methoden nicht empfindlich genug sind, um eine derartige Analyse (Bestimmung einer Base unter 10 000) zu gestatten. Um chemische Veränderungen an den Nucleinsäure-Basen messen zu können, müssen daher wesentlich höhere Strahlendosen verwendet werden, als für den biologischen Effekt, z.B. zum Abtöten von Bakterien, benötigt werden. Für die Analyse wird dabei vorausgesetzt, daß das Ausmaß dieser chemischen Veränderungen proportional der Strahlendosis ist und daß das erste Reaktionsprodukt nach Möglichkeit keinen weiteren strahlenchemischen Reaktionen unterliegt.

In neueren Arbeiten sind vor allem von Freifelder, Hagen sowie Szybalski die strahlenbedingten Veränderungen an der DNS aus Bakteriophagen[9] untersucht worden. Dieses biologische Objekt hat den Vorteil, daß seine DNS relativ einfach und schonend isoliert wer-

---

[9] Bakteriophagen sind Viren, die sich in Bakterien vermehren. Sie bestehen vorwiegend aus Nucleinsäuren und Protein und haben keinen eigenen Stoffwechsel außerhalb der „Wirtszellen". Die Phagen dringen in die Bakterien ein und vermehren sich in ihrem „Wirt". Die Zahl der gereiften Partikel steigt auf etwa 30—200 pro Bakterienzelle an, das Bacterium platzt, es „lysiert" und setzt dabei den Zellinhalt einschließlich der gebildeten Phagen frei.

den kann, so daß das gesamte Phagengenom als *ein* Molekül erhalten werden kann. Dagegen treten bei der Präparation der DNS aus Bakterien oder Säugetierzellen auf Grund hydrodynamischer Scherkräfte Bruchstücke auf. Man erhält also im Gegensatz zum Phagen die DNS als ein polymolekulares Gemisch. Außerdem sind in Bakteriophagen bisher keine Reparaturvorgänge an der durch ionisierende Strahlen geschädigten DNS (s. S. 35) beobachtet worden [70].

a) Die Bestrahlung von Phagen-DNS

Freifelder bestrahlte Coliphagen T 7 in wäßriger Suspension mit Röntgenstrahlen. Bei der Analyse der anschließend isolierten DNS mit Hilfe der Ultrazentrifuge stellte er fest, daß das Molekulargewicht mit steigender Strahlendosis abnahm. Dieser Befund kann nur so erklärt werden, daß als Folge der Bestrahlung die Nucleotidketten in beiden DNS-Strängen gespalten werden und damit eine Dissoziation der Bruchstücke eintritt. Es kommt zu einem Doppelkettenbruch. Dabei brauchen die Einzelkettenbrüche nicht direkt gegenüber zu liegen, sondern können bis zu 3—5 Basenpaare voneinander getrennt sein, da auf Grund ihrer niederen Bindungsenergie und der Wechselwirkung mit den Wassermolekülen die umliegenden Wasserstoffbrücken aufgehen (Abb. 8 und 9). Mit steigendem Molekulargewicht der DNS nimmt bei der Absorption einer gleichen Strahlendosis die Wahrscheinlichkeit zu, daß ein Doppelkettenbruch pro Phagengenom auftritt (Abb. 8) [70]. — Das Molekulargewicht der DNS bei den Phagen T 7, λ, T 5 und T 4 beträgt 25, 33, 76 bzw. 120 Millionen.

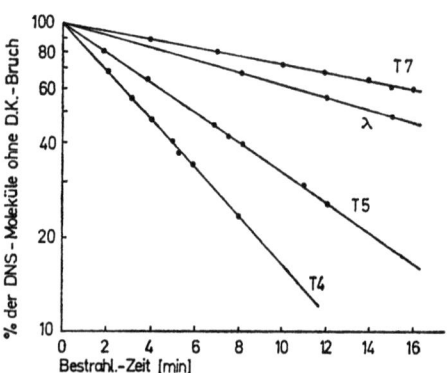

Abb. 8. Zahl der DNS-Moleküle ohne Doppelketten (D. K.)-Bruch in % nach einer Röntgenbestrahlung in gepufferter Histidinlösung aufgetragen gegen die Strahlendosis (Bestrahl.-Zeit). Die DNS wurde nach der Strahleneinwirkung aus den Phagen T 4, T 5, T 7 und λ isoliert. Die Zahl der D. K.-Brüche wurde mit Hilfe der analytischen Ultrazentrifuge bestimmt. [D. Freifelder: Virology 36, 613 (1968)]

Bei einer Reihe von Bakteriophagen wurde beobachtet, daß pro inaktiviertem Phagen *ein* Doppelkettenbruch in der DNS eintrat, wenn die Bestrahlung in 0,01 M Phosphatpuffer bei pH 7,8 vorgenommen wurde. Es wurde daher angenommen, daß unter diesen Bedingungen der strahlenbedingte Doppelkettenbruch zur Inaktivierung des Phagen führt. Dagegen traten nur bei etwa 40% der inaktivierten Phagen Doppelkettenbrüche auf, wenn im Bestrahlungsmedium 10^{-3} M L-Histidin enthalten war. Unter diesen Bedingungen kann also der Bruch der Doppelhelix nicht die alleinige Ursache für die Inaktivierung sein (Abb. 8). Die Zahl der Doppelkettenbrüche nimmt in diesem Falle nach einer exponentialen Funktion mit steigender Strahlendosis zu[10]. Die D_{37}[10] beträgt 18500 rad. Sowohl für die Inaktivierung der Phagen als auch für die Erzeugung von Doppelkettenbrüchen wird bei Gegenwart von Histidin eine höhere Strahlendosis benötigt. Die Aminosäure übt einen Schutz aus, indem sie als Radikalfänger fungiert und die Zahl der Doppelkettenbrüche vermindert (Abb. 9). Wie auf Grund der Molekülgröße der DNS zu erwarten ist, treten nach einer Bestrahlung bei den Phagen T 4 mehr Doppelkettenbrüche pro Phagengenom bei gleicher Strahlendosis auf als bei den Phagen T 5 (Abb. 8). Dennoch ist die Strahlenempfindlichkeit des Phagen T 5 höher als diejenige des Phagen T 4 [70]. Dieser Befund zeigt, daß Doppelkettenbrüche der DNS für die biologische Inaktivierung von Phagen nicht alleine verantwortlich sein können. Möglicherweise werden diese zusätzlichen Schädigungen vor allem durch strahlenchemische Veränderungen an den Basen der DNS hervorgerufen.

Nach einer Auftrennung der Doppelhelix in die Einzelstränge durch Erhitzen der DNS-Lösung auf 70—90 °C in Gegenwart von Formaldehyd oder durch Erhöhen des pH-Wertes der DNS-Lösung, konnte ebenfalls in der analytischen Ultrazentrifuge die Zahl der Einzelkettenbrüche gemessen werden. Es zeigte sich, daß bei der Bestrahlung von Phagen 10—20 Einzelkettenbrüche pro Doppelkettenbruch beobachtet werden. So betrug bei der Bestrahlung in Gegenwart von L-Histidin bezogen auf eine Strahlendosis von 1 R und eine DNS-Einheit mit dem Molekulargewicht 10^6 die Zahl der Einzelkettenbrüche $2,6 \cdot 10^{-6}/R/10^6$ Dalton[11] und die Zahl der Doppelkettenbrüche $2,7 \cdot 10^{-7}/R/10^6$ Dalton [70].

---

[10] Bei einer exponentialen Abhängigkeit des Strahlenschadens von der Dosis besteht die Beziehung $N/N_0 = e^{-\alpha \cdot D}$. Dabei gibt N_0 die Zahl der Teilchen (z.B. DNS-Moleküle) in dem betrachteten Volumen vor der Bestrahlung und N die Zahl der ungeschädigten Teilchen in dem gleichen Volumen nach der Bestrahlung mit der Dosis D an. Trägt. man den natürlichen Logarithmus von N/N_0 gegen die Strahlendosis D auf, so erhält man eine Gerade mit der Steigung α. Es ist üblich, die Dosis anzugeben, bei der das Produkt $\alpha \cdot D = 1$ ist, es folgt dann $N/N_0 = e^{-1} \cong 0,37$, d.h. 37% der Teilchen sind bei dieser Dosis nicht verändert, sie wird daher als D_{37} bezeichnet.

[11] Dalton = relative Atom- bzw. Molekulargewichtseinheit.

Es konnte jedoch nachgewiesen werden, daß die Einzelkettenbrüche im allgemeinen keine Inaktivierung der Phagen bewirken. Zum Beispiel wurde beobachtet, daß Phagen-DNS, in die radioaktives Phosphat (^{32}P) eingebaut war, eine große Zahl von Zerfällen tolerieren kann, ohne daß eine Inaktivierung eintritt [70]. Jeder Zerfall (^{32}P → ^{32}S + e^-, E_{Max} = 1,71 MeV) hat jedoch neben dem Strahleneffekt des ausgesendeten Elektrons die Umwandlung eines Phosphatesters in einen Sulfatester zur Folge. — Man spricht von einer Transmutation. — Der Sulfatester wird hydrolysiert und verursacht damit einen Kettenbruch.

Ikenaga berichtete, daß bei der ^{32}P-Transmutation wie bei der Röntgenstrahlung in Phagen T 1 etwa 10 Einzelkettenbrüche oder mehr pro Doppelkettenbruch auftraten und daß bei den Phagen die Schädigung durch Transmutation im Vergleich zu den Strahleneffekten überwog. Bei analogen Untersuchungen an E. coli wurde das Gegenteil beobachtet. Dieser Effekt wurde wahrscheinlich dadurch hervorgerufen, daß in den Bakterienzellen neben der DNS auch die RNS sehr stark mit ^{32}P markiert war und damit die ionisierende Strahlung im Vergleich zu den Transmutationen in der DNS erheblich zunahm [101].

Alexander u. Mitarb. haben gefunden, daß es bei einer Bestrahlung von trockener DNS nicht nur zu einer Degradierung der Polynucleotidketten kommt, sondern daß auch Moleküle mit höherem Molekulargewicht auftreten. Sie führen diesen Befund auf die Ausbildung intermolekularer Bindungen, auf sogenannte Vernetzungen, zurück. Werden Phagen hohen Strahlendosen ausgesetzt, so erscheinen in der anschließend isolierten DNS ebenfalls Moleküle, die in der Ultrazentrifuge schneller als die unbestrahlte DNS sedimentieren. Von Hagen u. Mitarb. wird angenommen, daß durch die Bestrahlung in der Phagen-DNS intramolekulare Vernetzungen gebildet werden, so daß diese DNS-Moleküle sich nicht entfalten können und auf Grund dieser strukturellen Änderung im Schwerefeld schneller wandern [24]. Inwieweit diesem Reaktionstyp biologische Bedeutung zukommt, bedarf weiterer Klärung.

Strahlenchemische Veränderungen an den Basen wurden nach der Bestrahlung von wäßrigen Lösungen der freien Basen, der Nucleoside, Nucleotide sowie von DNS z.B. aus Kalbsthymus untersucht. Dabei ergab sich, daß sowohl nach Röntgen- als auch nach Elektronen-Bestrahlung die Pyrimidine stärker verändert waren als die Purine. Von den natürlich vorkommenden Basen war das Thymin am empfindlichsten. Auch bei Untersuchungen mit Hilfe der Elektronenspin-Resonanz[12] wurden nach der Einwirkung von Röntgenstrahlen,

---

[12] Durch die ESR-Spektroskopie ist der Nachweis von Radikalen auf Grund der ungepaarten Elektronen möglich. Die Art des Spektrums gestattet, in gewissem Umfang eine Aussage über die Lokalisation derartiger Elektronen und damit der Radikalstelle im Molekül zu machen.

γ-Strahlen sowie Elektronen auf die DNS aus Kalbsthymus Spektren beobachtet, deren Form denjenigen ähnlich war, die nach der Bestrahlung von Thymin oder Thymidin erhalten wurden [276]. Es wird daher angenommen, daß die Radikalbildung vorwiegend an dieser Base der DNS eintritt.

An strahlenchemischen Veränderungen der Basen wurden vor allem Desaminierung, Oxidation des Pyrimidinringes und Spaltung des Purinringsystems beobachtet. Bei der Bestrahlung von Kalbsthymus-DNS (5 mg/ml) mit 10^6 rad 15 MeV Elektronen in 0,01 M Phosphatpuffer wurden etwa 10% der Basen strahlenchemisch verändert. Bei Abwesenheit von Sauerstoff betrug der Strahleneffekt nur noch ein Viertel. Die Desoxyribose wurde weniger angegriffen als die Basen und damit waren auch die Ereignisse, die zu einem Kettenbruch führten, geringer. Dieses Ergebnis, das bei der Bestrahlung von isolierter DNS und von freien Nucleotiden erhalten wurde [95, 198], ist mit den beschriebenen Untersuchungen an der DNS, die im Phagen bestrahlt wurde, nicht in Einklang zu bringen, da hier offensichtlich Kettenbrüche überwiegen. Die Strahleneffekte am Zuckeranteil und die ebenfalls stattfindende Eliminierung von Basen waren unabhängig von Sauerstoffgehalt der Lösung [95, 141, 198].

Die Befunde hinsichtlich des Sauerstoffeffektes stehen in Übereinstimmung mit den Ergebnissen, die mit Phagen erhalten werden. Bei der Bestrahlung von Phagen in Phosphatpuffer wird weder die biologische Inaktivierung der Partikel noch die Zahl der Kettenbrüche durch Sauerstoff beeinflußt [71]. Dagegen tritt ein Sauerstoffeffekt ein, wenn Histidin im Medium enthalten ist. Es ist bereits darauf hingewiesen worden, daß unter diesen Bedingungen die Inaktivierung der Phagen nicht nur auf Doppelkettenbrüche zurückgeführt werden kann (Abb. 8). Einen Hinweis, daß dann wahrscheinlich strahlenchemische Veränderungen an den Basen von Bedeutung werden, geben Untersuchungen, die mit 5-Bromuracil durchgeführt worden sind. Diese halogenierte Base kann an die Stelle von Thymin in großem Maße in die DNS eingebaut werden. Durch eine derartige Substitution werden Coliphagen T 7 um den Faktor 3,5 empfindlicher bei Bestrahlung in Gegenwart von Histidin, ohne daß die Zahl der Doppelketten- oder Einzelkettenbrüche wesentlich ansteigt. Auf die Strahleninaktivierung in Phosphatpuffer ohne Histidin hat der Einbau von 5-Bromuracil folgerichtig keinen Einfluß. In diesem Falle wird der biologische Effekt durch das Auftreten von Doppelkettenbrüchen verursacht, auf deren Bildung ebenso wie bei Einzelkettenbrüchen die inkorporierte, halogenierte Base in der DNS von Phagen ohne Wirkung ist [234].

Eine direkte experimentelle Überprüfung der Hypothese, daß in Gegenwart von Histidin strahlenchemische Veränderungen der Basen eine Rolle spielen, kann aus dem früher angeführten Grund bei Anwendung niederer Strahlendosen, die für die Inaktivierung ausreichen, nicht erbracht werden (s. S. 25). In Übereinstimmung mit diesen Vorstellungen steht jedoch der Befund, daß das eingebaute 5-Bromuracil die Strahlenresistenz der Phagen nicht verändert, wenn das Medium neben Histidin Cystein enthält und frei von Sauerstoff ist. Wie bereits erwähnt, sind Strahlenschäden an den Basen vom Sauerstoffgehalt abhängig und durch den Radikalfänger Cystein wird außerdem ein Schutz ausgeübt. Die strahlenchemische Reaktion 3 (Abb. 9) findet daher unter diesen Bedingungen nicht statt.

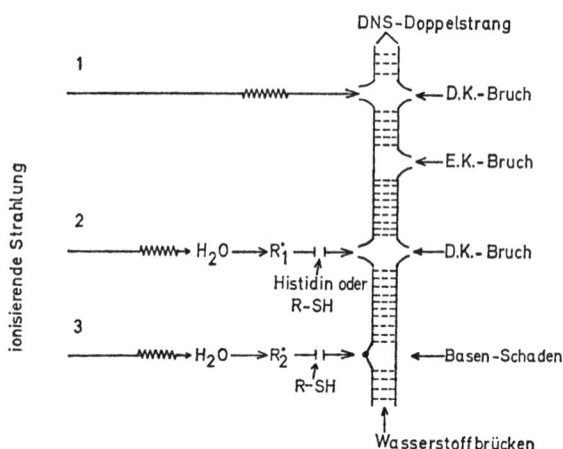

Abb. 9. Schematische Darstellung des Strahlenschadens an der DNS. 1. Direkte Strahlenwirkung, die zu Doppelketten(D. K.)- und zu Einzelketten(E. K.)-Brüchen führt. 2. Indirekte Strahlenwirkung, die ebenfalls Doppelketten- und Einzelketten-Brüche hervorruft und von Radikalfängern (z.B. Histidin oder RSH) unterdrückt wird. 3. Indirekter Strahleneffekt, der Basenveränderungen bewirkt, er hängt von der Gegenwart des Sauerstoffs ab und kann durch Substanzen mit Sulfhydrylgruppen (R-SH) unterdrückt werden. [Modifiziert nach W. Szybalski: Radiat. Res. Suppl. **7**, 147 (1967)]

Die beschriebenen Ergebnisse, die bei der Bestrahlung von Phagen erhalten werden, sind von Szybalski zusammenfassend dargestellt worden (Abb. 9) [234]: Es können zwei verschiedene Treffbereiche (target) experimentell im DNS-Molekül unterschieden werden: 1. die Phosphatdiesterbindungen der Polynucleotidketten, 2. die Purin- und Pyrimidinbasen.

Bei einer Bestrahlung der DNS treten drei verschiedene Reaktionstypen auf (Abb. 9): 1. Direkte Treffer führen zur Auflösung von Phosphatdiesterbindungen und damit zum Kettenbruch. 2. Auf Grund der indirekten Strahlenwirkung werden über Radikale R_1 Kettenbrüche hervorgerufen. 3. Ebenfalls durch indirekte Effekte reagieren Radikale R_2 mit den Basen der DNS, vorwiegend Thymin. Die Reaktionen 1 und 2 werden durch Sauerstoff nicht beeinflußt, während die Reaktion 3 bei Gegenwart von Sauerstoff in erhöhtem Maße auftritt.

Das Ausmaß dieser Reaktionstypen wird durch die Bestrahlungsbedingungen weitgehend bestimmt. Bei Bestrahlung der Phagen in Puffer kommt die Reaktion 2 überwiegend zur Geltung. Enthält das Medium einen Radikalfänger wie z. B. das Histidin, so wird die Reaktion 2 weitgehend unterdrückt und Basenveränderungen kommen beim biologischen Schaden zum Zuge. Unter diesen Verhältnissen kann der Beitrag der direkten Strahlenwirkung am biologischen Effekt abgeschätzt werden, er beträgt etwa 40%. Bei Abwesenheit des Sauerstoffs und in Gegenwart von Radikalfängern scheint der gesamte Strahlenschaden durch den Reaktionstyp 1 verursacht zu werden. Es sind daher wesentlich höhere Strahlendosen für die Inaktivierung der Phagen notwendig. Über Reaktion 3 ist die Strahlensensibilisierung der Phagen durch den Einbau von 5-Bromuracil in die DNS zu erklären. So ist gefunden worden, daß die freie halogenierte Base sowie ihr Desoxyribosid etwa um den Faktor 3 strahlenempfindlicher sind als die entsprechenden Thyminverbindungen [234].

b) Die Bestrahlung von DNS aus Bakterien und Säugetierzellen

Während sich also in Hinsicht auf die Veränderungen an der DNS nach der Einwirkung ionisierender Strahlen und in Hinsicht auf die Auswirkung dieser Schädigungen auf die biologische Aktivität bei den untersuchten Phagen bereits ein relativ übersichtliches Bild abzeichnet, ist das für höherstehende Organismen keineswegs der Fall. Die Phagen haben sich jedoch als ein gutes Modell erwiesen. Die Annahme scheint berechtigt und ist zum Teil experimentell bestätigt, daß bei anderen biologischen Objekten prinzipiell ähnliche Strahlenwirkungen an der DNS bei entsprechend hohen Strahlendosen auftreten. Allerdings ist es bisher nicht möglich, eine ähnliche Beziehung zwischen den Veränderungen an der DNS und dem biologischen Effekt herzustellen und erscheint zumindest bei Säugetieren fraglich. Selbst bei Bakterien ergeben sich eine Reihe von Unsicherheiten für die Deutung der strahlenbedingten Effekte.

Von verschiedenen Autoren wurde berichtet, daß ebenso wie bei den Phagen die Strahlenempfindlichkeit von Bakterien durch den Einbau von Bromuracil erhöht wird und daß die Überlebensrate offenbar vom Ausmaß der Inkorporierung der halogenierten Pyrimidin-Base abhängt. Allerdings haben diese Befunde eine sehr unterschiedliche Interpretation erfahren (Alexander u. Mitarb. [7]) (s. S. 166). Kaplan u. Zavarine fanden bei mehreren Bakterienstämmen, daß die Strahlenempfindlichkeit mit steigendem Gehalt an Guanin plus Cytosin in der DNS zunahm. Alexander u. Mitarb. sowie Underbrink u. Sparrow beobachteten jedoch, daß auf Grund der Basenzusammensetzung der DNS weder für Viren noch für Zellkulturen (von Mikroorganismen bis zu Säugetierzellen) Rückschlüsse auf deren Strahlenresistenz gezogen werden können (s. S. 166) [247].

McGrath u. Williams sowie Kaplan haben gezeigt, daß die Überlebensrate von E. coli B/r mit der Zahl der Doppelkettenbrüche in der DNS offenbar parallel läuft und von dem Ausmaß an Einzelkettenbrüchen nicht abhängt [101]. Dennoch müssen für die Beurteilung des Strahlenschadens bei Mikroorganismen weitere Faktoren, vor allem die Permeabilität an Membranen sowie der Stoffwechsel, berücksichtigt werden (s. S. 17 u. 151).

Auch die Form, in der die DNS in der Zelle vorliegt, ist für die Strahlenwirkung von Bedeutung. Bereits bei der Phagen-DNS wird beobachtet, daß eine geringere Strahlenschädigung auftritt, wenn die DNS im Phagen und nicht in wäßriger Lösung bestrahlt wird. Protein, das im Bestrahlungsmedium gelöst ist, vermag den Strahleneffekt an der DNS herabzusetzen. Berücksichtigt man, daß die DNS z.B. in der Säugetierzelle mit basischen Proteinen, den Histonen, im Komplex als Desoxyribonucleoprotein (DNP) vorliegt, so verdient dieser Befund besondere Beachtung. Vor allem da die Histone wie eine Hülle um die Doppelhelix herum liegen, werden sie die Diffusion der strahlenbedingten Wasserradikale zur DNS und damit die indirekte Strahlenwirkung an der Nucleinsäure erheblich herabsetzen. Methodische Schwierigkeiten bei der Isolierung der cellulären DNS sind bereits erläutert worden. Sie werden sich bei der Aufarbeitung bestrahlter Zellen möglicherweise dadurch erhöhen, daß an Stellen mit leichten strukturellen Störungen artefizielle Brüche in die DNS eingeführt werden.

Für strahlenbiologische Untersuchungen an der DNS aus Säugetiergeweben ist häufig die Nucleinsäure aus Thymus benutzt worden, da sie sich relativ einfach isolieren läßt, und da der Thymus zu den strahlenempfindlichen Geweben zählt. In sehr verdünnten wäßrigen Lösungen von DNS (ca. 100 µg/ml) aus Säugetierzellen nimmt die Viscosität bereits nach Strahlendosen von weniger als 100 R ab [126]. Bei hohen Konzentrationen (5—10 mg/ml) ist der meßbare Effekt dagegen wesentlich geringer [246]. In wäßrigen Lösungen ist die indirekte Strahlenwirkung für die Schädigung der DNS bedeutend.

Bei der Bestrahlung von DNS aus Kalbsthymus *in vitro* wurden ebenfalls Doppelkettenbrüche, Einzelkettenbrüche und Vernetzungen beobachtet (Hagen [265]). Vernetzungen wurden vor allem bei der Bestrahlung trockener DNS mit hohen Strahlendosen (3000 kR) unter Ausschluß von Sauerstoff gefunden. Die Zahl der Einzelkettenbrüche ist der Strahlendosis bis zu 10 kR Röntgenstrahlen proportional, die Zahl der Doppelkettenbrüche steigt mit dem Quadrat der Dosis. Dagegen liegt bei der Bestrahlung von DNP-Gelen (s. S. 24) auch für die Bildung von Doppelbrüchen Proportionalität zur Dosis vor [265]. Möglicherweise führt unter diesen Bedingungen vorwiegend *eine* Primärionisation zum Bruch beider Nucleotidketten, während bei der Bestrahlung von DNS-Lösungen verschiedene Trefferereignisse den Doppelkettenbruch verursachen. Allerdings liegt der G-Wert (s. S. 14) für die Bildung von Doppelkettenbrüchen (∼ 0,026) etwa um den Faktor 5 niedriger, wenn das DNP-Gel und nicht die freie DNS bestrahlt wird. Die bisher beschriebenen Untersuchungen sind mit Röntgen- oder γ-Strahlen durchgeführt worden. Bei der Anwendung von ionisierenden Strahlen mit höherem LET werden qualitativ die gleichen Veränderungen an der DNS beobachtet, allerdings gibt es Verschiebungen in quantitativer Hinsicht, so treten relativ mehr Doppelkettenbrüche auf [98, 126].

Neben den dargestellten Ergebnissen sind weitere strukturelle Veränderungen an der DNS nach Bestrahlung untersucht worden. Besondere Berücksichtigung haben dabei die Wasserstoffbrückenbindungen zwischen den Basen der beiden Polynucleotidketten gefunden. Peacocke u. Mitarb. schließen auf Grund der Titrationskurven, die sie von bestrahlter DNS erhalten haben, daß unter dem Einfluß von γ-Strahlen Wasserstoffbrücken zwischen den DNS-Strängen aufbrechen. Von verschiedenen Arbeitsgruppen ist dieses Problem mit Hilfe des hyperchromen Effektes untersucht worden[13]. Bei einer Bestrahlung von DNS *in vitro* steigt die Absorption der Lösung bei 260 mµ an, damit nimmt die Hyperchromie bei der anschließenden Hitze-Denaturierung ab. Es tritt also eine Auflösung von Wasserstoffbrücken nach Bestrahlung ein. Es ist bereits darauf hingewiesen worden, daß ein Kettenbruch die Aufhebung einer gewissen Anzahl dieser Bindungen zur Folge hat. Eine quantitative Analyse, ob allein durch die Kettenbrüche der Verlust der Wasserstoffbrücken erklärt werden kann, ist bisher nicht durchgeführt worden. Außerdem tritt eine Erniedrigung der „Schmelztemperatur" ein [86] und zwar bereits bei Strahlendosen, die auf den hyperchromen Effekt noch keinen Einfluß haben. Eine Erklärung für diesen Befund kann bisher nicht gegeben werden.

Als eine sehr empfindliche Methode zur Messung struktureller Veränderungen der DNS hat sich die Chromatographie an der MAK (*m*ethyliertes *A*lbumin auf *K*ieselgur)-Säule erwiesen. Es hat sich gezeigt, daß geschädigte DNS von diesem Material stärker gebunden und damit schwerer von der Säule eluiert wird. Bei der Bestrahlung von DNS aus Kalbsthymus nimmt mit steigender Dosis der relative Anteil der schwer zu eluierenden DNS nach einer exponentialen Funk-

---

[13] Wird eine DNS-Lösung langsam erhitzt, so tritt eine Entspiralisierung der Doppelhelix ein, die mit einer Erhöhung der Absorption bei 260 mµ einhergeht. Bei einem vollständigen Übergang vom nativen in den denaturierten Zustand (Doppelstrang → Einzelstrang) nimmt die Extinktion der Lösung bei 260 mµ etwa um den Faktor 1,4 zu. Dieser Effekt wird als Hyperchromie bezeichnet. Das Ausmaß des Extinktionsanstiegs gilt als ein Maß für die Zahl der Wasserstoffbrücken. Trägt man in einem Diagramm die Extinktion der DNS-Lösung gegen die Temperatur auf, so erhält man eine S-förmige Kurve, der Wendepunkt wird als „Schmelztemperatur" (T_M) der DNS bezeichnet.

tion zu. Bei einer Konzentration von 0,5 mg DNS/ml beträgt die D_{37} 460 R. Werden jedoch gelartige DNS-Lösungen (5 mg/ml bzw. 10 mg/ml DNS) bestrahlt, so steigt die D_{37} auf 11,5 bzw. 50 kR an. Diese Zunahme ist größer als aus einer linearen Beziehung zwischen Konzentration und Strahlendosis zu erwarten ist [246]. Es wird angenommen, daß in der DNS eine lokale Veränderung der Struktur eintritt.

Auf die besondere Situation, die sich aus dem Umstand ergibt, daß die DNS in den Säugetiergeweben als DNP-Komplex vorliegt, ist mehrfach hingewiesen worden. Nach einer Bestrahlung dieses Komplexes *in vitro* wird im allgemeinen eine Lockerung der Bindung zwischen den Histonen und der DNS beobachtet. Die Veränderung der Bindungsstärke zwischen Histon und DNS wurde mit Hilfe verschiedener Methoden gemessen. Wird der DNP-Komplex nach der Bestrahlung mit Trypsin inkubiert, so findet ein erhöhter proteolytischer Abbau des Histons statt [126]. Polyanionen wie Heparin verdrängen die DNS nach der Stahleneinwirkung in größerem Umfang aus dem DNP-Komplex [233]. Ferner ist ein vermindertes Schwellen der DNP-Gele, die nach der Bestrahlung mit 850 R in 0,14 M NaCl-Lösung inkubiert wurden, beobachtet worden [233]. Erschwert wird die Beurteilung dieser Untersuchungen für die Bedeutung des Strahlenschadens *in vivo* vor allem dadurch, daß die Struktur des DNP-Komplexes und damit die Strahlenresistenz sehr wesentlich durch das Lösungsmittel beeinflußt wird. Zum Beispiel ist in der oft verwendeten 1 M NaCl-Lösung das Histon und die DNS weitgehend dissoziiert, so daß *in vitro* stets Verhältnisse vorliegen, die denen *in vivo* nicht entsprechen.

Da die Untersuchungen über Reparationsvorgänge an der DNS von Bakterien häufig nach Bestrahlung mit UV-Licht durchgeführt wurden, sei hier noch auf einen besonderen Reaktionstyp als Folge einer UV-Bestrahlung hingewiesen. Unter der Einwirkung von UV-Licht der Wellenlänge 200—300 mµ auf DNS kommt es zur Bildung von Dimeren zwischen den Pyrimidinbasen (Abb. 10) [105]. Derartige

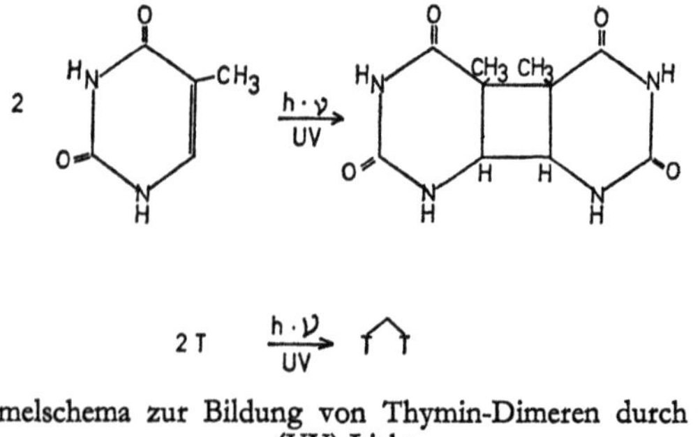

Abb. 10. Formelschema zur Bildung von Thymin-Dimeren durch ultraviolette (UV) Licht

Reaktionsprodukte treten auf, wenn Pyrimidinbasen benachbart zueinander in der Polynucleotidkette stehen, so daß die Dimeren $\widehat{TT}$, $\widehat{TC}$ und $\widehat{CC}$ in der DNS gebildet werden können. Die Folge ist eine Auflösung der räumlichen Struktur der Doppelhelix in der Umgebung dieser Bestrahlungsprodukte.

Während die Untersuchungen über strahlenbedingte Veränderungen der DNS außerordentlich zahlreich sind, gibt es nur relativ wenige Arbeiten, die sich mit den Strahlenschäden der RNS befassen. Grundsätzlich können dieselben strahlenchemischen Reaktionen, die für die DNS diskutiert worden sind, auch bei der RNS ablaufen. Wegen der Einsträngigkeit der RNS gibt es allerdings keine Doppelkettenbrüche. Pollard berichtete, daß durch eine Röntgenbestrahlung in der RNS-Kette wesentlich mehr Brüche entstehen als in einer Einstrang-DNS. Der angegebene G-Wert liegt bei der RNS höher als bei der DNS, in Phosphat-Puffer pH 7,0 beträgt der G-Wert 0,77 [177].

2. Reparationsvorgänge an der DNS nach Bestrahlung

Bis vor wenigen Jahren ist allgemein angenommen worden, daß bei einer Veränderung der DNS in lebenden Zellen z. B. durch ionisierende Strahlen, wenn überhaupt, lediglich mutierte Tochterzellen gebildet werden können. Untersuchungen mit Bakterien haben jedoch gezeigt, daß derartige Schäden von der Zelle durchaus repariert werden. Es können zwei verschiedene Reparationsprozesse an der DNS unterschieden werden: a) die Photoreaktivierung, b) der Dunkel-„Repair".

a) Die Photoreaktivierung

Von Kelner wurde 1948 beobachtet, daß die Überlebensrate der Sporen von Streptomyces griseus nach Betrahlung mit UV-Licht erhöht wurde, wenn die Mikroorganismen nach der UV-Bestrahlung mit sichtbarem Licht behandelt wurden [92]. Es wurde ferner gefunden, daß durch die Bildung der besprochenen Pyrimidin-Dimeren die Reduplikation der DNS, die zur Zellteilung notwendig war, gehemmt wurde. Nach Bestrahlung mit sichtbarem Licht der Wellenlänge 310—440 mµ war die Zahl der Dimeren in Abhängigkeit von der Dauer der „Belichtung" vermindert, was sich u.a. in einer Steigerung der Überlebensrate zeigte. Rupert u. Mitarb. machten wahrscheinlich, daß die Photoreaktivierung durch einen enzymatischen Prozeß bewerkstelligt wird. Folgende Argumente sprechen für diese Annahme:
1. Das aktive Prinzip aus E. coli wird durch proteolytischen Abbau und Erhitzen zerstört. 2. Die Reaktion folgt den Gesetzen einer Michaelis-Menten-Kinetik mit UV-bestrahlter DNS als Substrat. 3. Das Enzym bildet im Dunkeln mit bestrahlter DNS einen Komplex, wie auf Grund der Sedimentation des Enzyms mit UV-bestrahlter DNS und der Chromatographie der geschädigten DNS mit dem Enzym

an Sephadex geschlossen werden kann. 4. Der Enzym-DNS-Komplex dissoziiert nach Bestrahlung mit sichtbarem Licht. Unbestrahlte DNS bindet das Enzym dagegen nicht [202].

Es können offensichtlich alle denkbaren Pyrimidindimeren der DNS als Substrat für das Enzym dienen, allerdings scheint die Reparatur der Thymin-Dimeren mit der höchsten Geschwindigkeit zu erfolgen. Die Wechselzahl scheint im Vergleich zu anderen enzymatischen Prozessen niedrig zu sein. Die Dimeren werden unter der Einwirkung des Lichtes in die entsprechenden Monomeren überführt, ohne daß es zu einem Austausch von Basen kommt. Sicher bewiesen werden konnte diese Annahme bisher nur für die Uracil-Dimeren, die durch Erhitzen aus den Cytosin-Dimeren entstehen. So konnte in dem Hydrolysat von Polynucleotidketten, die nach der UV-Bestrahlung erhitzt und mit dem Photoreaktivierungs-Enzym inkubiert wurden, monomeres Uracil bestimmt werden. UV-geschädigte RNS wird von dem Enzym nicht renaturiert. Jedoch scheint das Vorliegen als Doppelstranghelix für die zu reparierende DNS keine notwendige Voraussetzung für die Reaktivierung zu sein, da auch Dimere in der einsträngigen DNS des Phagen ΦX 174 umgesetzt werden können [97].

Bei maximaler Photoreaktivierung der UV-bestrahlten DNS können etwa 90% des biologischen Schadens eliminiert werden. Die Thymin-Dimeren werden dabei vollständig repariert. Für Cytosin-Dimere ist ein analoger Befund bisher nicht erhoben worden. Die Natur des biologischen Restschadens ist noch unbekannt.

b) Der Dunkel-Repair

Eine wesentlich größere Bedeutung kommt jedoch dem sogenannten Dunkel-„Repair" zu, da durch die damit verbundenen Vorgänge nicht nur Pyrimidin-Dimere sondern auch andersartig geschädigte Basen ersetzt und Kettenbrüche in der Nucleotidkette „geheilt" werden können. Von R. Hill wurde 1958 eine Mutante, E. coli B_{s-1}, von dem Bacterium E. coli B/r isoliert, die sich als außerordentlich empfindlich gegenüber UV-Licht und Röntgenstrahlen erwies (Abb. 11). Ausgehend von der Hypothese, daß die DNS den empfindlichen Treffbereich darstellt, wurde sehr bald zur Erklärung der geringen Strahlenresistenz vorgeschlagen, daß bei der Mutante E. coli B_{s-1} ein besonderes enzymatisches System ausfällt, das resistenten Bakterien die Möglichkeit gibt, Strahlenschäden an der DNS zu reparieren. In der Tat ist ein derartiger Reparationsmechanismus in den folgenden Jahren experimentell nachgewiesen worden. Es hat sich gezeigt, daß strahlenresistente Bakterienstämme mehrere Enzyme besitzen, die den Ablauf dieses Prozesses, der in der angelsächsischen Literatur als „Cut and Patch" bezeichnet wird, folgendermaßen bewerkstelligen [97] (Abb. 12):

1. Die Polynucleotidkette wird an dem Nucleotid, das eine strahlenchemisch veränderte Base trägt, unterbrochen (Abb. 12a).

2. Es werden Nucleotide ausgehend von einem der freien Enden des Kettenbruches aus dem geschädigten DNS-Strang freigesetzt (Abb. 12b).

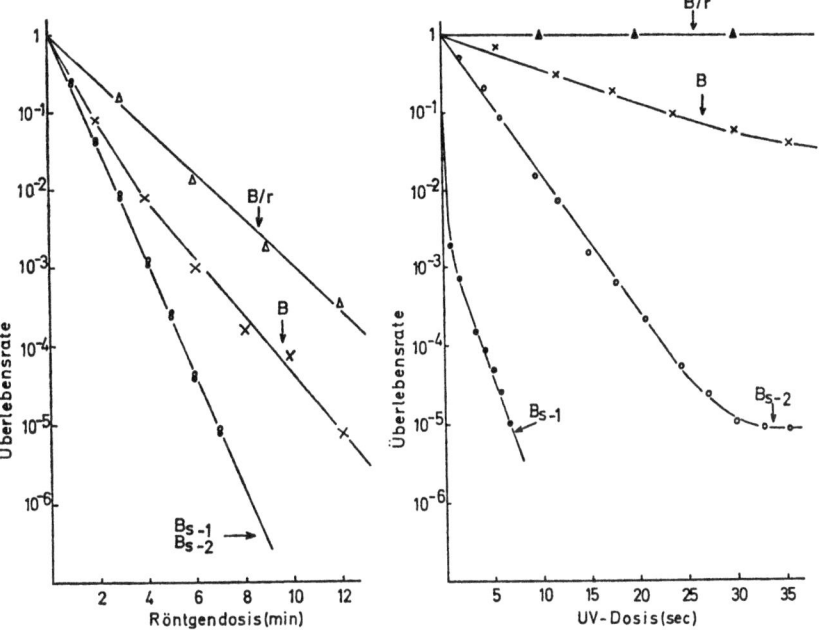

Abb. 11. Überlebensraten verschiedener E. coli Bakterienstämme nach der Einwirkung von ultraviolettem (UV) Licht bzw. Röntgen-Strahlen. [R. F. Hill u. E. Simson: J. gen. Microbiol. **24**, 1 (1961)]

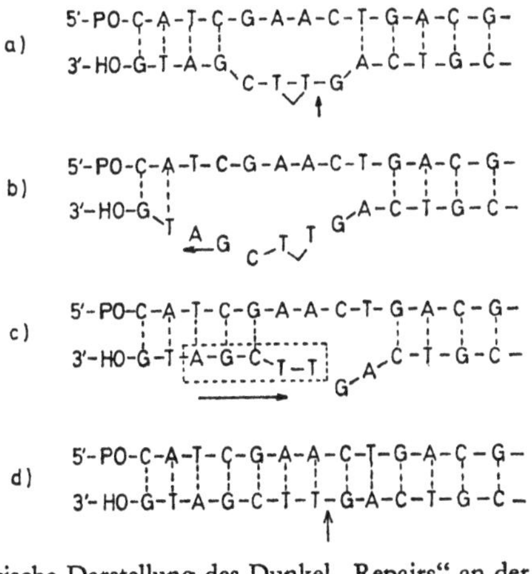

Abb. 12. Schematische Darstellung des Dunkel-„Repairs" an der DNS. a) Incision, b) Abbau, c) Repair-Reduplikation und d) Ligase-Aktivität („Cut and Patch")

3. In die so entstandene Lücke werden erneut Nucleotide nach dem Prinzip der DNS-Polymerase-Reaktion (Repair-Reduplikation) eingesetzt. Der ungeschädigte DNS-Strang dient bei diesem Vorgang als Matrize (Abb. 12c).

4. Wenn durch das letzte Nucleotid die DNS-Kette wieder aufgefüllt ist, wird durch ein weiteres Enzym, eine Polynucleotid Ligase, die Phosphatdiesterbindung zwischen beiden Ketten geknüpft. Damit ist der DNS-Strang in vollem Umfange wieder hergestellt (Abb. 12d).

Das grundlegende Experiment wurde von R. B. Setlow u. Carrier sowie von Boyce u. Howard-Flanders unabhängig voneinander durchgeführt [94]. Beide Arbeitsgruppen inkubierten strahlenresistente Bakterien in einem Nährmedium, das ^{3}H-Thymidin enthielt. Die Zellen inkorporierten einen Teil des radioaktiv markierten Thymidins in ihre hochmolekulare DNS. Darauf wurden die Zellen zentrifugiert und das nicht eingebaute ^{3}H-Thymidin ausgewaschen. Die Bakterien wurden in einem Medium mit anorganischen Salzen und Glucose suspendiert und mit UV-Licht bestrahlt, wobei radioaktiv markierte Thymin-Dimere gebildet wurden. Bei einer erneuten Inkubation der Bakterien-Zellen in einem Nährmedium wurde beobachtet, wie die eingebaute Radioaktivität in der hochmolekularen DNS abnahm und durch Trichloressigsäure extrahiert werden konnte, also als Bestandteil niedermolekularer Fraktionen auftrat. Nach der Hydrolyse des sauren Extraktes konnten durch Papierchromatographie radioaktiv markierte Thymin-Dimere festgestellt werden.

Von einer Reihe von Arbeitsgruppen wurde beobachtet, daß bei diesem Prozeß nicht nur die geschädigten Basen (z. B. Thymin-Dimere) aus der Nucleotidkette entfernt wurden, sondern daß es zu einem Abbau weiterer Nucleotide kam [97]. Bei der Inkubation eines Extraktes aus Micrococcus lysodeikticus mit UV-bestrahlter DNS wurden nach hohen Strahlendosen etwa 16 Nucleotide pro Thymin-Dimer abgebaut (Carrier u. Setlow [94]). Bei E. coli-Mutanten, die eine „kontrollierte" Reparation der DNS — auf die genetische Kontrolle dieses Prozesses wird später eingegangen werden — nach UV-Bestrahlung durchführten, wurden nach niedrigen Strahlendosen etwa 400 bis 3000 Nucleotide pro Thymin-Dimer freigesetzt [97]. Diese Excision der Pyrimidin-Dimeren kann bei einigen Bakterienstämmen in sehr ausgedehntem Umfang stattfinden. Bei E. coli B beträgt sie bis zu 500 Dimere pro DNS-Strang und bei dem resistenten Micrococcus radiodurans bis zu 5000 Dimere pro DNS-Strang [203]. Die Anfangsgeschwindigkeit der Excision (maximal ca. 150 Dimere pro Minute [203]) ist bei diesem Organismus keine lineare Funktion der Dosis. Ein Befund, der zu der Annahme berechtigt, daß die Substrate dieser Reaktion (die Dimeren) gegenüber dem Enzym im Überschuß vorhanden sind (Boling u. Setlow [94]).

Von verschiedenen Autoren ist auf Grund des Sedimentationsverhaltens von denaturierter DNS (s. S. 27) gezeigt worden, daß

Einzelkettenbrüche, die unter der Einwirkung ionisierender Strahlen auf Mikroorganismen in deren DNS gebildet werden, während einer Inkubation der Bakterienzellen nach der Bestrahlung geheilt werden können (Kaplan [101]). Zur Reparatur derartiger Brüche findet ebenfalls im allgemeinen ein umfangreicher Abbau der DNS statt (siehe auch S. 45, [97]).

Der strahlenresistente Organismus M. radiodurans — unter anoxischen Bedingungen wird noch nach 500 krad Röntgenstrahlen eine Überlebensrate von 100% erhalten — verfügt über ein sehr leistungsfähiges Repair-System. In einem Dosisbereich von 55 bis 440 krad Röntgenstrahlen ist die Anfangsgeschwindigkeit des DNS-Abbaus, gemessen an der Freisetzung von Radioaktivität aus der ^{3}H-Thymidin markierten DNS, gleich. Die Kinetik folgt einer Geraden und mündet schließlich in ein Plateau, dessen Höhe von der Strahlendosis abhängt (Abb. 13) [140] und das einer Degradierung

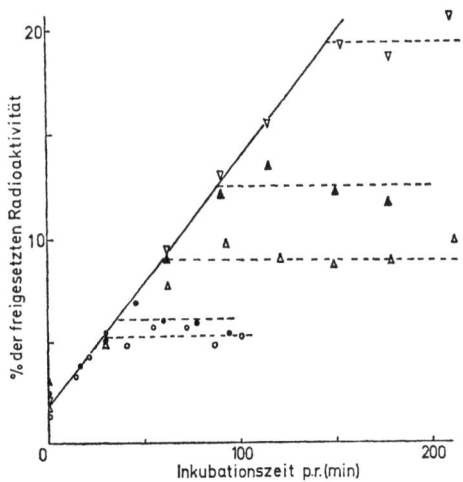

Abb. 13. Der DNS-Abbau bei Micrococcus radiodurans nach der Einwirkung von Röntgenstrahlen. ○ 55 krad; ● 110 krad; △ 220 krad; ▲ 330 krad; ▽ 440 krad. [J. T. Lett, P. Feldschreiber, J. G. Little, K. Steele u. C. J. Dean: Proc. roy. Soc. B, **167**, 184 (1967)]

bis zu 20% der DNS entsprechen kann. Bei der Inkubation der Mikroorganismen mit Chloramphenicol tritt das Plateau nicht auf. Dieser Befund weist darauf hin, daß das betreffende Enzym im Sättigungsbereich arbeitet, da mit steigender Konzentration an Substrat (Zunahme der Kettenbrüche bei erhöhten Strahlendosen) der Umsatz konstant bleibt. Die Beurteilung dieser Ergebnisse muß zwar mit einer gewissen Vorsicht vorgenommen werden, da möglicherweise ein Teil der freigesetzten Nucleotide für die anschließende DNS-Synthese verwendet wird, oder da eventuell ein vermehrter Abbau von DNS nach der Bestrahlung stattfinden kann, der nicht mit dem Repair unmittelbar in Zusammenhang steht. Es wird jedoch unter diesen Bedingungen keine erhöhte Exonuclease-Aktivität in den Bakterien gefunden [97].

Nicht völlig geklärt ist bisher, welches Enzym diesen Prozeß bewerkstelligt und in welcher Form die Nucleotide aus der geschädigten DNS-Kette entfernt werden. Während nach UV-Bestrahlung Oligonucleotide mit maximal fünf Basen vor allem aber in der Form $\widehat{XpTpT}$[14] gefunden werden (Boling u. Setlow [94]), treten nach einer Röntgenbestrahlung wahrscheinlich nur 5'-Mononucleotide auf [140]. Die Natur des Enzyms, das die Phosphatdiesterbindung an einem Pyrimidin-Dimeren spaltet, ist weitgehend unbekannt. Auf Grund genetischer Untersuchungen, auf die noch eingegangen wird, kann jedoch angenommen werden, daß die enzymatische Aktivität nicht mit der Nuclease, die den folgenden Abbau der DNS durchführt, identisch ist. Aus E. coli wurden drei Exonucleasen isoliert [97, 140]. Die Exonuclease I greift einsträngige, denaturierte DNS von der freien 3-Hydroxylgruppe her an und hydrolisiert doppelsträngige DNS nicht. Dagegen fungiert die native DNS als Substrat für die Exonucleasen II und III. Es kann auf Grund der bisherigen Ergebnisse nicht entschieden werden, ob eines dieser beiden Enzyme an dem Repair der strahlengeschädigten DNS beteiligt ist.

Obwohl die DNS während der Reparatur nach der Bestrahlung erheblich abgebaut werden kann, ist eine einsträngige DNS in meßbarem Umfang nicht beobachtet worden. Es wird daher geschlossen, daß die entstehenden Lücken gleichzeitig durch eine *de novo* Synthese aufgefüllt werden. Der ungeschädigte DNS-Strang enthält für diesen Prozeß die nötige Information. Durch Inkubation der Bakterienzellen nach der Bestrahlung in einem Medium, das 5-Bromuracil enthielt, wurde nachgewiesen, daß diese DNS-Synthese wahrscheinlich entsprechend den Strahlenschäden über die beiden DNS-Stränge verteilt auftritt. Bei keiner der beiden Polynucleotidketten wurde Thymin vollständig durch die halogenierte Base ersetzt, was bei der Neusynthese einer ganzen Kette zu erwarten gewesen wäre. Die chemische Analyse ergab, daß trotz einer DNS-Synthese von 10—20% keine signifikante Veränderung der Basenzusammensetzung auftrat, so daß offensichtlich keine meßbaren Fehler bei der Reduplikation gemacht wurden.

Der Repair-Prozeß wird schließlich durch die Wirkung einer Polynucleotid Ligase abgeschlossen. Aus E. coli konnte ein Enzym isoliert werden, das eine Phosphatdiesterbindung zwischen zwei Bruchstücken einer DNS-Kette knüpft (Abb. 12). Es benötigt zu seiner

---

[14] X symbolisiert eine der vier Basen, die in der DNS enthalten sind. $\widehat{XpTpT}$ gilt als Schreibweise für ein Nucleotid mit den Basen X und $\widehat{TT}$, es hat eine freie 5'-Hydroxyl- und eine freie 3'-Hydroxylgruppe als terminale Gruppen.

Aktivität eine terminale 5'-Phosphat-, eine freie, terminale 3'-Hydroxylgruppe, die in einer Doppelhelix in Nachbarschaft zueinander stehen müssen sowie Nicotinamid-Adenin-Dinucleotid (NAD+). Das NAD+ wird bei dieser Reaktion in Nicotinamidmononucleotid (NMN) und 5'-Adenosinmonophosphat (5'-AMP) [81, 164] gespalten. Eine ähnliche Enzymaktivität wurde in E. coli Bakterien gefunden, die mit dem Coliphagen T 7 infiziert waren. Dieses Enzym, das Adenosintriphosphat (ATP) für die Ligase-Reaktion braucht, konnte nur in infizierten Zellen nachgewiesen werden (Weiss u. Mitarb.) [94].

Es ist bisher nicht sichergestellt, ob diese Enzyme mit den Ligasen des Dunkel-Repairs identisch sind. Neben dem beschriebenen, komplexen Ablauf des Dunkel-Repairs besteht die Möglichkeit, daß bei Einzelkettenbrüchen die Reparatur der DNS in einem Reaktionsschritt durch die Polynucleotid Ligase durchgeführt wird (Abb. 12d) [94]. Allerdings ist bisher nicht geklärt, in welchem Umfang die strahlenbedingten Brüche eine terminale 5'-Phosphatgruppe und eine freie 3'-Hydroxylgruppe liefern, die für die Ligase-Aktivität benötigt werden. Von Dean wird angenommen, daß der überaus schnelle Repair von Kettenbrüchen bei Micrococcus radiodurans im wesentlichen durch die Ligase-Aktivität bewerkstelligt wird [47]. Untersuchungen an DNS, die *in vitro* bestrahlt wurde, unterstützen diese Vermutung nicht. Kapp u. Smith fanden, daß die NAD+ abhängige Polynucleotid Ligase Kettenbrüche in der DNS, die nach einer Strahlendosis von 20 kR entstanden, nicht repariert [110]. Wahrscheinlich waren bei den strahleninduzierten Brüchen die notwendigen strukturellen Voraussetzungen für die Ligase-Aktivität nicht gegeben. Es wird angenommen, daß die Ligasen auch Einzelkettenbrüche, die während der Transkription[15] entstehen, „heilen" können.

Es hat sich gezeigt, daß mit Hilfe des besprochenen Repair-Mechanismus Schädigungen der Purin- bzw. Pyrimidin-Basen und Einzelkettenbrüche „geheilt" werden können. Dagegen kann eine Reparatur von Doppelkettenbrüchen wahrscheinlich nicht durchgeführt werden, da in diesem Falle die Bruchstücke dissoziieren und damit die Möglichkeit der Repair-Reduplikation an dem komplementären DNS-Strang verlorengeht. In diesem Zusammenhang ist der Befund, daß bei Bakterien die Überlebensrate — gemessen an der Fähigkeit, Kolonien zu bilden — mit der Zahl der Doppelbrüche in der DNS-Helix abnimmt, von besonderem Interesse (Kaplan) [101]. Allerdings wird die Möglichkeit diskutiert, daß in einer DNS-Helix, die als Nucleoprotein-Komplex vorliegt, auch ein Doppelkettenbruch repariert werden kann, wenn das Protein die Dissoziation der Bruchstücke verhindert [94].

---

[15] Als Transkription wird die Übertragung der genetischen Information von der DNS auf die RNS (Bildung von m-RNS) bezeichnet. Es wird vermutet, daß bei der notwendigen Aufdrillung der DNS-Helix Einzelkettenbrüche entstehen können [94].

Es wird allgemein angenommen, daß die Strahlenschäden in der DNS auf Grund der strukturellen Veränderungen von den beteiligten Enzymen „erkannt" werden, da sowohl Pyrimidin-Dimere als auch Kettenbrüche eine regionale Auflösung der Doppelhelix-Struktur hervorrufen. Unterschiedliche Ansichten bestehen in bezug auf die Reihenfolge der mit dem Repair verbundenen Prozesse [94].

Während zunächst die in Abb. 12 beschriebene Folge der Ereignisse diskutiert wurde (Cut and Patch), wurde auf Grund von Ergebnissen bei der Reaktivierung von UV-bestrahlten Phagen das folgende Modell für den Dunkel-Repair vorgeschlagen (Patch and Cut) (Abb. 14) [94]:

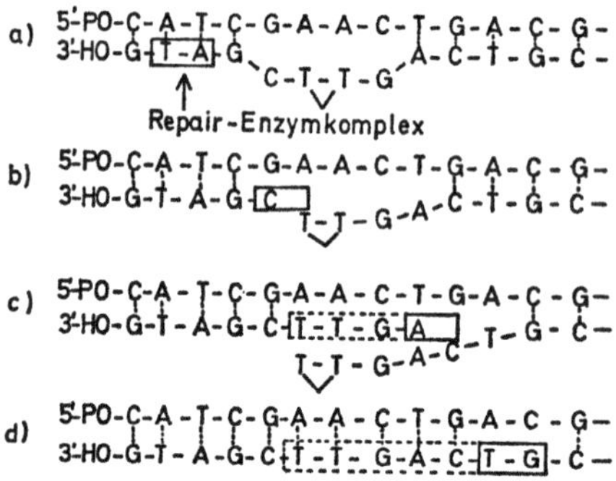

a) 5'-PO-C-A-T-C-G-A-A-C-T-G-A-C-G-
   3'-HO-G-T-A-G   C-T-T-G A-C-T-G-C-
           ↑   ↓
        Repair-Enzymkomplex

b) 5'-PO-C-A-T-C-G-A-A-C-T-G-A-C-G-
   3'-HO-G-T-A-G-C   T-T-G-A-C-T-G-C-
                  ↓

c) 5'-PO-C-A-T-C-G-A-A-C-T-G-A-C-G-
   3'-HO-G-T-A-G-C-T-T-G-A   T-G-C-
                          ↓
                    T-G-A-C

d) 5'-PO-C-A-T-C-G-A-A-C-T-G-A-C-G-
   3'-HO-G-T-A-G-C-T-T-G-A-C-T-G-C-

Abb. 14. Schematische Darstellung des Dunkel-„Repairs" an der DNS nach dem System „Patch and Cut"

Enzym-Komplexe, die den Repair durchführen, sind in der Lage, sich auf beiden DNS-Strängen ausgehend vom Kettenende mit der freien 3'-Hydroxylgruppe nach einem vorläufig unbekannten Mechanismus zu bewegen. Auf Grund der veränderten Sekundärstruktur der DNS wird der Strahlenschaden „erkannt" und die Nucleotidkette an der geschädigten Base gespalten. Die Repair-Reduplikation beginnt sofort an dem entstandenen Kettenende mit der freien 3'-Hydroxylgruppe. Mit fortschreitendem Einbau neuer Nucleotide wird der defekte DNS-Strang durch den Enzym-Komplex von der komplementären DNS-Ketten abgelöst. Er wird entweder sofort zu Mononucleotiden abgebaut oder zunächst wird ein Oligonucleotid abgespalten, das dann durch eine Exonuclease weiter hydrolysiert wird. Auf Grund der experimentellen Befunde kann bisher zwischen beiden Modellen (Abb. 12 und 14) nicht entschieden werden. Ungelöst ist ferner die Frage, durch welchen Mechanismus der Abbau der geschädigten DNS auf einen bestimmten Bereich begrenzt wird.

c) Zur Regulation des Dunkel-Repairs

Für das Ausmaß des DNS-Abbaus scheint die genetische Regulation von außerordentlicher Bedeutung zu sein. Die Überlebensraten, dargestellt in Abb. 11, zeigen bereits, daß es E. coli Mutanten gibt, die sich in ihrer Empfindlichkeit gegen UV-Licht unterscheiden, während die Resistenz gegen Röntgenstrahlen gleich ist. Howard-Flanders u. Mitarb. isolierten uvr$^-$-(UV-resistent-)Mutanten des Wildstammes E. coli K-12, die keine Thymin-Dimeren aus der UV-bestrahlten DNS entfernen konnten und die gegen Bestrahlung mit UV-Licht außerordentlich empfindlich waren. Diese Mutanten hatten ebenfalls die Fähigkeit des Wildstammes verloren, durch UV-Licht inaktivierte Phagen zu reaktivieren (*host cell reactivation*, hcr) [97]. Zwischen dem Repair nach UV-Bestrahlung und der Wirtszellenreaktivierung scheinen also enge Beziehungen zu bestehen.

Es wurde bereits darauf hingewiesen, daß Phagen kein eigenes Repair-System besitzen. Durch UV-Licht inaktivierte Phagen haben im allgemeinen nicht die Fähigkeit verloren, in ihre Wirtsbakterien einzudringen, aber sie können sich nicht mehr vermehren. Bei hcr$^+$-Mutanten repariert das Bacterium die geschädigte DNS und die Synthese von Phagen kann daraufhin erneut einsetzen. Durch die genetische Analyse wurden drei verschiedene uvr-Genorte auf dem ringförmigen E. coli Chromosom lokalisiert, deren Veränderung unabhängig voneinander zu uvr$^-$-Mutanten führt, die Pyrimidin-Dimere aus der DNS nicht entfernen können. Jedoch waren die uvr$^-$-Mutanten durchaus in der Lage, nach einer Röntgenbestrahlung Einzelkettenbrüche zu „heilen". Es muß daher angenommen werden, daß sie die Phosphatdiesterbindung an den Pyrimidin-Dimeren, den Initialvorgang für den Repair UV-geschädigter DNS, nicht mehr spalten können. Die enzymatische Aktivität der Nuclease ist dagegen vorhanden, so daß die Reparatur von Einzelkettenbrüchen durchgeführt werden kann.

Da E. coli-Mutanten, die gegenüber Röntgenstrahlen sensibilisiert sind, im allgemeinen auch keine Rekombinationen mehr durchführen können, werden sie als rec$^-$-Mutanten bezeichnet [97]. Umgekehrt wurde erkannt, daß die Empfindlichkeit gegen ionisierende Strahlen und UV-Licht bei solchen Bakterienstämmen stark erhöht war, die die Fähigkeit verloren haben, Rekombinationen am Chromosomen zu machen. Es ist daher vermutet worden, daß am Repair strahlengeschädigter DNS und an den Vorgängen der Rekombination zum Teil die gleichen oder ähnliche Enzym-Systeme beteiligt sind. Da der begrenzte Abbau der DNS in dem geschädigten Kettenbereich für den Repair von Bedeutung ist, ist dieser Prozeß in den rec$^-$-Mutanten untersucht worden. So wurde ein rec$^-$-Stamm gefunden, der bereits ohne Bestrahlung einen starken DNS-Abbau durchführte. Diese Degradierung wurde nach dem Strahleninsult im Vergleich zu rec$^+$-Stämmen erheblich gesteigert. Durch diese rec$^-$-Mutante wurden etwa 27 000 Nucleotide pro Pyrimidin-Dimer freigesetzt. Die Mutante war ferner nur in geringem Maße in der Lage, exogenes Thymin nach der Bestrahlung in die DNS einzubauen. Es konnte jedoch nicht ausgeschlossen werden, ob möglicherweise freie Nucleotide, die als Folge des Abbaus auftraten, direkt für die DNS-Synthese verwendet wurden [97].

Andererseits wurde eine rec⁻-Mutante isoliert, die im Vergleich zu E. coli B nach Bestrahlung wesentlich weniger DNS hydrolysierte. Die rec⁻-Stämme scheinen also über alle Enzyme zu verfügen, die für den Repair benötigt werden. Die Regulation des Prozesses scheint jedoch außer Kontrolle zu sein. Die enzymatischen Aktivitäten der Endonuclease, Exonuclease I, II und III sowie der DNS-Polymerase unterschieden sich nicht von dem ursprünglichen Bakterienstamm [97]. Es wird angenommen, daß der rec-Abschnitt auf dem E. coli Chromosom die Synthese eines Regulators determiniert, der die Degradierung der DNS während des Repairs kontrolliert.

Eine Reihe von Fragen über den Ablauf und vor allem über die Regulation des Repairs bedürfen einer weiteren Klärung. Durch die beschriebenen Untersuchungen ist jedoch ein Einblick in Vorgänge gewonnen worden, die nicht nur für die Reparatur des Strahlenschadens an der DNS wichtig sind, sondern denen eine allgemeine Bedeutung zukommt. Es wurde bereits erwähnt, daß an der DNS bei dem Vorgang der Rekombination ähnliche Prozesse ablaufen. Auch Schäden an der DNS, die durch alkylierende Substanzen, z.B. durch N-Loste, hervorgerufen werden, können auf eine analoge Art repariert werden.

Es wird ferner vermutet, daß die Zelle mit Hilfe des Dunkel-Repairs in der Lage ist, mögliche Fehler bei einer *de novo* synthetisierten DNS zu erkennen und zu korrigieren [94]. So werden bei einer fehlerhaften Reduplikation strukturelle Abnormitäten auftreten, die durch den Repair beseitigt werden. Möglicherweise ist es auf dieses System zurückzuführen, daß eine falsche Übertragung der genetischen Information nur in sehr geringem Umfang beobachtet werden kann.

Rupp u. Howard-Flanders fanden, daß in uvr⁻-Mutanten nach einer schwachen UV-Bestrahlung keine vollständige Hemmung der DNS-Synthese eintrat. Obwohl die Primer-DNS Pyrimidin-Dimere enthielt, wurden DNS-Ketten synthetisiert, deren Molekulargewicht der ursprünglichen DNS entsprach. Die Autoren nehmen an, daß nach der UV-Bestrahlung die DNS-Reduplikation zunächst mit normaler Geschwindigkeit fortgeführt wird, bis ein Dimeres auf dem Chromosom erreicht ist. Die Synthese wird dann um einige Sekunden verzögert, bis sie auf der anderen Seite des Dimeren weiterläuft. So wird das Dimere umgangen („by-pass"), die entstandenen Lücken werden offensichtlich durch einen bisher unbekannten Mechanismus ausgefüllt [187].

Diese noch hypothetischen Vorstellungen würden eine Erklärung dafür geben, daß uvr⁻-Mutanten, die keine Pyrimidin-Dimeren aus der DNS-entfernen, dennoch einige Dimere auf ihrem Chromosom tolerieren können. Bei einer Zunahme der Schäden an der DNS kommt es zu einem vollständigen Stillstand der DNS-Synthese, die erst dann wieder beginnen darf, wenn die Reparationsvorgänge abgeschlossen sind. Für die zeitliche Abstimmung dieser Reaktionsfolge muß ein Regulationsmechanismus bestehen.

Es konnte bisher nicht eindeutig geklärt werden, ob und vor allen Dingen welche Säugetierzellen einen Repair an der DNS durchführen können. Cleaver beobachtete bei menschlichen Zellen keine Photoreaktivierung der DNS nach UV-Bestrahlung [94]. Dagegen fanden Lett u. Mitarb., daß die strahlenbedingten Einzelkettenbrüche der DNS abnahmen, wenn sie Lymphoma-Zellen in einem Nährmedium nach der Röntgenbestrahlung inkubierten [139]. Cleaver u. Painter berichteten, daß HeLa-Zellen nach einer UV- oder Röntgen-Bestrahlung eine Repair-Reduplikation ausführten, wie sie auch bei Bakterien gefunden wurde. Im Gegensatz zu Mikroorganismen war das Ausmaß des DNS-Abbaus, der mit der Reduplikation verbunden war, bei Säugetierzellen jedoch wesentlich geringer. Nach der Entfernung strahlenchemisch veränderter Basen aus der DNS war eine normale DNS-Synthese und Zellteilung möglich [42, 169].

Die Natur hat sich offenbar mit dem Repair ein System geschaffen, das sowohl der Erhaltung der Art (Reparatur und Korrektur der DNS) als auch der Evolution (Rekombination) dienen kann. Es ist nicht erwiesen, ob es nur *ein* Repair-System dieser Art gibt. Sollten mehrere solcher Systeme existieren, so scheint der prinzipielle Aufbau sehr ähnlich zu sein.

3. Der Abbau von Nucleinsäuren

a) Der Abbau von DNS in Mikroorganismen

Bei der Besprechung des Dunkel-Repairs wurde bereits darauf hingewiesen, daß nach der Einwirkung von ionisierenden Strahlen verbunden mit dem Repair ein partieller Abbau der DNS eintritt. Werden Mikroorganismen einer Strahlendosis ausgesetzt, die die D_{37} erheblich überschreitet, so kann die Degradierung ein beträchtliches Ausmaß erreichen. Zur Messung dieses Straheneffektes wird die DNS der Bakterien mit Thymidin-^{14}C markiert und nach einer Bestrahlung die Freisetzung der radioaktiven Substanzen, die man chromatographisch als Thymin identifiziert, in das Kulturmedium untersucht. Es zeigte sich, daß nach einer Röntgenbestrahlung der Abbau der DNS mit steigender Dosis zunahm (Abb. 15).

Pollard u. Mitarb. fanden, daß die strahlenbedingte Degradierung bei E. coli 15 T$^-$L$^-$ [16] maximal 50% betrug. Es wurde daher angenommen, daß die komplementären DNS-Ketten in unterschiedlicher Weise diesem Prozeß zugänglich waren. Die Untersuchung der Hyperchromie und das Verhalten der DNS im Caesiumchlorid-Dichtegradienten ergab jedoch, daß die DNS auch nach einem 50%igen Abbau überwiegend als Doppelstrang-Helix vorlag [83]. Weitere Unter-

---

[16] Eine E. coli-Mutante, die Thymin und Leucin im Kulturmedium zum Wachstum benötigt.

suchungen zeigten, daß das Ausmaß der DNS-Degradierung bei einzelnen Bakterienstämmen sehr unterschiedlich war. So wurden von E. coli B_{8-1} nach einer Strahlendosis von mehr als 20 krad 90% der inkorporierten Radioaktivität freigesetzt.

Die Zeitabhängigkeit des Abbauprozesses deutet auf den Ablauf eines katalytischen Vorganges hin (Abb. 15). Die DNase-Aktivität der Mikroorganismen war unter diesen Bedingungen jedoch nicht erhöht (Miletić u. Mitarb.) [83]. Allerdings wurde der Abbau der DNS durch hohe Konzentrationen (50 µg/ml) des Antibioticum Chloramphenicol, das die Protein-Synthese hemmt, herabgesetzt. Die DNS-Degradierung wurde unterdrückt, wenn zu den mit 26,5 krad bestrahlten E. coli B_{8-1}-Zellen Bakteriophagen gegeben wurden (Abb. 16). Diese Hemmung scheint mit der Adsorption der Phagen an die Bakterien einherzugehen. Um den hemmenden Prozeß durch Bestrahlung auszuschalten, mußten die Phagen hohen Strahlendosen ausgesetzt werden, die D_{37} betrug 430 krad. Diese Dosis liegt um ein Mehrfaches höher als diejenige, die für die Unterdrückung der Bildung von Phagen-Kolonien („Loch-Test") benötigt wird [37, 234].

Es besteht durchaus die Möglichkeit, daß der hier besprochene Abbau der DNS sowie derjenige, der mit dem Repair verbunden ist, von den gleichen Enzymsystemen durchgeführt wird. Nur scheint die Nuclease-Aktivität bei den höheren Strahlendosen die regulierte Aktivität des Repairs zu überschreiten und damit eine vom Repair unabhängige Gesetzmäßigkeit zu erlangen.

b) Der Abbau von DNS in Säugetierzellen

Eingehende Untersuchungen wurden über die DNS-Degradierung nach Bestrahlung in strahlenempfindlichen Organen von Säugetieren durchgeführt [233]. Insbesondere lymphatische Gewebe, aber auch der Dünndarm und das Knochenmark verlieren 24 Std nach Bestrahlung mit subletalen bis letalen Strahlendosen erheblich an Gewicht und DNS-Gehalt. Cole und Ellis konnten 4 Std nach einer Ganzkörperbestrahlung von Mäusen mit 850 R aus dem Milzgewebe 18% der Gesamt-DNS als Polydesoxyribonucleotide mit M/15 Natriumphosphatpuffer pH 7,2 extrahieren. Dagegen wurden bis zu einer Stunde nach der Strahleneinwirkung bzw. von dem Gewebe unbestrahlter Tiere keine Polynucleotide aus der DNS-Fraktion herausgelöst. Bei der Untersuchung von Leber- oder Nierengewebe wurde dieser Strahleneffekt nicht beobachtet. Von einer Reihe von Autoren wurden diese Ergebnisse bestätigt oder ähnliche Befunde erhoben.

Bei Strahlendosen unter 1000 rad wurde ein meßbarer Abbau der DNS zu Polynucleotiden nicht vor 2 Std p. r. (post radiationem) gefunden. Bei der Inkubation von Milzgewebe in vitro, das direkt nach der Bestrahlung entnommen wurde, trat eine Fragmentierung der DNS ein, wenn das System Sauerstoff enthielt. Wurde unter einer Stickstoff-Atmosphäre inkubiert, so konnten keine Polynucleotide extrahiert

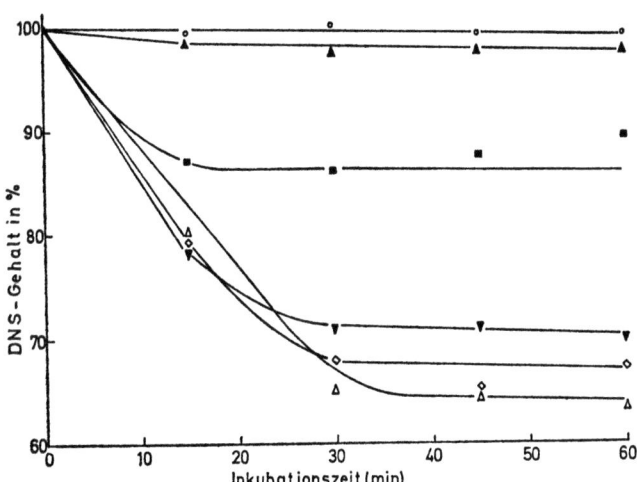

Abb. 15. Der Abbau der DNS nach Röntgenbestrahlung von E. coli $^B_{i\ell}$T⁻L⁻.
o—o Kontrolle; ▲—▲ 5 kR; ■—■ 10 kR; ▼—▼ 20 kR; ◇—◇ 30 kR; △—△ 40 kR.
[E. W. Frampton u. D. Billen: Radiat. Res. **28**, 109 (1966)]

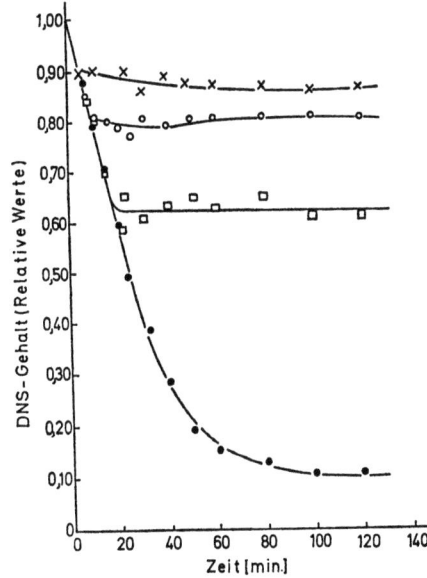

Abb. 16. Der Abbau von DNS in E. coli B_{s-1}, die mit 26,5 krad ^{60}Co-γ-Strahlen belastet wurden, mit und ohne Zugabe von Bakteriophagen T 4, ●—● Abbau der DNS ohne Phagen; ×—× Zugabe der Pagen 0 min p.r.; o—o Zugabe der Phagen 7 min p.r.; □—□ Zugabe der Phagen 18 min p.r. [J.D. Chapman, J. Swez u. E. C. Pollard: Nature **218**, 690 (1968)]

werden. Analoge Resultate wurden erhalten, wenn die Eigenschaften der DNS, die nach einer Röntgen-Ganzkörperbestrahlung mit 800 R aus dem Rattenthymus isoliert wurde, in der analytischen Ultrazentrifuge oder im Viscosimeter untersucht wurde (Abb. 17). Es konnte ebenfalls erst einige Stunden nach der Bestrahlung eine Abnahme der Sedimentationskonstanten bzw. Viscosität gemessen werden [193]. Die Viscosität der DNS, die 4 Std nach der Bestrahlung aus dem Thymus von Ratten extrahiert wurde, sank mit zunehmender Dosis ab (Abb. 17). Nach einer Ganzkörperdosis von 800 R wurde 2 Std p. r. die erste signifikante Erniedrigung beobachtet, die Viscosität fiel mit größer werdendem Zeitabstand zur Bestrahlung weiter ab (Abb. 17).

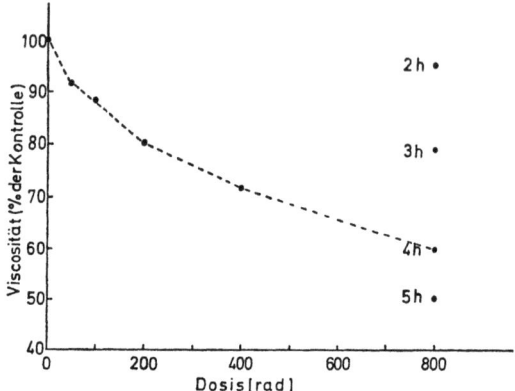

Abb. 17. Viscosität der DNS in wäßriger Lösung, nach Ganzkörperbestrahlung aus dem Rattenthymus isoliert, in Abhängigkeit von der Strahlendosis bzw. nach Ganzkörperbestrahlung mit 800 R in Abhängigkeit von der Zeit. (J. F. Scaife: The cell nucleus-metabolism and radiosensitivity. London: Taylor and Francis 1966, p. 309)

Damit wird gezeigt, daß der Abbau der DNS in den lymphatischen Geweben nach Bestrahlung mit weniger als 1000 R durch eine unmittelbare Strahlenwirkung auf die DNS oder den DNP-Komplex nicht zufriedenstellend erklärt werden kann, sondern daß durch die Bestrahlung ein Prozeß induziert wird, der schließlich zur Degradierung der DNS führt. Offen bleibt, ob die ionisierenden Strahlen an der DNS geringe strukturelle, bisher nicht meßbare Veränderungen hervorrufen, die die Nucleinsäuren z. B. dem enzymatischen Abbau leichter zugänglich machen.

Von Swingle u. Cole [233] wurde die Struktur der gebildeten Polynucleotide untersucht. Bei der Hitzedenaturierung wurde der hyperchrome Effekt der Bruchstücke in nahezu demselben Ausmaß wie für die native DNS beobachtet, so daß die Polynucleotide offensichtlich als Doppelstrang-Helix vorlagen. Auf Grund von Viscositätsmessungen wurde ein Molekulargewicht von $0,6 \cdot 10^6$ geschätzt, während dasjenige der DNS aus unbestrahlten Organen $3,1 \cdot 10^6$ betrug.

Die Gelfiltration über eine Säule mit Sephadex G-200 ergab selbst für die denaturierten Polynucleotide (einsträngige Polynucleotide) ein Molekulargewicht von größer als $0,2 \cdot 10^6$, so daß sehr wahrscheinlich keine Einzelkettenbrüche in den Nucleotidketten auftraten. Die Bindungsfähigkeit von Histonen an die Doppelstranghelix ist bei den Abbauprodukten gegenüber der DNS erheblich herabgesetzt.

Weitere Aufschlüsse über die Struktur der extrahierbaren Bruchstücke wurde aus ihrer Reaktivität gegenüber den DNS abbauenden Enzymen erhalten. Unter der Einwirkung der Phosphodiesterase aus Schlangengift werden von der freien 3'-Hydroxylgruppe der Nucleotidketten ausgehend 5'-Mononucleotide abgesspalten. Dieses Enzym vermag die nach Bestrahlung gebildeten Polynucleotide weiter abzubauen, sie sind ein besseres Substrat als native DNS. Dagegen tritt zwischen den Polynucleotiden und der Phosphodiesterase aus Milz keine Reaktion ein. Diese Diesterase würde für den Abbau eine freie 5'-Hydroxylgruppe benötigen, die z.B. ihren Phosphatrest durch eine Phosphatase verloren hat. Es entstehen dann 3'-Mononucleotide. Auf Grund dieser Ergebnisse kann geschlossen werden, daß die Kettenenden der Polynucleotide eine freie 3'-Hydroxylgruppe und eine 5'-Phosphatgruppe tragen [233].

c) Die Aktivität der DN-asen in Säugetierzellen

Es wurde bereits darauf hingewiesen, daß der strahlenbedingte Abbau der DNS in Thymus und Milz nicht auf einen strahlenchemischen Prozeß an der DNS zurückgeführt werden kann, sondern wahrscheinlich durch einen enzymatischen Vorgang ausgelöst wird. Da Bruchstücke mit einem mittleren Molekulargewicht von $0,6 \cdot 10^6$ entstehen, ist anzunehmen, daß die Degradierung durch Endonucleasen stattfindet. In den Geweben der Säugetiere wurden zwei derartige Enzymaktivitäten, nämlich die DN-ase I und II, festgestellt[17].

Die Veränderung der DN-ase II-Aktivität nach Bestrahlung ist in einer Reihe von Laboratorien untersucht worden [233]. Es ist häufig eine erhebliche Zunahme dieser enzymatischen Aktivität in der Milz und im Thymus von Ratten und Mäusen berichtet worden. Da jedoch

---

[17] Die DN-ase I hat ein pH-Optimum etwa bei pH 7,0. Sie benötigt zweiwertige Kationen als Kofaktoren und wird durch Komplexbildner z.B. EDTA gehemmt. Die Reaktion mit der DNS ergibt Polynucleotide mit einer freien 3'-Hydroxylgruppe. Das Enzym ist intracellulär durch Inhibitoren stark gehemmt. Das Enzym wurde zunächst nur im Pankreas, aber später auch in fast allen anderen Organen von Säugetieren gemessen. Seine intracelluläre Verteilung ist noch nicht eindeutig geklärt. In dem hier interessierenden Zusammenhang erscheint es jedoch wichtig, daß das Enzym teilweise im Zellkern lokalisiert ist. Die DN-ase II besitzt ein pH-Optimum etwa bei pH 4,5. Beim Abbau der DNS durch dieses Enzym werden Nucleotide gebildet mit einer freien 5'-Hydroxylgruppe. Die DN-ase II ist im wesentlichen in den Lysosomen lokalisiert. Intracelluläre Inhibitoren scheinen keine so bedeutende Rolle zu spielen wie bei der DN-ase I.

als Folge der Strahleneinwirkung eine starke Atrophie dieser lymphatischen Organe eintritt, die mit einem Abfall des DNS- und Protein-Gehaltes einhergeht, ist es sehr wesentlich, auf welche Größe die enzymatische Aktivität bezogen wird. So ist der Anstieg der DN-ase II-Aktivität nur geringfügig, wenn die Enzymaktivität für das Gesamtorgan berechnet wird, während sie bei anderen Bezugsgrößen wie Protein oder DNS beträchtlich erhöht ist (Goutier et al.) [233].

Histochemische Studien haben ergeben, daß die DN-ase II der Milz überwiegend in den relativ strahlenresistenten, retikulären Zellen lokalisiert ist. Da die empfindlichen, lymphatischen Zellen nach Strahlendosen bis zu 1000 R innerhalb einiger Stunden absterben und ausgeschwemmt werden, trägt die strahlenbedingte Veränderung der Zellpopulation zu dem beobachteten Effekt der erhöhten DN-ase II-Aktivität erheblich bei. Damit ergibt sich eine Problematik, die bei der Beurteilung strahlenbiologischer Arbeiten häufig beachtet werden muß. In der Leber und Niere wurden nach einer Ganzkörperbestrahlung bis zu 1000 R keine Veränderungen der DN-ase-Aktivität festgestellt [167], während im Knochenmark von Ratten 12—24 Std nach Bestrahlung mit 1000 R sowie in der Mucosa des Dünndarms eine Erhöhung eintrat [126, 167].

Pierucci fand, daß die strahleninduzierte Zunahme der DN-ase II-Aktivität nicht durch Puromycin oder Actinomycin D verhindert wurde, so daß sie offensichtlich nicht auf eine *de novo*-Synthese zurückzuführen war, da diese Hemmstoffe der Protein- bzw. RNS-Synthese ohne Wirkung waren. Die strahlenbedingte Erhöhung der DN-ase II-Aktivität wurde im wesentlichen in der löslichen Fraktion des Cytoplasmas beobachtet. Entgegen früheren Untersuchungen [126] wurde jedoch bei neueren Arbeiten [233] keine Erniedrigung der enzymatischen Aktivität in den Lysosomen gemessen, so daß der Strahleneffekt wahrscheinlich nicht auf eine Freisetzung des Enzyms aus den genannten Partikeln zurückgeführt werden kann. Bei der Bestrahlung von Lysosomen *in vitro* waren Strahlendosen von etwa 25 kR notwendig, um eine derartige Wirkung zu erzielen [167]. Bei der Bestrahlung von Milzhomogenaten mit 2000—80000 R wurde keine Erhöhung der DN-ase II-Aktivität beobachtet. Von verschiedenen Arbeitsgruppen wurde gefunden, daß die DN-ase II-Aktivität nach einer Ganzkörperbestrahlung mit 350—700 R Röntgenstrahlen im Blut erhöht war und im Urin von Ratten vermehrt ausgeschieden wurde [233].

Einerseits ist der enzymatische Abbau der DNS durch die DN-ase II bei einem pH-Wert oberhalb 6,8 unmeßbar klein. Andererseits spaltet dieses Enzym die DNS in Bruchstücke mit einer freien 5'-Hydroxylgruppe, die bei den nach Bestrahlung extrahierbaren Polynucleotiden nicht gefunden worden ist. Es scheint daher sehr unwahrscheinlich, daß die strahlenbedingte Degradierung der DNS durch die DN-ase II bewerkstelligt wird. Dagegen würde die Struktur der gebildeten

Polynucleotide nicht der Annahme widersprechen, daß die Fragmentierung der DNS von der DN-ase I durchgeführt wird. Zwar wurde im allgemeinen in der Milz und im Thymus nach einer Bestrahlung von Ratten keine erhöhte Aktivität dieses Enzyms beobachtet, eine Beurteilung wird aber dadurch erschwert, daß die DN-ase I-Aktivität durch intracelluläre Inhibitoren *in vivo* außerordentlich stark gehemmt werden kann.

Swingle u. Cole [233] beobachteten, daß die DN-ase I in der Leber und Milz in den Zellkernen gebunden ist und bei der Isolierung dem DNP-Komplex anhaftet. Die Kerne aus Thymocyten, die von Reticulumzellen befreit sind, enthalten dieses Enzym nicht, während der DN-ase I-Inhibitor im Cytoplasma der Thymocyten in erheblichem Maße vorhanden ist. Selbst die Zugabe geringer DN-ase I-Aktivität zu mechanisch aufgebrochenen Zellen ergibt daher keine Freisetzung von Polynucleotiden. Bei isolierten Zellkernen tritt dagegen ein Abbau der DNS durch zugesetzte DN-ase I ein, da die Inhibitoren des Cytoplasmas dann entfernt sind. Von den oben genannten Autoren wurde daher die attraktive Hypothese entwickelt, daß die Thymocyten die DN-ase I-Aktivität retikulärer Zellen nach Bestrahlung aufzunehmen vermögen oder daß die Enzymaktivität in sie eingeschleust wird und damit der Abbau der DNS einsetzt.

Jedoch nimmt Trowell auf Grund seiner experimentellen Daten an, daß die Thymocyten im Mark[18] strahlenresistenter sind als in der Rinde[18] des Thymus [244]. Da die Lymphocyten im Mark von mehr Reticulumzellen umgeben sind als in der Rinde, würde man nach der Hypothese von Swingle u. Cole den entgegengesetzten Effekt erwarten, da mit der Zunahme der Reticulumzellen auch die DN-ase I-Aktivität vermehrt sein sollte. Trowell vermutet, daß die unterschiedliche Strahlenempfindlichkeit der Thymocyten ebenfalls auf einen Stoffaustausch zurückzuführen ist, daß nämlich ATP von den Reticulumzellen auf die Lymphocyten für Erholungsvorgänge übertragen wird.

Für den Vorgang des DNS-Abbaus könnten ferner intracelluläre Verschiebungen der zweiwertigen Kationen nach einer Bestrahlung von Bedeutung sein. Von Kunitz wurde gezeigt, daß die Bindung von Ca-Ionen an den DNP-Komplex für den enzymatischen Abbau durch die DN-ase I notwendig ist [233]. Ungelöst ist bisher auch, ob nach der Bestrahlung der Gehalt des DN-ase I-Inhibitors erniedrigt wird — in der Literatur liegen sich widersprechende Befunde vor — und damit möglicherweise die intracelluläre Aktivität dieses Enzyms zur Geltung kommt.

Im Knochenmark von Ratten wurde die DN-ase I-Aktivität 4—24 Std nach Ganzkörperbestrahlung mit 1000 R erhöht beobachtet.

---

[18] Bei der Untersuchung des Thymus zeichnen sich im histologischen Bild zwei Zonen ab. Sie werden als Rinde und Mark bezeichnet und unterscheiden sich in ihrer Zellpopulation. In der Rinde ist das Verhältnis Lymphocyten/Reticulumzellen höher als im Mark.

Derselbe Effekt trat nach einer Röntgenstrahlendosis von 350—700 R im Blut und Urin von Ratten auf [126]. Ebenso wurde ein Anstieg dieser enzymatischen Aktivität 24 Std nach lokaler β-Bestrahlung mit 3000 rad (Elektronen von einer geschlossenen ^{90}Sr—^{90}Y-Quelle) in der Epidermis der Meerschweinchenhaut gemessen, während unter diesen Bedingungen die Höhe der DN-ase II-Aktivität nicht von den Kontrollwerten unbestrahlter Tiere abwich [235]. Der beschriebene Abbau der DNS in den strahlenempfindlichen Organen und Geweben ist im Zusammenhang mit dem Zelltod eingehend diskutiert worden, auf derartige mögliche Beziehungen wird später eingegangen werden.

d) Der Abbau der RNS

Ähnlich wie es für die DNS beschrieben wurde, wurde auch der Abbau der RNS nach Bestrahlung untersucht. Im Vergleich zur DNS ist die Beurteilung bei der RNS schwieriger, da die biologische Lebensdauer (Halbwertzeit) der RNS kürzer ist und außerdem in der Zelle RNS-Typen unterschiedlicher Molekülgröße und Funktion auftreten.

Pečevsky u. Mitarb. [172] markierten die RNS von E. coli B mit radioaktivem Adenin und setzten die Bakterien 40 min nach der Inkubation mit ^{14}C-Adenin einer Röntgen-Bestrahlung von 16 000 R aus. 30 min nach der Strahleneinwirkung begann eine verstärkte Degradierung der RNS, die sich in der Freisetzung von Radioaktivität aus der markierten Nucleinsäure manifestierte. Die Geschwindigkeit des Prozesses war während der folgenden 120 min konstant, es wurden innerhalb dieser Zeit etwa 50% des markierten Adenins aus der RNS herausgelöst. Bei unbestrahlten Bakterienzellen wurde ein derartiger Vorgang nur in geringem Umfang beobachtet. Der RNS-Abbau und seine Geschwindigkeit nahmen mit steigender Strahlendosis zu, die lag-Phase[19] von 30 min, die bei der strahlenbedingten Fragmentierung der DNS nicht auftrat, blieb allerdings konstant.

RNS, die direkt nach der Bestrahlung gebildet wurde, unterliegt der Degradierung in demselben Ausmaß. Wurde die RNS dagegen 60 min p.r. synthetisiert, so fand ein derartiger Prozeß nicht statt. Untersuchungen der Zellextrakte mit Hilfe der Zentrifugation im Dichtegradienten (Saccharose) ergaben, daß das radioaktiv markierte Adenin vorwiegend in die Ribosomen mit einer Sedimentationskonstanten von 50 und 30 S eingebaut wurde (Abb. 18). Wurde die markierte RNS isoliert, so befand sich der wesentliche Anteil der Aktivität in den Fraktionen mit 23 und 16 S (Abb. 18). Nach der Bestrahlung nahm die

---

[19] Als lag-Phase wird in Anlehnung an die angelsächsische Literatur der Zeitraum bezeichnet, um den der Start einer Reaktion nach Inkubationsbeginn verzögert wird.

Radioaktivität in diesen Partikeln mit hoher Sedimentationsgeschwindigkeit schnell ab, während sie in der RNS mit der Sedimentationskonstanten 4 S konstant blieb (Abb. 18). Diese Molekülgröße entspricht der t-RNS (s. S. 23). Die chromatographische Analyse ergab, daß in dem Medium der Bakterien radioaktiv markiertes 5'-Adenosinmonophosphat, Hypoxanthin, das durch Desaminierung aus dem Adenin gebildet wurde, und Adenin selbst gefunden wurde.

Es hat also den Anschein, daß nach einer Bestrahlung von E. coli vornehmlich r-RNS (s. S. 70) abgebaut wird. Auf Grund der beobachteten lag-Phase von 30 min ist eine Degradierung der RNS durch die ionisierenden Strahlen selbst unter den beschriebenen Bedingungen unwahrscheinlich. Offensichtlich wird wie beim Abbau der DNS ein enzymatischer Prozeß induziert. Die Aktivität des Enzyms Ribo-

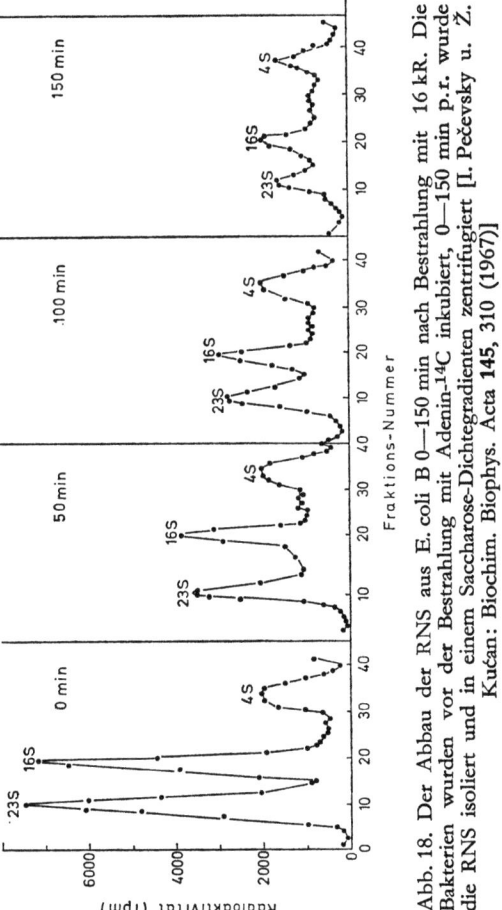

Abb. 18. Der Abbau der RNS aus E. coli B 0—150 min nach Bestrahlung mit 16 kR. Die Bakterien wurden vor der Bestrahlung mit Adenin-^{14}C inkubiert, 0—150 min p. r. wurde die RNS isoliert und in einem Saccharose-Dichtegradienten zentrifugiert [I. Pečevsky u. Ž. Kučan: Biochim. Biophys. Acta **145**, 310 (1967)]

nuclease I (RN-ase I)[20] ist in gereinigten Ribosomen aus E. coli B nach Bestrahlung erhöht gefunden worden [172]. Sie dürfte aber für die Überlegungen in Hinsicht auf den Mechanismus des RNS-Abbaues ausscheiden, da die Hydrolyse der RNS durch RN-ase I zu 3'-Mononucleotiden führt, die jedoch in Verbindung mit der Degradierung nach Bestrahlung nicht beobachtet worden sind.

Ein Anstieg der RN-ase-Aktivitäten wurde nach einer Ganzkörperbestrahlung von Säugetieren in verschiedenen Organen beobachtet. Analog zu den DN-ase-Aktivitäten war dieser Strahleneffekt in der Milz, dem Thymus und dem Knochenmark wenige Stunden nach Strahlendosen unter 1000 R besonders ausgeprägt [126].

Eine Erhöhung fand auch in der Epidermis der Haut nach einer lokalen Elektronen-Bestrahlung statt [235]. Eichel u. Roth fanden eine intracelluläre Verschiebung der RN-ase nach Röntgen-Bestrahlung von Ratten mit 700 R, da dieses Enzym offensichtlich aus verschiedenen Partikelfraktionen in den löslichen Anteil des Cytoplasmas übertrat. Ebenso müssen Veränderungen der Zellpopulation bei der Diskussion der Ergebnisse berücksichtigt werden, da diese enzymatische Aktivität wie die DN-ase in den retikulären Zellen in größerem Umfang vorhanden ist als in den Lymphocyten (s. S. 21). Allerdings beträgt die strahlenbedingte Erhöhung der Enzymaktivität in Thymus und Milz ein Vielfaches des Normalwertes. Sie ist auch auf das Gesamtorgan bezogen beträchtlich vermehrt, so daß die unterschiedliche Strahlenempfindlichkeit der Zellen keine genügende Erklärung für den Strahleneffekt bietet. Außerdem ist die Zunahme der RN-ase-Aktivität im Thymus nach der Gabe von Hydrocortison weitaus geringer. Dieses Steroidhormon (s. S. 128) beeinflußt die Zusammensetzung der Zellpopulation lymphatischer Organe in ähnlicher Weise wie ionisierende Strahlen.

Weymouth beobachtete bereits 20 min nach einer Ganzkörperbestrahlung von Mäusen mit einer Röntgendosis von 160 R eine erhöhte RN-ase-Aktivität im Thymus. Besonders eingehend wurde diese Fragestellung von Maor u. Alexander [147] nach Ganzkörperbestrahlung von Ratten studiert. Nach einer Strahlendosis von 1000 R wurde bis zu 48 Std p.r. in der Leber und Niere keine Veränderung der RN-ase-Aktivität gemessen. Im Hirn stieg die alkalische RN-ase-Aktivität 4—48 Std p.r. um 30—90% über den Normalwert an. Bei der Bestrahlung von Meerschweinchen wurde im Hirngewebe für die saure RN-ase ein ähnlicher Effekt beobachtet [122]. In der Milz von Ratten nahm das Enzym mit dem Optimum bei pH 8 bezogen auf das

---

[20] Die RNS kann wie die DNS durch Endonucleasen, die Ribonucleasen (RN-asen), abgebaut werden. Es konnten ebenfalls mehrere derartige Enzyme mit verschiedenen pH-Optima charakterisiert werden. Eine saure RN-ase ist in den Lysosomen lokalisiert. Eine alkalische RN-ase hat in Hinsicht auf die Spaltung der Nucleotidkette und die intracelluläre Verteilung ähnliche Eigenschaften wie die DN-ase I.

Gesamtorgan 4—48 Std nach Ganzkörperbestrahlung mit 1000 R ab. Wurde die enzymatische Aktivität in Einheiten pro µg DNS angegeben, so war sie erheblich erhöht. Im Thymus wurde unter allen Bezugssystemen ein Mehrfaches des Normalwertes nach Bestrahlung mit 400 oder 1000 R erreicht [147]. Einige Tage nach dem Strahleninsult war die RN-ase-Aktivität in diesem Organ erniedrigt.

Wurde nur der Kopf der Ratten bestrahlt, so war das mit dem Verlust einer relativ geringen Zahl von Lymphocyten verbunden, aber die Enzymaktivität in der Milz und im Thymus nahm unter diesen Bedingungen ebenfalls zu. Umgekehrt kam es zu einer Atrophie der lymphatischen Gewebe, wenn der Kopf durch eine Bleiabdeckung vor den ionisierenden Strahlen geschützt und der restliche Körper bestrahlt wurde. Jedoch stieg die RN-ase-Aktivität in geringerem Maße als bei einer Kopf- oder Ganzkörperbestrahlung an. Auf Grund dieser Befunde muß diskutiert werden, ob bei der Bestrahlung des Hirns humorale Faktoren (s. S. 127) freigesetzt werden, die die beobachtete Aktivitätssteigerung zumindest im Thymus induzieren. Die Ergebnisse, die bei den Messungen in diesem Gewebe erhalten wurden, lassen vermuten, daß die Erhöhung der RN-ase-Aktivität die Folge einer vermehrten de novo-Synthese des Proteins ist.

Allerdings ist die Wirkung von Hemmern der Protein-Synthese in diesem Zusammenhang nicht geprüft worden. Es scheint sich jedoch bei der strahlenbedingten Aktivitätsänderung der RN-ase ein etwas klareres Bild als für die DN-ase abzuzeichnen. Das Problem ist jedoch bei weitem nicht gelöst. Wahrscheinlich muß auch die Rolle der intracellulären Inhibitoren für die weitere Klärung dieser Frage berücksichtigt werden.

4. Der Stoffwechsel der Nucleotide

a) Der Gehalt an Nucleotiden in den Geweben und im Urin

Als Folge der besprochenen Abbauprozesse von Nucleinsäuren wurde nicht nur im Kulturmedium von Mikroorganismen, sondern auch im Gewebe von Säugetieren nach Bestrahlung ein erhöhter Gehalt von Nucleotiden, den Bausteinen der Nucleinsäuren, beobachtet. Eine Stunde nach Röntgen-Ganzkörperbestrahlung von Ratten mit 1000 R wurden vor allem die Mono- und die Triphosphate des Desoxycytidins, Uridins und Desoxyuridins vermehrt gefunden, während die entsprechenden Metabolite des Adenosins und des Desoxyadenosins zu dieser Zeit unverändert waren [166]. Der Gehalt an Thymidinnucleotiden war so gering, daß er aus meßtechnischen Gründen bisher nicht bestimmt wurde. In diesem Zusammenhang wurde insbesondere von tschechoslowakischen und russischen Arbeitsgruppen die Ausscheidung von Nucleosiden im Urin von Säugetieren und Menschen nach Bestrahlung untersucht.

Parížek u. Mitarb. [170] fanden, daß einen Tag nach Ganzkörperbestrahlung von Ratten mit 300—600 R im Urin solche Metabolite vermehrt auftraten, die Desoxyribose enthielten. Weitere Untersuchungen ergaben, daß Desoxycytidin bereits nach einer Strahlen-

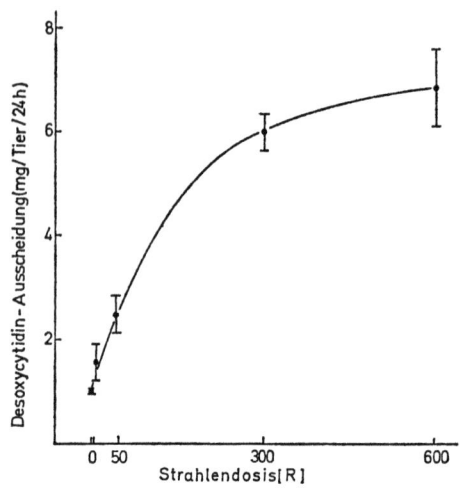

Abb. 19. Die Ausscheidung von Desoxycytidin 24 Std nach Röntgen-Ganzkörperbestrahlung im Urin von Ratten. [J. Pařizek, M. Arient, Z. Dienstbier u. J. Škoda: Nature 182, 721 (1958)]

dosis von 50 R erhöht ausgeschieden wurde. Dieser Strahleneffekt nahm in einem Bereich von 50—300 R mit steigender Dosis zu (Abb. 19). Auf Grund dieser Abhängigkeit wurde vorgeschlagen, den Gehalt von Desoxycytidin im Urin als Indicator für eine Strahlenschädigung zu verwenden. Auf derartige Fragen wird später eingegangen werden (s. S. 160). Es wurde ferner ein Anstieg der Ausscheidung von Pseudouridin — ein abnormales Nucleosid, das Uracil ist über ein Kohlenstoffatom glykosidisch an die Ribose gebunden, — von Purinen wie Harnsäure und Xanthin sowie von Thymidin gemessen [49]. Diese strahlenbedingte Veränderungen traten bei adrenalektomierten Ratten in demselben Ausmaß auf [210]. Dagegen war der Effekt bei splenektomierten Tieren stark vermindert [238].

Besondere Aufmerksamkeit wurde in diesem Zusammenhang der β-Aminoisobuttersäure (BAIBA), einem Abbauprodukt des Thymins (Abb. 20), gewidmet. Dieser Metabolit wurde nach einer Ganzkörperbestrahlung von Ratten erhöht ausgeschieden [49]. Auch bei Personen, die einen Strahlenunfall erlitten hatten, trat er im Urin vermehrt auf [220]. Es konnte durch Untersuchungen an perfundierten Organen gezeigt werden, daß offensichtlich die Kapazität des enzymatischen Abbaus von Thymin zu BAIBA nach Bestrahlung nicht zunimmt, sondern daß die Mehrausscheidung von BAIBA wahrscheinlich nur durch den höheren Gehalt an Thymin in den Geweben bedingt ist [76]. Ebenfalls wurde bei Tumorpatienten, die eine strahlentherapeutische Behandlung erhielten, ein Anstieg des Gehaltes einiger

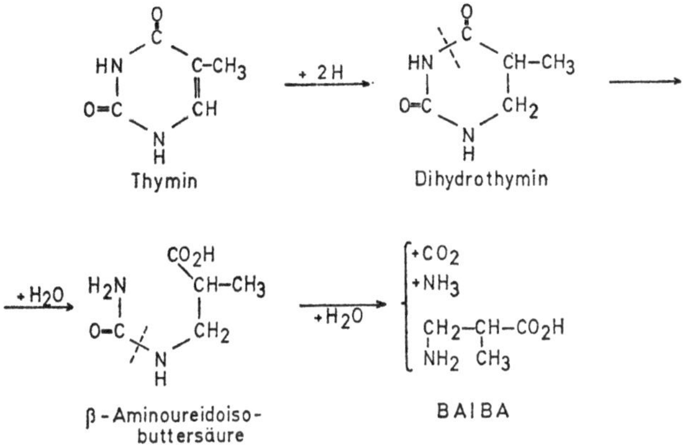

Abb. 20. Formelschema des Abbaues von Thymin zu β-Aminoisobuttersäure (BAIBA)

Nucleoside im Urin gemessen [49]. Allgemein sind alle diese Beobachtungen wahrscheinlich mit dem verstärkten Katabolismus der Nucleinsäuren nach der Strahleneinwirkung zu erklären, die Beeinflussung des Effektes durch die An- bzw. Abwesenheit bestimmter strahlenempfindlicher Organe wie z. B. der Milz unterstreicht diese Annahme.

b) Enzymaktivitäten des Nucleotid-Stoffwechsels

In weiteren Untersuchungen wurde eine Reihe von enzymatischen Aktivitäten, die am Stoffwechsel der Nucleotide beteiligt sind, in verschiedenen Organen nach der Bestrahlung von Säugetieren gemessen. Myers [159] beobachtete nach einer lokalen Bestrahlung der Leberregion von Ratten, die partiell hepatektomiert waren, mit 1500 R in der Leber keine strahlenbedingten Veränderungen für den Umsatz der 5'-Nucleotidasen, die die 5'-Mononucleotide in die Nucleoside spalten. Von anderen Autoren wurde dieser Befund nach Ganzkörperbestrahlung der Ratten mit 300—850 R bestätigt [15]. Die Desaminasen des Desoxyadenosins und des Desoxyguanosins waren in der Leber, der Milz, dem Knochenmark, dem Thymus und der Mucosa des Darmes nahezu unverändert [60, 186], 16 Std p.r. wurde eine Tendenz zu leicht erhöhten Werten in der Milz festgestellt. Dagegen wurde eine starke Erniedrigung der Desoxycytidylat (dCMP)-Desaminase (Abbildung 21) in der regenerierenden Leber und in den lymphatischen Organen wenige Stunden bis zu 3 Tage nach der Bestrahlung gefunden [159, 230]. Da dieses Enzym für die endogene Synthese der

Thymidinnucleotide eine außerordentliche Bedeutung hat (Abb. 21), ergeben sich aus diesem Befund weitergehende Konsequenzen für die Bildung der Vorstufen zur DNS-Synthese; zumal der Pool an Thymidinnucleotiden für diesen Vorgang wahrscheinlich limitierend ist.

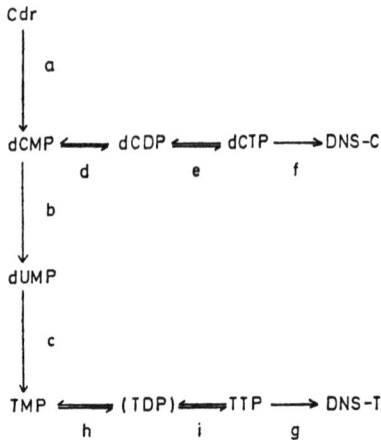

Abb. 21. Stoffwechsel-Schema der Desoxyribose-Pyrimidinphosphate

Auch die enzymatische Aktivität, die sich an die Desaminase in der Stoffwechselkette dCMP → TMP anschließt, die Thymidylat-Synthetase (Abb. 21, Schritt c)[21] wurde nach Bestrahlung im Thymus und in der regenerierenden Leber erheblich vermindert gefunden [15, 159, 230]. Im Gegensatz zum Thymusgewebe junger Ratten sowie zum Knochenmark wurde in der Milz und im Darm nur eine sehr geringe dCMP-Desaminase-Aktivität gemessen. Es wird angenommen, daß dieses Enzym eine relativ niedrige biologische Halbwertzeit hat und daß damit der strahlenbedingte Abfall der Enzymaktivität zu erklären ist, da gleichzeitig eine Hemmung der Protein-Synthese eintritt.

Die Enzyme Cytidinmonophosphat(CMP)- und dCMP-Kinase (Abb. 21, Schritte d, e), die zur Bildung der entsprechenden Triphosphate führen, waren im Vergleich zur dCMP-Desaminase im Thymus von Ratten nach Ganzkörperbestrahlung nur in geringem Maße verändert [230]. Dem Bezugssystem kam hierbei eine erhebliche Bedeutung zu. So war die enzymatische Aktivität im Gesamtorgan erniedrigt und bezogen auf den DNS-Gehalt erhöht. Analog zu ähnlichen Befunden, die bei den Nucleasen bereits diskutiert wurden, muß dieser Effekt wohl im wesentlichen auf die Atrophie des Organs zurückgeführt werden. Ebenso war die Phosphorylierung von Thymidin zu TMP und TTP (Abb. 21, Schritte h, i) 1 Std nach einer Ganzkörperbestrahlung mit 800 R in der Rattenmilz normal [62]. Allerdings konnten diese enzymatischen Prozesse der Thymidin-

---

[21] Thymidylat = 5′-Thymidinmonophosphat = TMP.

Kinase durch ionisierende Strahlen in der Rattenleber nach partieller Hepatektomie beeinflußt werden [14].

In der regenerierenden Leber unbestrahlter Tiere steigt die Aktivität der Thymidin-Kinase stark an und erreicht etwa 24 Std nach der Operation ein Maximum. Bei einer vorherigen Ganzkörperbestrahlung der Ratten mit 1000 R ist der absolute Anstieg der Enzymaktivität geringer und der maximale Wert wird erst etwa 46 Std nach der Operation erreicht. Dieser Strahleneffekt ist bei einer Dosis von 500 R geringer und nimmt mit längerem Zeitabstand (bis zu 48 Std) zwischen Bestrahlung und Hepatektomie ab. Analoge Verhältnisse liegen vor, wenn die Operation vor dem Strahleninsult durchgeführt wird. So war die Zunahme der Thymidin-Kinase stark eingeschränkt, wenn die Tiere 18 Std nach der Hepatektomie mit 1500 R bestrahlt wurden, während eine Dosis von 1000 R bei diesem Zeitintervall ohne Wirkung war. Dagegen wurde ein Effekt auf die Induktion der Enzymaktivität erzielt, wenn die Röntgendosis von 1000 R 12 Std nach der Operation verabreicht wurde. Es wird daher angenommen, daß die ionisierenden Strahlen die Synthese der beschriebenen Proteine verändert und daß nicht die Enzyme durch strahlenchemische Prozesse inaktiviert werden.

In Erythrocyten von Ratten wurden 48 Std nach einer Ganzkörperbestrahlung mit 100—1000 R eine Abnahme der Nucleosidphosphorylase-Aktivität beobachtet [181][22]. Das Ausmaß und die Dauer dieser Strahlenwirkung ist von der Strahlendosis abhängig. Weitere strahlenbedingte Veränderungen des Stoffwechsels der Adeninnucleotide werden im Zusammenhang mit der oxidativen Phosphorylierung (siehe S. 113) besprochen.

5. Die Synthese der DNS
a) Der Einbau von Vorstufen in die DNS

Seit der Entdeckung von von Euler u. von Hevesy, daß der Einbau von radioaktiv markiertem Phosphat in die DNS des Jensen-Sarkoms der Ratte nach Bestrahlung herabgesetzt war, wurde die DNS-Synthese nach einer Strahleneinwirkung in einer Vielzahl von Arbeiten studiert [126, 167]. In den meisten untersuchten Objekten wurde die DNS-Synthese als ein relativ strahlenempfindlicher Prozeß erkannt. Strahlendosen, die bei E. coli 15 T$^-$ L$^-$ zu einem DNS-Abbau von etwa 7% führen, bewirken bereits eine beträchtliche Abnahme des Einbaus von radioaktiv markiertem Thymidin in die DNS [83]. Sehr eingehend gemessen wurde die Syntheserate in den verschiedenen Geweben der Säugetiere. Nach Strahlendosen, die im subletalen bis letalen Bereich (< 1000 R) lagen, wurde vor allem in den lymphatischen Geweben, dem Knochenmark, dem Darm und der regenerierenden Leber eine Erniedrigung der DNS-Synthese beobachtet, während in der normalen Leber und den Nieren erst bei höheren Dosen ein der-

---
[22] Dieses Enzym transferiert die Ribose von einem Purinnucleosid z.B. Guanosin auf Phosphat, es entsteht die freie Purin-Base und Ribose-1-phosphat.

artiger Effekt auftrat. Chang u. Looney fanden, daß nach einer Bestrahlung im regenerierenden Lebergewebe der Thymidin-Einbau in die DNS sowohl der Zellkerne als auch der Mitochondrien erniedrigt war. Die Beeinträchtigung der DNS-Synthese war in den Kernen jedoch stärker ausgeprägt [36].

Im Rattenthymus wurde 2 Std nach einer Röntgen-Ganzkörperbestrahlung mit nur 50 R eine verminderte Inkorporierung von radioaktivem Phosphat in die DNS gefunden. Ähnliche Ergebnisse wurden erhalten, wenn isolierte Thymocyten *in vitro* mit ^{60}Co γ-Strahlen behandelt wurden. Die Hemmung der DNS-Synthese wurde über die Einbaurate von radioaktiv markiertem Phosphat, Thymin, Guanin, Adenin, Acetat und Formiat gemessen und in allen Fällen nach Bestrahlung erniedrigt gefunden [126]. Damit können interferierende Effekte, die z.B. durch den veränderten Gehalt der Nucleotide in den strahlenempfindlichen Geweben hervorgerufen werden und einen Einfluß der ionisierenden Strahlen auf die Syntheserate vortäuschen könnten, ausgeschlossen werden [168]. Ferner wurde beobachtet, daß die strahlenbedingten Veränderungen der Einbaurate von radioaktiv markierten Vorstufen in die DNS und RNS nicht parallel verliefen.

Das Ausmaß der Hemmung der DNS-Synthese, sowohl *in vitro* als auch *in vivo* gemessen, war abhängig von der Strahlendosis sowie von dem Zeitabstand zwischen der Strahleneinwirkung und dem Untersuchungszeitpunkt (Abb. 22) [160]. Direkt nach der Bestrahlung mit

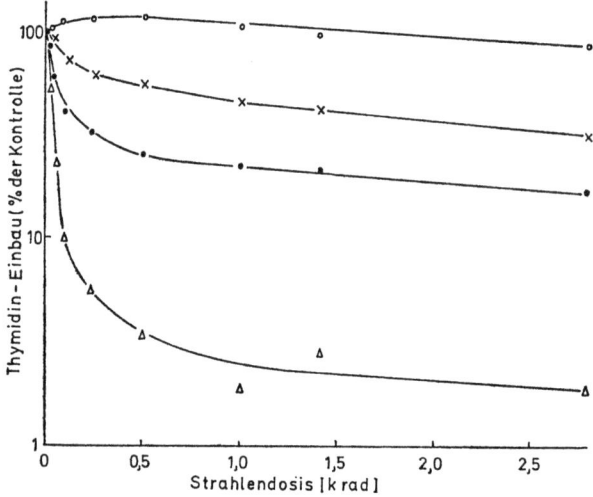

Abb. 22. Die Hemmung des Thymidin-Einbaues in Thymocyten in Abhängigkeit von der Strahlendosis zu verschiedenen Zeiten nach Bestrahlung. Die Perioden der Inkubation mit Thymidin-^{14}C lagen bei o—o 0—20 min p.r.; x—x 1,0—1,5 Std p.r.; •—• 2,0—2,5 Std p.r.; ▵—▵ 4,0—4,5 Std p.r. [D. K. Myers u. K. Skov: Canad. J. Biochem. 44, 839 (1966)]

Dosen bis zu etwa 2,5 krad war der Einbau von Thymidin in die DNS von Thymocyten nicht signifikant verändert. Die Zellen wurden bei diesen Untersuchungen über 20 min mit dem Nucleosid inkubiert [160]. Bei einem größeren Zeitintervall zwischen dem Strahleninsult und dem Beginn der Inkubation der Zellen mit Thymidin (1—4 Std p.r.) wurde eine starke Hemmung der DNS-Synthese gemessen (Abb. 22). Die Untersuchung der Dosisabhängigkeit ergab, daß offensichtlich zwei Komponenten an diesem Vorgang beteiligt waren. Nach Strahlendosen bis zu 500 rad trat ein sehr steiler Abfall der Syntheserate ein (Komponente S_1), bei höheren Dosen war die Steigung der experimentell ermittelten Kurve geringer (Komponente S_2) (Abb. 22). Der Anteil des ersten Prozesses war in starkem Maße von dem Zeitpunkt der Untersuchung abhängig. Bei der Messung der Dosisabhängigkeit für die DNS-Synthese im Rattenthymus nach Ganzkörperbestrahlung, mit Knochenmark- sowie mit HeLa-Zellen, die *in vitro* bestrahlt wurden, erhielt man analoge Ergebnisse [61].

Es wird angenommen, daß die Komponenten S_1 durch eine Abnahme der oxidativen Phosphorylierung im Kern (s. S. 111) bedingt ist und S_2 auf eine verminderte Fähigkeit der DNS, als „primer" zu wirken, zurückzuführen ist [61]. Auf diese Hypothese wird noch eingegangen werden, ein experimenteller Beweis konnte bisher nicht erbracht werden. Ord u. Stocken beobachteten, daß einige Histonfraktionen phosphoryliert wurden und daß die Phosphorylierung der „Lysin-reichen" Histone[23] in den Zellkernen des Thymus und des regenerierenden Lebergewebes nach Bestrahlung abnahmen. Die Dosisabhängigkeit dieses Straheneffektes unterschied sich nicht von derjenigen, die für die strahlenbedingte Hemmung der DNS-Synthese gemessen wurde [168].

b) Zum Mechanismus der DNS-Synthese-Hemmung

Es wurde bereits ausgeführt, daß für die DNS-Synthese folgende Faktoren benötigt werden (Abb. 23):

1. Die Desoxynucleotide des Adenins, Guanins, Cytosins und Thymins. Unter physiologischen Bedingungen sind die Thymidinnucleotide limitierend.

2. Enzyme, die die Synthese der Triphosphate katalysieren bzw. die Synthese von TMP aus dCMP.

3. Die DNS-Polymerase, die den Aufbau der Nucleotidkette bewerkstelligt.

4. DNS, die als „primer" dient und die Information für die zu synthetisierende Nucleinsäure enthält.

---

[23] Die Histone enthalten die basischen Aminosäuren Lysin und Arginin in besonderem Maße. Sie können elektrophoretisch in „Lysin-reiche" und „Argininreiche" Fraktionen aufgetrennt werden.

In einem der vorangegangenen Abschnitte wurde gezeigt, daß die Desoxynucleotide des Adenins, Guanins und Cytosins nach Bestrahlung zum Zeitpunkt der verminderten DNS-Synthese im Thymus nicht erniedrigt waren, die entscheidenden Thymidinnucleotide konn-

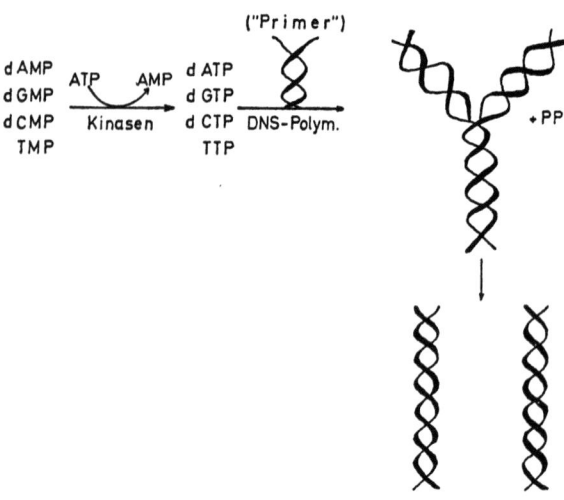

Abb. 23. Schematische Darstellung der DNS-Biosynthese

ten jedoch wegen ihres geringen Gehaltes nicht gemessen werden (s. S. 55). Es wurde außerdem beschrieben, daß gerade die Enzymsysteme, die den Aufbau dieser Nucleotide katalysieren (dCMP-Desaminase, TMP-Synthetase und Thymidin-Kinase), in der regenerierenden Leber und im Thymus nach Bestrahlung in ihrer Aktivität herabgesetzt waren (s. S. 58). Ebenso wurde eine Abnahme der DNS-Polymerase-Aktivität im Lebergewebe von Ratten gefunden, wenn die Tiere $4^1/_2$ oder 12 Std nach der partiellen Hepatektomie mit 1000 R bestrahlt wurden.

Harrington beobachtete eine starke Erniedrigung der „priming ability" von DNS, die aus Kalbsthymus isoliert und mit Strahlendosen bis zu 1000 R *in vitro* bestrahlt wurde [61]. Es wurde in diesem System die DNS-Polymerase aus E. coli benutzt. Campagnari u. Mitarb. fanden dagegen keine Veränderung der „priming ability", wenn die DNS aus Kalbsthymus mit 500—2000 R bestrahlt wurde und die DNS-Polymerase aus Kalbsthymus in dem Test eingesetzt wurde [35]. Es ist ungeklärt, ob diese sich widersprechenden Ergebnisse auf die verschiedenen Bestrahlungsbedingungen, wie Konzentration der DNS, Medium usw. oder auf den unterschiedlichen Wirkungsmechanismus der Enzyme zurückzuführen sind. — Die DNS-Polymerase aus E. coli benutzt doppel- und einsträngige DNS als Matrize, während das Enzym aus Thymus Einstrang-DNS benötigt. — Für diese Befunde an einer DNS, die *in vitro* mit ionisierenden Strahlen behandelt worden ist, gelten in Hinsicht auf ihre biologische Bedeutung jedoch wiederum die Vorbehalte, die bei der Erläuterung der Arbeiten über die Schädigung von *in vitro* bestrahlter DNS gemacht worden sind (s. S. 32).

Von verschiedenen Autoren wurde berichtet, daß 24 Std nach der Bestrahlung mit 400 R in der DNS der Milz ein verändertes Basenverhältnis auftrat, wobei der Gehalt an Pyrimidinen vor allem abnahm. In neueren Untersuchungen konnten diese Befunde nicht bestätigt werden [88]. Da die isolierte DNS aus Organen von bestrahlten Tieren eine intakte Helixstruktur besitzt und ferner nach einer Bestrahlung mit 400 R auch das Milzgewebe wieder regeneriert wird, also die ursprüngliche Information noch vorhanden ist, scheint eine Veränderung der Basenzusammensetzung unter diesen Bedingungen unwahrscheinlich.

Zur weiteren Klärung, welche strahlenbedingten Veränderungen die Ursache für die Hemmung der DNS-Synthese bei relativ niedrigen Strahlendosen bilden, wurden Untersuchungen angestellt, inwieweit eine zeitliche Korrelation zwischen den verschiedenen Einzelbefunden besteht.

Es ist allgemein bekannt, daß eine DNS-Synthese in größerem Umfang nur in proliferierenden Geweben stattfindet. Auch in sich teilenden Zellen wird nicht ständig neue DNS gebildet, sondern dieser Vorgang läuft nur während der Synthese-Phase S des Zell-Cyclus[24], den eine Zelle während ihres „Lebens" durchläuft, ab. Da in Zellkulturen aller Art sowie in den Säugetiergeweben die Zellen zu einem definierten Zeitpunkt sich in sehr unterschiedlichen Stadien des Cyclus befinden, erscheint es sinnvoll, derartige Fragen insbesondere an synchronisierten Kulturen zu untersuchen.

Untersuchungen mit derartigen Zellkulturen zeigten im allgemeinen, daß die Zellen am empfindlichsten waren, wenn sie in der späten G_1- oder frühen S-Phase bestrahlt wurden. Unter diesen Bedingungen war die DNS-Synthese stark verzögert und die Zahl der Zellen, die nicht mehr in die Mitose eintraten, am höchsten [51].

Brent u. Mitarb. [33] bestrahlten teilungssynchrone HeLa-Zellen in der S-Phase mit 1000 R und beobachteten eine starke Hemmung der DNS-Synthese. Wurden die Zellen dagegen in der M- oder G_2-Phase der Strahlung ausgesetzt, so lief die folgende S-Phase unverändert bzw. leicht verzögert ab. Die Mitoserate war jedoch in Abhängigkeit von der Strahlendosis stark erniedrigt. Es ergibt sich also das Problem, ob die DNS-Synthese während der S-Phase besonders

---

[24] Der Zellcyclus kann in 4 Perioden unterteilt werden: 1. Die S-Phase, in der als einziger während des ganzen Cyclus die DNS-Synthese durchgeführt wird, 2. die G_2-Phase, die postsynthetische Periode, 3. die Mitose (M), während dieser Periode findet die eigentliche Zellteilung statt, und 4. die G_1-Phase, die präsynthetische Periode. Bei allen Zellpopulationen treten diese 4 Abschnitte während des „Lebens" einer individuellen Zelle auf. Ihre zeitliche Länge ist unterschiedlich und für den Zelltyp sowie seine Lebensbedingungen charakteristisch.

strahlenempfindlich ist oder ob die in der M- bzw. G_2-Phase bestrahlten Zellen bis zum Eintritt in die S-Phase die Möglichkeit haben, den Strahlenschaden, der zur Hemmung der DNS-Neubildung führt, zu reparieren. Da mit Eintritt in die Syntheseperiode alle notwendigen Enzyme bereits in optimaler Aktivität vorhanden sind und eine strahlenchemische Inaktivierung der Proteine in größerem Umfang unwahrscheinlich erscheint, wird von den Autoren vermutet, daß durch die ionisierende Strahlung die „priming ability" der DNS gegenüber der DNS-Polymerase beeinträchtigt wird.

Eckstein et al. untersuchten die DNS-Synthese nach der Bestrahlung von synchronisierten Hefezellen (Saccharomyces cerevisiae) [59]. Es wurde beobachtet, daß die DNS-Polymerase-Aktivität während eines Zellcyclus in oscillierender Höhe auftrat. Mit Beginn der DNS-Synthese erreicht sie ein Maximum und nahm dann während der DNS-Reduplikation ab. Nach der Verdoppelung der Zellzahl durch Teilung wurde auch für die Polymerase-Aktivität eine entsprechende Erhöhung gemessen. Wurden die Hefezellen mit 50 kR bestrahlt, so trat eine weitgehende Hemmung der Proliferation ein. Die Oscillationen der Polymerase traten jedoch unverändert auf und die DNS-Synthese war verzögert. Die zeitliche Beziehung, die oben beschrieben wurde, zwischen der Induktion der enzymatischen Aktivität und der DNS-Synthese wurde nach der Bestrahlung nicht mehr eingehalten, so daß die DNS-Polymerase unter diesen Bedingungen auf die Reduplikation wahrscheinlich nicht regulierend wirkte. Während die Zellteilung bei den bestrahlten Zellen unterdrückt ist, kommt die DNS-Synthese nicht zum Erliegen, sondern sie ist nur zeitlich verschoben. Es werden daher Riesenzellen mit erhöhtem DNS-Gehalt gebildet.

Bei der regenerierenden Leber liegt ein teilsynchronisiertes Zellsystem vor, da nach der partiellen Hepatektomie eine außerordentlich verstärkte Proliferation des Lebergewebes einsetzt. Lehnert u. Okada [138] analysierten die zeitlichen Korrelationen zwischen den verschiedenen Faktoren, die an der DNS-Synthese beteiligt sind (Abb. 23), und deren strahlenbedingten Veränderungen. Sie kommen zu dem Schluß, daß sowohl die verminderte Synthese der für die DNS-Reduplikation benötigten Enzyme als auch strukturelle Schädigungen des DNP-Komplexes, die sich in einer herabgesetzten „priming ability" niederschlagen, zu der beobachteten Abnahme der DNS-Bildung nach Bestrahlung führen. Diese Annahme wird durch Untersuchungen von van Lancker [61] unterstützt. Es wurde Lebergewebe von bestrahlten und unbestrahlten, partiell hepatektomierten Ratten entnommen und in eine Kern- sowie cytoplasmatische Fraktion getrennt. Der Einbau von radioaktiv markiertem Thymidin war erniedrigt, wenn sowohl unbestrahlte Kerne mit bestrahltem Cytoplasma inkubiert wurden, als auch bei umgekehrter Versuchsanordnung. Damit scheinen beide Fraktionen in Hinsicht auf die DNS-Synthese durch ionisierende Strahlen geschädigt zu sein, wobei aber wahrscheinlich die intracelluläre Verteilung der beteiligten Enzyme und Nucleotide während der DNS-Reduplikation weiterer Klärung bedarf.

Es erhebt sich in diesem Zusammenhang ferner die Frage, ob die bisher gebräuchliche Methode, die „priming ability" der DNS *in vitro* zu testen, hinreichend ist, da lediglich der Einbau von radioaktiv markierten Nucleotiden in höher-molekulare Nucleinsäureketten gemessen wird. Eine Untersuchung, ob das synthetisierte Material auch biologische Aktivität besitzt, ist im allgemeinen bisher nicht durchführbar. Bei einem Vergleich der Zeitabhängigkeit für die Hemmung der DNS-Synthese (Abb. 22) und dem vermehrten DNS-Abbau (Abb. 17) nach Bestrahlung fällt auf, daß zwischen beiden Vorgängen zumindest im Thymus eine enge Beziehung zu bestehen scheint. Ebenso ist der Übergang der doppelsträngigen DNS in den aktiven „primer" nicht völlig geklärt. Dennoch scheint eine Schädigung der „priming ability" nicht die alleinige Ursache für die gehemmte DNS-Synthese zu sein. Es ist zu erwarten, daß die Lösung dieser Probleme weitere Einblicke in den Ablauf der DNS-Synthese und ihre Schädigung nach einer Bestrahlung gewähren wird.

c) Die Synthese der RNS

Es ist bereits in der Einleitung zu diesem Kapitel darauf hingewiesen worden, daß die DNS nicht nur für ihre Reduplikation, sondern auch für die Synthese von RNS als Matrize fungieren kann. In einem solchen System wird sie mit den vier Triphosphaten der Ribonucleotide, von denen eines im allgemeinen radioaktiv markiert ist, und RNS-Polymerase inkubiert. Es wird dann der Einbau von Radioaktivität in die RNS gemessen. Von verschiedenen Arbeitsgruppen wurde berichtet, daß die „priming ability" von DNS aus Kalbsthymus in diesem Testsystem nach Bestrahlung *in vitro* abnahm [88, 266].

Zimmermann et al. fanden eine Erniedrigung der Aktivität auf 30% der Kontrolle, wenn die DNS in 0,1%iger Lösung mit 5000 R bestrahlt wurde. In 0,4%iger DNS-Lösung wurden für denselben Effekt 100000 R benötigt. Bei diesen Untersuchungen wurde das System mit der RNS-Polymerase aus E. coli getestet. Dieser Effekt wurde ebenfalls von Vogt u. Harbers bei der Untersuchung von DNS aus Ascites-Tumorzellen beobachtet. Die Autoren fanden, daß die „priming ability" weitaus weniger geschädigt wurde, wenn der DNP-Komplex und nicht die freie DNS bestrahlt wurde. Nach einer Bestrahlung der Nucleohistone (300 µg DNS/ml) in Phosphatpuffer pH 7,0 mit $1,5 \cdot 10^5$ R war die „priming ability" mit der RNS-Polymerase aus E. coli auf etwa 70% des Kontrollwertes abgesunken [242]. Die Basenzusammensetzung der synthetisierten RNS war erst nach hohen Strahlendosen verändert [88].

Die weitere Analyse ergab, daß offensichtlich für den Verlust der „priming ability" nach Bestrahlung *in vitro* nicht so sehr Kettenbrüche entscheidend sind, sondern vielmehr strukturelle Veränderungen anderer Art. So bewirken ionisierende Strahlen oder UV-Licht bei gleichem Grad der DNS-Degradierung — wenn das Molekulargewicht als Maß für den Abbau der DNS genommen wird — einen wesentlich höheren Abfall der „priming ability" als die Behandlung der DNS mit Ultraschall oder DN-ase (Abb. 24) [89]. Bei niederen

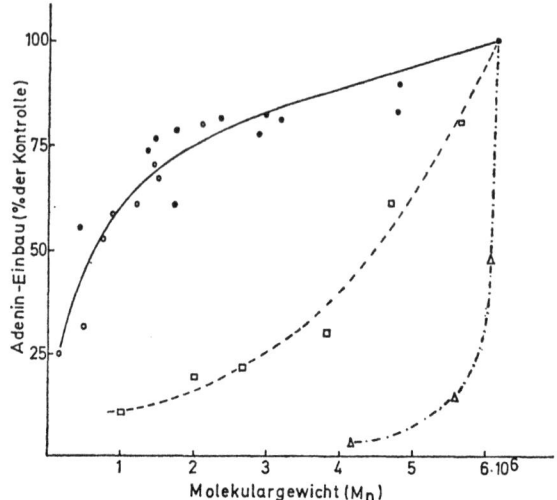

Abb. 24. Die „Priming ability" von DNS aus Kalbsthymus für die RNS-Synthese in Abhängigkeit vom Molekulargewicht (Mn) nach Einwirkung von γ-Strahlen (□); von UV-Licht (▲); von DN-ase (●) und von Ultraschall (○). [U. Hagen, H. Kröger u. E. Petersen: persönl. Mitteilung]

Strahlendosen vor allem des UV-Lichtes scheinen Schädigungen der Basen vorherrschend zu sein, während im hohen Dosisbereich zusätzliche Bindungsstellen für die RNS-Polymerase an der DNS gebildet werden. Diese neuen Bindungstellen führen aber zu einer Blockierung der RNS-Synthese. Wurde jedoch die Thymus- oder Leber-DNS aus Ratten 6 Std nach einer Ganzkörperbestrahlung mit 800 R isoliert, so besaß sie dieselbe „priming ability" für die RNS-Synthese wie diejenige unbestrahlter Kontrolltiere [88]. Bei einer Bestrahlung *in vivo* mit letalen Dosen wurde also keine Störung dieses Prozesses erreicht.

Unterschiedliche Ergebnisse wurden für die Synthese der Gesamt-RNS in lebenden Zellen nach Bestrahlung berichtet. Harbers u. Heidelberger sowie Logan u. Mitarb. beobachteten eine Hemmung der RNS-Synthese in Zellkernen nach einer Strahleneinwirkung [148]. Uchiyama u. Mitarb. fanden nach einer Ganzkörperbestrahlung von Ratten mit 1500 R, daß in der regenerierenden Leber der Einbau von

Orotsäure-^{14}C ^{25} in eine RNS-Fraktion, die im wesentlichen aus m-RNS (s. S. 70) bestand, vermindert war. Im normalen Lebergewebe wurde unter denselben Bedingungen keine Veränderung gesehen [148].

Andere Arbeitsgruppen fanden eine erhöhte RNS-Synthese nach einer Bestrahlung von Bakterien sowie in Rattenfeten und in einigen Organen der Maus nach der Einwirkung niedriger Strahlendosen (100—150 R). Matsudeira u. Mitarb. beobachteten, daß der Einbau von Uridin-^{3}H in die RNS von Yoshida-Ascites-Hepatomzellen 30min bis 20 Std p.r. zunahm. Die Ascites-Zellen wurden 5 Tage nach der Überimpfung auf Ratten *in vivo* mit 1000 R bestrahlt und das Uridin-^{3}H den Tieren 60 min vor dem Abtöten injiziert. Der absolute Gehalt an RNS wurde in den Zellen durch diese Strahlendosis nicht verändert. Die Analyse der RNS durch eine Zentrifugation im Saccharose-Dichtegradienten ergab, daß die Inkorporation von Uridin-^{3}H vor allem in die hochmolekulare RNS anstieg. Dagegen traten diese Straheneffekte nicht bei den Ascites-Zellen auf, die nach der Ganzkörperbestrahlung der Ratten isoliert und *in vitro* mit Uridin-^{3}H inkubiert wurden [148].

Da die RNS-Synthese in der Leber durch Corticosteroide gesteigert wird und andererseits nach einer Bestrahlung von Säugetieren der Gehalt dieser Nebennierenrindenhormone im Blut ansteigt (s. S. 129), wird vermutet, daß die strahlenbedingte Erhöhung der RNS-Synthese durch die Stimulierung der Nebennieren verursacht wird. Unterstützt wird diese Annahme durch Untersuchungen der RNS-Polymerase-Aktivität im Lebergewebe. Wenige Stunden nach einer Ganzkörperbestrahlung von Ratten mit 600—650 R ist diese Enzymaktivität in der Zellkernfraktion der Leber erhöht (Barnabei u. Mitarb. [165].) Bei adrenalektomierten Tieren trat die Aktivitätsänderung nicht auf. Die RNS-Polymerase kann durch das Nebennierenrindenhormon Cortison induziert werden (s. S. 128), so daß der beobachtete Anstieg nach Bestrahlung wohl über die Wirkung der Corticosteroide zu erklären ist.

Trams u. Mitarb. bestrahlten Ehrlich-Ascites-Tumorzellen *in vitro* und inkubierten die Zellen mit Uridin-^{14}C. Erst nach Strahlendosen von 6000 und 10000 R war die Einbaurate an Uridin in die Gesamt-RNS erniedrigt [242]. Extrahierte man die RNS durch Phenol bei verschiedenen Temperaturen, so wurde eine Fraktion mit einer Basenzusammensetzung isoliert, die der DNS sehr ähnlich war. Für diese RNS, die wahrscheinlich den wesentlichen Anteil der m-RNS enthielt, wurde eine stärkere Hemmung des Uridin-Einbaus gemessen [242]. Bei all diesen Untersuchungen hat sich also die Neubildung der RNS einschließlich der m-RNS als wesentlich strahlenresistenter erwiesen als die DNS-Synthese. Die Befunde sind insbesondere interessant,

---

25 Orotsäure ist eine metabolische Vorstufe der Pyrimidine Uracil und Cytosin.

wenn man berücksichtigt, daß bei diesen Experimenten für die Biosynthese sowohl der DNS als auch der m-RNS die bestrahlte DNS als Matrize eingesetzt wurde.

Besonders deutlich tritt diese unterschiedliche Strahlenempfindlichkeit der Matrizenfunktion hervor, wenn die Schädigung der DNS-Biosynthese und der Induzierbarkeit von Enzymen durch ionisierende Strahlen miteinander verglichen wird. — Für die Induktion von Enzymaktivitäten muß eine spezifische m-RNS an dem entsprechenden Genort gebildet werden (s. S. 70). — Pauly beobachtete, daß die DNS-Synthese des Bacterium cadaveris bei wesentlich niedrigeren Strahlendosen gehemmt wurde als die RNS-Synthese und die Induzierbarkeit der Lysin-Decarboxylase (Abb. 25) [171]. Sehr ähnliche Beobachtungen machte Davern bei Untersuchungen an einer E. coli rec⁻-Mutante [46]. Es wurde die DNS- und RNS-Synthese sowie die Induktion der β-Galaktosidase und der D-Serin-Desaminase nach Einbau von Phosphat-^{32}P in die DNS der Bakterien gemessen. Als Folge des radioaktiven Zerfalls von ^{32}P kommt es zu Kettenbrüchen in der DNS (s. S. 28), die zu einem Abfall der DNS-Synthese führen, während die RNS-Synthese und die Induzierbarkeit der beiden Enzymaktivitäten in weitaus geringerem Maße abnehmen.

Offenbar ist die Matrizeneigenschaft der DNS für die Synthese der erwähnten Enzyme sowohl nach der Bestrahlung als auch durch die Transmutionen (s. S. 28) zunächst nur geringfügig geschädigt. Dagegen findet die Reduplikation der DNS unter den gleichen Bedingun-

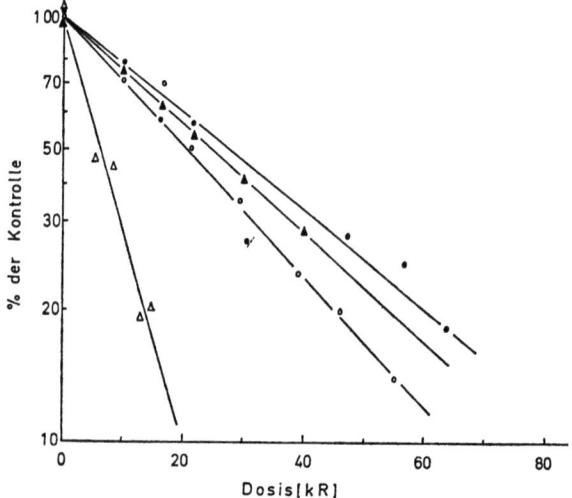

Abb. 25. Verschiedene Stoffwechselfunktionen in Kulturen von Bacterium cadaveris nach Röntgenbestrahlung. (△) DNS-Synthese (Kolonie-Bildung); (▲) RNS-Synthese; (●) Protein Synthese und (o) Induzierbarkeit der Lysin-Decarboxylase. [H. Pauly, Int. J. Radiat. Biol. 6, 221 (1962)]

gen nur in beschränktem Umfang statt (Abb. 25). Eine Möglichkeit, diese Unterschiede zu erklären, wäre die folgende Überlegung: Für die DNS-Synthese wird die Funktionsfähigkeit des gesamten Genoms benötigt. Dagegen wird für die Bildung der m-RNS eines bestimmten Enzymes die DNS nur in einem begrenzten Bereich „abgelesen", nämlich lediglich in dem Genort, der die Information für das betreffende Enzym enthält. Damit wäre die Wahrscheinlichkeit, daß die Matrizenfunktion für die DNS-Synthese geschädigt ist, wesentlich erhöht gegenüber der Möglichkeit, daß die Bildung der m-RNS erniedrigt wird.

Sehr interessante Aspekte treten in diesem Zusammenhang mit der Frage auf, ob die Strahlenschäden der DNS, z. B. Kettenbrüche, in dem Bakteriengenom statistisch verteilt sind oder ob diese Ereignisse an spezifischen Orten bevorzugt erscheinen. Es konnte gezeigt werden, daß die Positionen von strahlenbedingten „gaps" in den Chromosomen von Vicia faba von einer statistischen Verteilung abweichen [196]. Die Beantwortung dieser Fragen könnte zur Erklärung für das spezifische Eingreifen ionisierender Strahlen in biologische Systeme beitragen.

Weitere experimentelle Ergebnisse müssen abgewartet werden, um zu definitiven Aussagen zu kommen und um abzuschätzen, in welchem Ausmaß die Schädigung der „priming ability" der DNS an der strahlenbedingten Hemmung der DNS- bzw. m-RNS-Synthese beteiligt ist.

III. Der Stoffwechsel der Proteine und Aminosäuren nach Bestrahlung

Unter den Aminosäuren kommt den α-Aminocarbonsäuren, der allgemeinen Formel R-CH(NH$_2$)-COOH, besondere Bedeutung zu. Bei der einfachsten Substanz dieser Stoffklasse, dem Glycin, symbolisiert der Rest R lediglich ein Wasserstoffatom (H). Bei allen anderen Aminosäuren steht R für verschiedene aliphatische, aromatische oder heterocyclische Gruppen. Da diese Verbindungen am α-Kohlenstoff- (C)-Atom ein asymmetrisches Zentrum besitzen — alle vier Liganden unterscheiden sich voneinander —, existieren für die Aminosäuren optische Antipoden, die als D- bzw. L-Aminosäuren bezeichnet werden. In der belebten Natur spielen die Vertreter der L-Reihe eine größere Rolle. Die meisten von ihnen werden als Bausteine der Proteine und Peptide benutzt. Zum Aufbau dieser Peptidketten wird die Carboxylgruppe einer Aminosäure mit der Aminogruppe des folgenden Gliedes unter Wasserabspaltung verknüpft.

Zur Bildung der sogenannten Peptidbindung ist die Aktivierung einer der beteiligten funktionellen Gruppen (Carboxyl- oder Aminogruppe) notwendig. Dazu werden die Aminosäuren durch eine enzymatische Reaktion unter Mitwirkung von Adenosintriphosphat

(ATP) auf die Transfer-RNS (t-RNS, s. S. 23) übertragen. Für jede Aminosäure scheint die Zelle ein spezifisches „Aktivierendes Enzym" und eine spezifische t-RNS zu enthalten. Die t-RNS transportiert die gebundene Aminosäure zu den Ribosomen, dem Ort, an dem schließlich die Peptidbindung geknüpft wird.

Von entscheidender Bedeutung für die Proteinsynthese ist es jedoch, daß die Aminosäuren bei der Bildung von Polypeptidketten mit mehreren hundert Gliedern in definierter Sequenz aneinandergereiht werden. Die Information für diesen Vorgang wird über die Messenger-RNS (m-RNS) von der DNS geliefert. Untersuchungen von Nirenberg u. Matthaei sowie von Ochoa haben ergeben, daß jeweils die Folge von drei Basen der m-RNS (Triplett-Code) den Einbau einer Aminosäure determiniert. Zu dem Codon auf der m-RNS gibt es ein Anti-Codon auf der spezifischen t-RNS. Durch das Zusammenwirken der verschiedenen RNS-Typen (m-RNS, r-RNS und t-RNS) mit der aktivierten Aminosäure wird die Polypeptidkette gebildet. Der genaue Ablauf dieses Prozesses ist bisher nicht in allen Einzelheiten geklärt.

Mit der Synthese der Peptidkette an den Ribosomen ist der Aufbau der Primärstruktur der Polypeptide abgeschlossen. Für die biologische Aktivität vor allem der Enzymsysteme, deren makromolekularer Anteil aus Protein besteht, ist eine spezifische Faltung der Peptidketten (Konformation) notwendig. Es wird angenommen, daß die aktive Konformation sich aus der Primärstruktur spontan ergibt und im wesentlichen durch Disulfidbrücken und Wechselwirkung der Aminosäurereste stabilisiert wird.

Die Proteine werden durch Peptidasen abgebaut. Wie bei den Nucleinsäuren unterscheidet man Exo- und Endopeptidasen. Während die Endopeptidasen der Verdauung, z. B. Pepsin, Trypsin und Chymotrypsin, extracellulär ihre Aktivität entfalten, werden intracellulär Polypeptide durch verschiedene Endopeptidasen, häufig Kathepsine genannt, gespalten.

Die Reaktionen, die beim Abbau aller Aminosäuren auftreten, sind der Verlust der Aminogruppe durch oxidative Desaminierung bzw. Transaminierung, sowie die Decarboxylierung. Diese Prozesse werden durch Aminosäureoxidasen, Transaminasen und Decarboxylasen mit mehr oder weniger hoher Spezifität durchgeführt.

1. Veränderungen an Proteinen nach Bestrahlung in vitro

Bereits seit einigen Jahrzehnten werden strahlenchemische Untersuchungen an Proteinen durchgeführt und häufig sind die Ergebnisse zu Überlegungen über den Mechanismus der Strahlenwirkung herangezogen worden. Die Gründe hierfür sind vor allem darin zu suchen, daß spezifische Proteine in reiner Form aus biologischem Material isoliert werden können, daß bei vielen von ihnen auf Grund der biokatalytischen Funktion die biologische Aktivität sehr empfindlich gemessen werden kann und daß sie im Stoffwechselgeschehen eines lebenden Organismus eine sehr zentrale Stellung einnehmen.

Nach den Arbeiten von Fricke am Hämoglobin studierten Dale u. Mitarb. die indirekte Strahlenwirkung (s. S. 11) an wäßrigen Enzymlösungen. Sie fanden, daß Enzyme, wie die D-Aminosäureoxidase und die Carboxypeptidase, in wäßriger Lösung durch ionisierende Strahlen inaktiviert werden und daß die D_{37} mit steigender Verdünnung der Proteinlösung abnimmt. Dieser „Verdünnungseffekt" hat sich als ein sicheres Kriterium für die indirekte Strahlenwirkung erwiesen. Bei Anwesenheit des Substrates oder des Coenzyms während der Bestrahlung wird der Straheneffekt vermindert. Diese Befunde sind an einer Reihe weiterer Enzyme bestätigt worden [28, 167].

Von Barron u. Mitarb. ist gezeigt worden, daß solche Enzyme, die besonders reaktive Sulfhydrylgruppen enthalten, wie z.B. Phosphoglycerinaldehyd-Dehydrogenase, auffallend strahlenempfindlich sind. Unter dem Eindruck dieser Ergebnisse und der Bedeutung der Sulfhydrylgruppen für den Stoffwechsel, hat Barron die Hypothese aufgestellt, daß die Strahlenwirkung auf lebende Systeme sich über die Inaktivierung von Sulfhydrylgruppen enthaltenden Enzyme entwickelt [167]. Durch enzymatische Untersuchungen nach einer Bestrahlung von lebenden Zellen und Organismen ist diese Annahme nicht bestätigt worden. Dennoch haben diese Überlegungen wesentlich dazu beigetragen, daß durch die prophylaktische Gabe von Cystein und verwandten Verbindungen eine Steigerung der Strahlenresistenz beim Säugetier gefunden worden ist [222].

Es ist darauf hingewiesen worden, daß die strahlenbedingte Bildung von Radikalen für die Entwicklung des Strahlenschadens große Bedeutung hat (Abb. 1). Mit Hilfe der Elektronen-Spin-Resonanz (ESR)- Spektroskopie ist versucht worden, Aussagen über die Qualität und Quantität der Radikale zu machen, die nach der Einwirkung von ionisierenden Strahlen auf Proteine und Aminosäuren im trockenen Zustand gebildet werden. Die Arbeiten vor allem von Gordy u. Mitarb. haben ergeben, daß die ESR-Spektra, die nach Bestrahlung verschiedener Proteine erhalten werden, sich im wesentlichen aus zwei Typen zusammensetzen. Der eine Typus ist charakteristisch für das bestrahlte Dipeptid Glycylglycin, der andere für die Schwefel enthaltende Aminosäure Cystein und deren Disulfidverbindung Cystin [276].

Primär tritt durch die Strahlung unter Herauslösen eines Elektrons aus dem Molekülverband eine Ionisation ein. Durch „Wanderung" von Elektronen erfährt die Elektronenfehlstelle (Lücke) eine gewisse Stabilisierung („Manifestierung", Abb. 1, s. S. 2) am α-Kohlenstoffatom eines Glycinrestes (1) oder am Schwefelatom eines Cystein- bzw.

Cystinrestes (2). Es entstehen dann die in den Formeln (1) und (2)

$$\begin{array}{c} \downarrow \\ -N-CH-\overset{O}{\overset{\|}{C}}-N-\overset{\cdot}{C}-\overset{O}{\overset{\|}{C}}-N-CH- \\ H \quad | \qquad\quad H \quad H \qquad | \\ R_1 R_2 \end{array}$$ (1)

$$\begin{array}{c} -N-CH-\overset{O}{\overset{\|}{C}}-N-C-\overset{O}{\overset{\|}{C}}-N-CH- \\ H \quad | \qquad\quad H \quad | \quad H \quad | \\ R_3 CH-S. R_4 \\ \uparrow \end{array}$$ (2)

angegebenen Radikaltypen (s. Pfeil). Von Koch u. Mönig ist gezeigt worden, daß das gemischte ESR-Spektrum (Glycin und Schwefel-Radikal), das nach der Einwirkung von Röntgenstrahlen auf Proteine erhalten wird, durch UV-Licht in das Cystein ähnliche ESR-Spektrum überführt werden kann [119]. Da diese Untersuchungen an Proteinen im festen Zustand durchgeführt wurden, beziehen sich die erhobenen Befunde auf den direkten Strahleneffekt.

Es wurde bereits darauf hingewiesen, daß für die indirekte Wirkung bei einer Bestrahlung im wäßrigen Medium vor allem die Reaktionen mit OH· und e_{aq}^- zu betrachten sind (s. S. 14). Messungen, die an den freien Aminosäuren durchgeführt wurden, ergaben, daß die aromatischen Aminosäuren (Tryptophan, Tyrosin, Phenylalanin und Histidin) sowie Methionin, Cystein und Cystin mit OH· besonders schnell reagieren. Dagegen hob sich die Reaktionsgeschwindigkeit von e_{aq}^- mit Cystein, Cystin und Histidin — bei protoniertem Imidazolring — gegenüber den anderen Aminosäuren heraus [28]. Gerade diese Aminosäuren sind am Aktiven Zentrum vieler Enzymsysteme beteiligt.

Eine Vielzahl von Proteinen ist nach Bestrahlung untersucht worden. Das Interesse hat sich jedoch besonders auf einige Enzyme konzentriert, deren Primärstruktur und spezifische Konformation weitgehend bekannt sind. Es sollen daher die Arbeiten an der Ribonuclease aus Pankreas als Beispiel für diese Gruppe hier behandelt werden.

In einer Reihe von experimentellen Arbeiten ist gezeigt worden, daß die Aktivität der Ribonuclease nach Bestrahlung in festem Zustand abnimmt. Sommermeyer u. Mitarb. beobachteten eine steigende Strahlenempfindlichkeit kristalliner Ribonuclease mit zunehmendem Wassergehalt. Da dieser Effekt jedoch ebenfalls auftritt, wenn das Enzym nach der Bestrahlung einer mit Wasserdampf gesättigten Atmosphäre ausgesetzt wird, kann dieser Strahleneffekt nicht auf radiolytisch gebildete Wasserradikale zurückgeführt werden [215].

Von mehreren Autoren wurde das Aufbrechen von Disulfidbrücken — die Ribonuclease enthält vier derartige Bindungen — unter der Strahleneinwirkung beschrieben. Ray u. Hutchinson [107] fanden jedoch, daß bei der Bestrahlung von Ribonuclease in festem Zustand die enzymatische Aktivität abnimmt, bevor Disulfidbindungen geöffnet werden. Auch Jung u. Schüssler kommen auf Grund der Aminosäureanalysen, die die Autoren an strahleninaktivierter Ribonuclease durchführten, zu dem Schluß, daß keine Korrelation zwischen der Inaktivierung des Enzyms und der Spaltung von Disulfidbrücken besteht [107].

Nach einer Bestrahlung des Enzyms sowohl in kristallinem Zustand als auch in wäßriger Lösung mit Strahlendosen im Bereich der D_{37} sind die Aminosäuren Cystin, Methionin, Tyrosin, Phenylalanin, Lysin und Histidin in der inaktivierten Ribonuclease vermindert. Es wird jedoch angenommen, daß die strahlenchemische Veränderung keiner Aminosäure so ausgeprägt ist, daß die Zerstörung der enzymatischen Aktivität damit erklärt werden könnte [107]. Der Gehalt der Aminosäure Glycin ist in der bestrahlten Ribonuclease erhöht. Es wird geschlossen, daß dieser Strahleneffekt auf die radiolytische Zerstörung anderer Aminosäuren zurückzuführen ist.

Wird die Ribonuclease in einer Sauerstoffatmosphäre bestrahlt, so liegt die D_{37} wesentlich niedriger als bei einer Bestrahlung im Vakuum (Abb. 26). Dagegen wird eine stark erhöhte D_{37} beobachtet, wenn das Enzym bei 77°K (Temperatur des flüssigen Stickstoffs) den ionisierenden Strahlen ausgesetzt wird (Abb. 26). Die Aminosäureanalysen ergeben unter allen Bestrahlungsbedingungen dieselben Veränderungen, wenn das Protein nach einer Strahlendosis im Bereich der D_{37} untersucht wird. Die selektive strahlenchemische Veränderung von

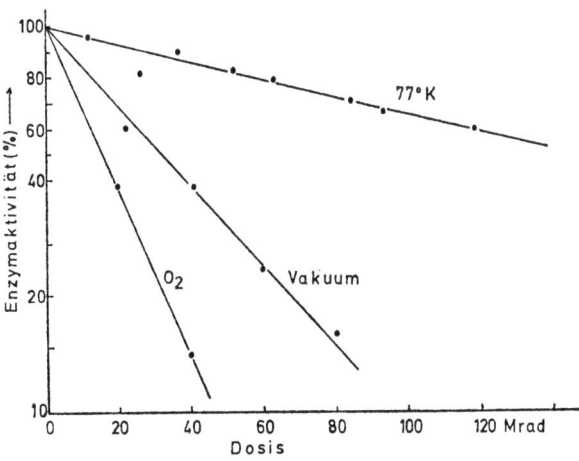

Abb. 26. Die Inaktivierung von trockner Ribonuclease (Proben zu 5 mg) mit ^{60}Co-γ-Strahlung unter O$_2$-Atmosphäre, im Vakuum und bei 77°K. [H. Jung u. H. Schüssler: Z. Naturforsch. **23b**, 934 (1968)]

Aminosäureresten in der gelösten Ribonuclease läßt sich auf Grund ihrer Reaktivität gegenüber OH˙ und e^-_{aq} verstehen (s. S. 15). Dagegen bereitet die Erklärung der Befunde aus dem trocken bestrahlten Protein gewisse Schwierigkeiten, da die Energieabsorption statistisch verteilt im gesamten Proteinmolekül stattfindet. Möglicherweise sind diese Straheneffekte auf eine intramolekulare Wanderung der Energie (Abb. 1) oder auf eine Reaktion der primären Radikale nach dem Auflösen der Proteine zurückzuführen [107].

Trotz der Veränderungen in der Aminosäurezusammensetzung wird vermutet, daß die strahlenbedingte Inaktivierung der Ribonuclease im wesentlichen durch Störungen der nativen Konformation bedingt ist (Ray u. Hutchinson) [107]. So werden nach Bestrahlung Aggregationen der Ribonuclease beobachtet, deren räumliche Struktur von der nativen Konformation offensichtlich abweicht [107]. Ferner wird das bestrahlte Enzym von der Peptidase Trypsin leichter abgebaut, ein Befund, der ebenfalls für eine teilweise Denaturierung spricht.

An der Ausbildung der spezifischen Struktur von Proteinen sind Wasserstoffbrücken zwischen den Aminosäureresten wesentlich beteiligt. Von den sechs Tyrosinresten der Ribonuclease tragen drei auf diese Weise zur Stabilisierung der nativen Konformation bei. Nach Bestrahlung ist ein Teil dieser Brückenbindungen aufgehoben, wie spektralphotometrische Untersuchungen ergeben haben. Ebenso wurde mit Hilfe von Tritium ein erhöhter Austausch von Wasserstoff beobachtet, was auf eine Labilisierung dieser Atome durch Aufhebung von Wasserstoffbrücken hinweist. Ferner nähert sich die optische Drehung dem Wert, der bei denaturierter Ribonuclease gefunden wird.

Strahleninduzierte Brüche der Polypeptidketten sind bei Proteinen mit Helixstrukturen, z.B. Kollagen, häufiger beobachtet worden als bei Proteinen mit vorwiegend globulärer Struktur, z.B. Rinderserum-Albumin oder Ribonuclease aus Pankreas (s. Ray u. Hutchinson) [107]. Während Ray u. Hutchinson der Strahleninaktivierung von Ribonuclease durch Kettenbrüche nur geringe Bedeutung beimessen, fanden Haskill u. Hunt, daß derartige Veränderungen nach Bestrahlung in stärkerem Maß auftreten. Allerdings werden die Kettenbrüche nur gemessen, wenn die Disulfidbindungen durch Oxidation oder Reduktion geöffnet werden. Diese Autoren sind der Ansicht, daß die strahlenbedingte Unterbrechung der Peptidkette erheblich zur Inaktivierung des Enzyms durch ionisierende Strahlen beiträgt.

Diese Befunde zeigen, daß durch die Strahleneinwirkung die native Konformation der Ribonuclease geschädigt wird. Es ist bisher nicht untersucht oder diskutiert worden, ob und in welchem Ausmaß die strahlenchemischen Veränderungen der Aminosäuren zu den beobachteten Konformationsänderungen beitragen. Bemerkenswert erscheint in diesem Zusammenhang, daß Ribonuclease, die mit 28 Mrad bestrahlt wurde ($D_{37} = 27,4$ Mrad unter den Bedingungen dieses Experimentes), nach Inkubation in 8 M Harnstofflösung und anschließender Verdünnung[26] nur zu einem geringen Teil reaktiviert werden kann (Abb. 27) (Ray u. Hutchinson) [107]. Bei unbestrahlter Ribonuclease findet dagegen die Renaturierung in weitgehendem Maße statt (Abb. 27). Dieser Befund weist darauf hin, daß die geschädigte Primärstruktur auf Grund von Brüchen der Peptidkette und der strahlenchemischen Veränderung von Aminosäureresten einen wesentlichen Beitrag zur Konformationsänderung und damit zur Strahleninaktivierung liefern könnte.

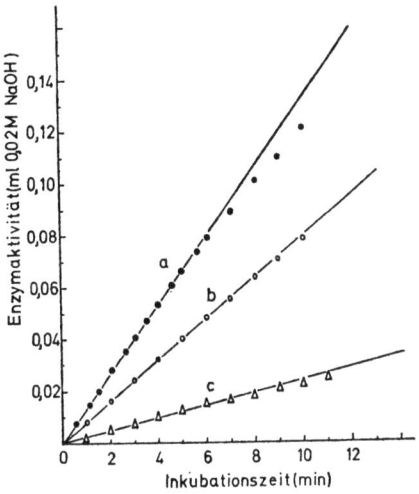

Abb. 27. Die Ribonuclease-Aktivität, gemessen durch den Verbrauch von 0,02 M NaOH-Lösung in Abhängigkeit von der Inkubationszeit. •—• natives, unbehandeltes Enzym; o—o Enzym 4 Std in 8 M Harnstofflösung bei 23°C inkubiert, vor dem Test durch Verdünnung renaturiert; ▵—▵ Enzym mit 28 Mrad (^{60}Co) bestrahlt, weitere Behandlung wie bei o—o. [D. K. Ray u. F. Hutchinson: Biochim. Biophys. Acta **147**, 357 (1967)]

Ob die beobachteten Veränderungen der Aminosäuren spezifisch bei einem Aminosäurerest unter den gleichen „Artgenossen" auftreten, ist bisher nicht untersucht worden. So wäre es durchaus denkbar, daß z.B. das Histidin in Position 119 unter den vier Histidinresten der Ribonuclease oder andere Aminosäuren, die am Aktiven Zentrum des Enzyms beteiligt sind, bevorzugt strahlenchemisch verändert werden; zumal sich die Aminosäuren des Aktiven Zentrums in ihrer chemischen Reaktivität gegenüber ihren „Artgenossen" herausheben. Die Tatsache, daß die Ribonuclease, wie andere Proteine auch, durch die Absorption

---

[26] Durch die 8 M Harnstofflösung wird die native Konformation der Ribonuclease aufgehoben. Im Gegensatz zu anderen Enzymen ist die Denaturierung jedoch reversibel. Bei Herabsetzen der Harnstoffkonzentration z.B. durch Verdünnen wird die native Struktur zurückerhalten.

eines Energiebetrages von 50—100 eV pro Molekül inaktiviert wird (Ray u. Hutchinson) [107], deutet trotz statistischer Verteilung der Absorptionsprozesse (s. S. 5) auf einen sehr spezifischen Reaktionsablauf hin.

Hinweise in dieser Richtung geben Untersuchungen von Mee u. Adelstein, die das S-Peptid der Ribonuclease[27] isoliert in wäßriger Lösung bestrahlten [150]. Diese Autoren beobachteten, daß nach einer Strahlendosis, die einen Verlust der biologischen Aktivität des S-Peptides von 87% zur Folge hatte, etwa 75% des Methionins in Position 13 zerstört waren, während die anderen Aminosäuren, unter anderem Histidin und Phenylalanin, nur geringfügig abnahmen. Dieser Methioninrest ist jedoch für die Bindung des S-Peptides an das S-Protein entscheidend.

In einer Reihe von Arbeiten sind die kinetischen Eigenschaften von enzymatischen Systemen nach Bestrahlung getestet worden. Es wurde im allgemeinen eine Zunahme der Michaeliskonstanten (K_M) und eine Verringerung der maximalen Geschwindigkeit (V_{Max}), z.B. bei der Glutamat-Dehydrogenase [1], gefunden. Bei einigen Enzymen, bei denen ein allosterischer Effekt[28] auftritt, wie z.B. bei der Aspartat Transcarbamylase oder bei der Phosphorylase b aus Kaninchenmuskel, ist beobachtet worden, daß das allosterische Zentrum strahlenempfindlicher als das Aktive Zentrum ist [44].

2. Die Protein-Biosynthese nach Bestrahlung

a) Der Einbau von Vorstufen in die Proteine

Im Unterschied zur DNS-Synthese hat sich die Protein-Biosynthese, gemessen am Einbau radioaktiv markierter Aminosäuren in hochmolekulares Material, als relativ strahlenresistent erwiesen (Abb. 25). Bei einer Reihe von Systemen wurde sogar eine erhöhte Einbaurate beobachtet. Besonders deutlich konnte von Hevesy diesen Unterschied zur DNS-Synthese zeigen. Er fand, daß nach einer Ganzkörperbestrahlung von Ratten mit 950 R der Einbau von Acetat in die DNS gehemmt ist, während beim Protein in der Leber eine Erhöhung eintritt [167]. Dieser Effekt ist mehrfach auch für die Inkorporierung von Aminosäuren, z.B. Glycin, bestätigt worden. Ebenfalls wird Glycin-^{14}C in das Protein von Leberschnitten, die 24—72 Std nach

---

[27] Durch die Peptidase Subtilisin wird in der Polypeptidkette der Ribonuclease eine Peptidbindung hydrolysiert. Es wird ein Peptid mit 20 Aminosäuren, das S-Peptid, abgespalten. Das Restmolekül wird als S-Protein bezeichnet. Beide Spaltstücke besitzen getrennt keine enzymatische Aktivität, werden sie jedoch gemeinsam inkubiert, so lagert sich das S-Peptid zu einem Molekül mit nativer Struktur und enzymatischer Aktivität an das S-Protein an.

[28] Bei einer Reihe von Proteinen kann die Konformation und damit der katalytische Umsatz durch die Bindung spezifischer kleiner Moleküle geändert werden. Der Bindungsort ist von dem Aktiven Zentrum verschieden. Dieser Effekt wird als Allosterie bezeichnet.

einer Ganzkörperbestrahlung von Ratten mit 2500 R präpariert werden, vermehrt eingebaut. Maass u. Mitarb. [145] stellten fest, daß 4 Tage nach einer Ganzkörperbestrahlung der Ratten mit 800 R bei intraperitonealer Injektion von Glycin-^{14}C die Radioaktivität gegenüber den Kontrolltieren im Lebergewebe verstärkt aufgenommen wird. Die erhöhte Einbaurate bei den *in vivo*-Experimenten wird daher zum Teil auf einen veränderten Aminosäuretransport zurückgeführt.

Corless u. Gray [43] berichteten, daß in einem zellfreien System aus Rattenleber die Proteinsynthese ansteigt, wenn die Zellfraktionen von Ratten gewonnen werden, die 3—15 Tage vorher eine Ganzkörperbestrahlung von 600 R erhalten. Es zeigt sich, daß dieser Effekt nur gemessen wird, wenn der Inkubationsansatz die Mikrosomenfraktion aus der Leber bestrahlter Tiere enthält, während die Herkunft des 105000 × g Überstandes[29] nicht von Bedeutung ist. Da der relative RNS-Gehalt der Mikrosomen unter diesen Bedingungen nach Bestrahlung ebenfalls ansteigt, wird angenommen, daß zwischen dem erhöhten RNS-Gehalt und der verstärkten Protein-Synthese ein enger Zusammenhang besteht (Abb. 28).

Auch in einer Reihe anderer Säugetiergewebe wie Darm, Niere, Schilddrüse, Nebenniere und Muskel wurde nach einer Straheinwirkung von Dosen < 1000 R keine Erniedrigung der allgemeinen Proteinsynthese beobachtet. Ähnliche Ergebnisse wurden bei Mikroorganismen gewonnen. Eckstein u. Mitarb. [59] untersuchten teilungs-

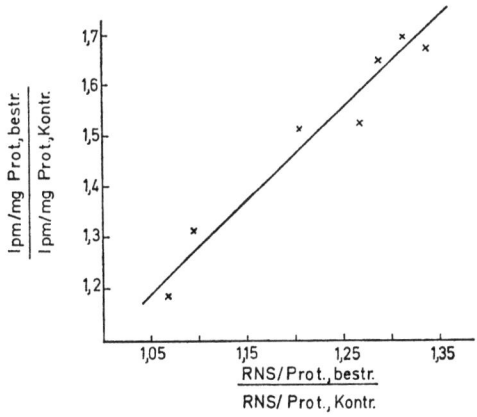

Abb. 28. Beziehung zwischen der Protein-Biosynthese (Einbau von Leucin-^{14}C durch ein zellfreies System aus Rattenleber) und dem Verhältnis von RNS/Protein in den Mikrosomen. Die bestrahlten Tiere wurden 0—15 Tage nach Ganzkörperbestrahlung mit 600 R abgetötet. [J. Corless u. I. Gray: Radiat. Res. **31**, 775 (1967)]

---

[29] Das Leberhomogenat wurde durch Zentrifugation nach Schneider u. Hogeboom fraktioniert. Der lösliche Überstand, der nach 2 Std Zentrifugieren in einem Schwerefeld von 105000 × g erhalten wird, wird als 105000 × g Überstand bezeichnet.

synchronisierte Hefezellen und fanden, daß selbst durch eine Strahlendosis von 50 kR die Synthese der Alkohol-Dehydrogenase, Phosphoglycerinaldehyd-Dehydrogenase und Hexokinase nicht wesentlich beeinträchtigt war.

Von mehreren Autoren ist dagegen eine verminderte Proteinsynthese in den Zellkernen des Thymus von Ratten und Kaninchen mehrere Stunden nach einer Ganzkörperbestrahlung beschrieben worden [96]. Werden die Tiere 30 min nach Applikation einer Strahlendosis von 1000 R abgetötet und die Zellkerne des Thymus isoliert, so tritt zunächst ein leicht erhöhter Aminosäureeinbau in die Proteinfraktion ein, der bei adrenalektomierten Ratten nicht beobachtet wird. Von Smit u. Stocken [211] wird daher angenommen, daß die strahlenbedingte Ausschüttung von Adrenocorticotropem Hormon (ACTH) aus der Hypophyse und seine Wirkung auf die Nebenniere (s. S. 126) die vermehrte Proteinsynthese verursachen. Von Ord u. Stocken [167] wird vermutet, daß der strahleninduzierte Anstieg der Neubildung von Proteinen in der Leber ebenfalls durch einen derartigen Mechanismus bedingt ist. Ein experimenteller Nachweis dieser Annahme liegt bisher nicht vor.

Zu späteren Zeiten (1,5—2 Std) nach Bestrahlung wird dagegen eine Erniedrigung der Einbaurate in das Protein der Thymuskerne gemessen. Der Effekt wird ebenfalls gesehen, wenn diese Zellpartikel *in vitro* bestrahlt werden (Abb. 29). Die Messung der „Aktivierenden Enzyme" für Aminosäuren (s. S. 70) in den bestrahlten Zellkernen ergibt, daß ihre Aktivität in Abhängigkeit von der Strahlendosis in ähnlicher Weise abnimmt wie die gesamte Proteinsynthese (Abb. 29), so daß möglicherweise hierin der Grund für die gestörte Biosynthese zu suchen ist.

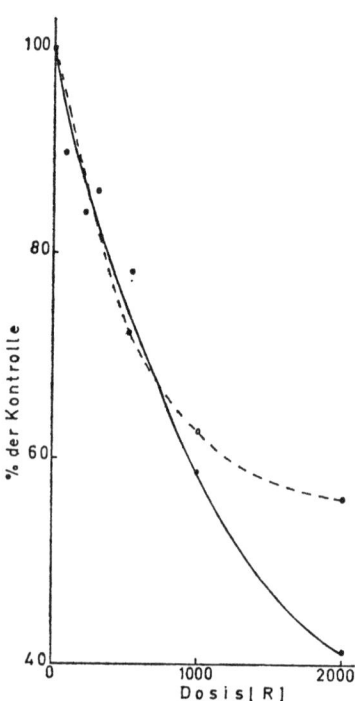

Abb. 29. Die Protein-Biosynthese (Einbau von Valin-³H) (•—•) und die Aktivität des „aktivierenden Enzyms" für Valin (o---o) in den Zellkernen des Rattenthymus nach Bestrahlung *in vitro*. [J.A. Smit u. L. A. Stocken: Biochem. J. **89**, 37 (1963) und **91**, 155 (1964)]

Nach der Bestrahlung von Acetobacter wird ebenfalls eine verminderte Aktivierung der Aminosäuren Tyrosin und Phenylalanin beobachtet, während dieser Prozeß für das Alanin unverändert ist [154]. Werden die „Aktivierenden Enzyme" dagegen aus den Thymuskernen extrahiert und anschließend mit 5000 R bestrahlt, so wird keine Verringerung der enzymatischen Aktivität gemessen [211].

Unterschiedliche Ergebnisse werden für die Biosynthese des Gesamtproteins in den lymphatischen Organen berichtet. In diesen Geweben kommt es jedoch nach Bestrahlung zu einem erheblichen Anstieg von freien Aminosäuren (s. S. 85), so daß die Veränderung des Aminosäure-Pools stärkere Beachtung finden muß. Entsprechende parallele Untersuchungen sind im allgemeinen nicht gemacht worden.

Es ist bereits darauf hingewiesen worden (s. S. 58), daß die Bildung einiger spezifischer Enzyme, z. B. der Thymidylat-Kinase und der DNS-Polymerase in der Leber durch ionisierende Strahlen beeinflußt werden kann, wenn die Proliferation des Gewebes stimuliert wird (s. S. 59). Nach einer partiellen Hepatektomie wird die Einbaurate von radioaktiv markiertem Leucin bzw. Alanin in das Protein der Gesamtleber und der Leberkerne durch Bestrahlung von Ratten mit 850 rad γ-Strahlen bzw. 1000 R Röntgenstrahlen 1—6 Std nach der Operation ebenfalls verringert [185, 201]. Auch in der fetalen Leber von Embryonen, die in utero mit 800 R bestrahlt werden, ist die Proteinsynthese gestört [80].

Nach einer Ganzkörperbestrahlung (2—10 Tage p. r.) mit Dosen von 500—1000 R Röntgenstrahlen sind bei verschiedenen Säugetierspecies Veränderungen der Serumproteine beobachtet worden. Es tritt im allgemeinen ein Abfall des Gehaltes der Präalbumine, Albumine und γ-Globuline[30] ein, während die α- und β-Globuline[30] erhöht sind [167].

Ähnliche Befunde werden auch bei vergleichbaren Dosen einer Neutronen- oder β-Strahlung berichtet. In keinem Falle konnte jedoch eine verminderte Biosynthese der Albumine oder γ-Globuline eindeutig nachgewiesen werden. Vielmehr ist durch Experimente *in vivo* [13] sowie bei der perfundierten Rattenleber [104, 182] gezeigt worden, daß die Einbaurate radioaktiv markierter Aminosäuren in die verschiedenen Serumproteinfraktionen erhöht oder nicht signifikant verändert ist. Die Serumproteine wurden bei diesen Untersuchungen elektrophoretisch oder serologisch [104] charakterisiert. Besonders überraschend ist dieses Ergebnis in Hinsicht auf den starken Abfall der γ-Globuline. Allerdings ist bisher ungeklärt, in welchem Organ diese Proteine im wesentlichen synthetisiert werden. Da zu dieser Proteinfraktion die Antikörper des Säugetierorganismus gehören, erscheint es fraglich, ob ihre wesentliche Bildung in der Leber stattfindet.

Für die Albumine konnte gezeigt werden, daß ein erheblicher Teil nach Bestrahlung infolge einer erhöhten Durchlässigkeit des Darmes

---

[30] Die Serumproteine werden zur Analyse im allgemeinen durch eine Papierelektrophorese bei pH 8,6 getrennt. Alle Proteine wandern unter diesen Bedingungen zur Anode. Die Laufgeschwindigkeit nimmt in der Reihenfolge Präalbumin, Albumin, α_1-Globulin, α_2-Globulin, β-Globulin, γ-Globulin ab.

verlorengeht. So tritt bereits nach einer lokalen Strahleneinwirkung auf den Gastro-Intestinal-Trakt eine ähnliche Abnahme der Albumine wie bei einer Ganzkörperbestrahlung ein [104]. Es wird ferner angenommen, daß die strahlenbedingt verminderte Nahrungsaufnahme zu diesem Strahleneffekt beiträgt. Der Gehalt an Fibrinogen ist nach Ganzkörperbestrahlung im Blutplasma ebenfalls erhöht, auch diese Veränderung ist wahrscheinlich auf eine gesteigerte Biosynthese zurückzuführen [104]. Von Waldschmidt-Leitz u. Mitarb. [259] wurde beobachtet, daß der Gehalt einzelner Aminosäuren in den Serumproteinen nach einer Bestrahlung sich ändert.

b) Die Enzyminduktion und Antikörpersynthese

Von besonderem Interesse ist die Frage, ob die induzierte Enzymsynthese durch ionisierende Strahlen beeinträchtigt wird, da durch die Induktion das Protein synthetisierende System spezifisch zu höherem Umsatz stimuliert wird. Pollard beobachtete, daß dieser Prozeß für das Enzym β-Galaktosidase in E. coli durch Bestrahlung der Bakterienzellen gehemmt wurde [155]. Von Pauly wurde die Induzierbarkeit der Lysin-Decarboxylase bei Bacterium cadaveris und der Einfluß von ionisierenden Strahlen auf diesen Vorgang gemessen (Abb. 25). Da die Dosisabhängigkeit für die Hemmung der Protein- sowie RNS-Synthese nahezu identisch war, wurde angenommen, daß die strahlenbedingte Herabsetzung der Proteinsynthese durch die verminderte Bildung spezifischer RNS ausgelöst wurde [171].

Kröger u. Greuer untersuchten die Induzierbarkeit der Tryptophanpyrrolase[31] in der Rattenleber nach Strahleneinwirkung [176]. Einige Tage nach Röntgen-Ganzkörperbestrahlung mit 500 R fand diese Arbeitsgruppe, daß die Substratinduktion erniedrigt war, während die hormonale Induktion wenige Stunden bis 25 Tage p.r. sich nicht änderte. Andere Autoren bestätigten, daß selbst bei einer γ-Strahlendosis von ungefähr 3000 rad, die bis zu einer Stunde nach der Injektion von Hydrocortison verabreicht wird, die Induzierbarkeit der Tryptophanpyrrolase-Aktivität durch Nebennierenhormone nicht verringert wird [176]. Dagegen berichteten Mishkin u. Shore, daß 24 Std nach einer Röntgen-Ganzkörperbestrahlung mit 800 R die hormonale Induktion in der Rattenleber um 23% abnahm [155]. Es ist ungeklärt, ob nur die verschiedenen Zeitfaktoren zu diesem Widerspruch geführt haben.

Eine eindeutige Hemmung der hormonalen Tryptophanpyrrolase-Induktion wird jedoch im Lebergewebe erreicht, wenn den Mäusen 30 min vor einer Ganzkörperbestrahlung mit 2000—4000 R das Anti-

---

[31] Die Tryptophanpyrrolase katalysiert die Reaktion L-Tryptophan → N-Formylkynurenin (s. S. 92). Die Enzymaktivität im Lebergewebe steigt an, wenn L-Tryptophan (Substrat-Induktion) oder Cortison bzw. Hydrocortison (hormonale Induktion) den Tieren injiziert wird.

bioticum Actinomycin D[32] in einer Dosis verabreicht wird, die per se die Induzierbarkeit nicht oder nur geringfügig herabsetzt [224]. Es kann aus den beschriebenen Untersuchungen wohl der Schluß gezogen werden, daß die Synthese dieses Enzymsystems und damit auch die Transkription der dafür benötigten Information von der DNS auf die RNS (s. S. 70) ein relativ strahlenresistenter Prozeß ist.

Ferner wird die *de novo*-Synthese einer Demethylase und einer Hydroxylase aus Mikrosomen der Rattenleber, die durch Methylcholanthren induziert werden, durch eine Ganzkörperbestrahlung mit 880 R nicht beeinträchtigt [176]. Ebenso ist die hormonale Induzierbarkeit der Tyrosin-α-Ketoglutarat-Transaminase in der Rattenleber nach einer Ganzkörperbestrahlung mit 1000 rad nicht erniedrigt. Dagegen wird die Induktion der Serin-Dehydrogenase und der δ-Ornithin-Transaminase in der Rattenleber durch γ-Strahlen bereits nach Dosen unter 1000 rad stark herabgesetzt [176]. Für die Dosisabhängigkeit dieses Vorgangs wird ähnlich wie bei der DNS-Synthese (Abb. 22) ein biphasischer Verlauf beobachtet. Für eine Reihe von Enzymen konnte gezeigt werden, daß ihre Aktivität im Laufe der Entwicklung von Säugetieren nach der Geburt zunimmt. So steigt die Glycerinphosphat-Dehydrogenase in spezifischen Regionen des Rattenhirnes bis zu 40 Tagen postnatal an. De Vellis u. Mitarb. [250] beobachteten, daß eine Kopfbestrahlung mit 750 R 8—30 Tage nach der Geburt diesen Prozeß beeinträchtigt.

Auf Grund der Ergebnisse, daß nicht die Induzierbarkeit aller Enzyme geschädigt wird, kann angenommen werden, daß die ionisierenden Strahlen spezifisch in derartige Prozesse eingreifen. Die verwendeten Strahlendosen führen nicht zu einer generellen Hemmung der Protein-Biosynthese, wie die Antibiotica, z.B. Actinomycin D und Puromycin, es tun. Es kann jedoch die Synthese ganz spezieller Enzymsysteme gestört werden.

Obwohl der Mechanismus der Antikörper-Bildung[33] im Säugetierorganismus bisher nicht eindeutig geklärt ist, sollen an dieser Stelle einige experimentelle Ergebnisse über den Ablauf dieses Prozesses nach Bestrahlung berichtet werden, da Polypeptidketten am Aufbau der Antikörper wesentlich beteiligt sind. Eine zusammenfassende Darstellung dieses Fragenkreises ist von Taliaferro et al. [237] gegeben worden.

Bereits nach einer Ganzkörperbestrahlung von Mäusen mit einer Röntgendosis von 200 R tritt eine signifikante Erniedrigung der Antikörperbildung gegen Schaferythrocyten ein [8]. Allerdings ist der Zeitpunkt, zu dem das Antigen injiziert wird, entscheidend. Wird es vor der

---

[32] Actinomycin D hemmt die Proteinsynthese. Es blockiert die Informationsübertragung von der DNS auf die m-RNS (Transkription).
[33] Werden einem Säugetier körperfremde Proteine, Antigene, injiziert, so bildet der Empfänger Antikörper, die mit den Antigenen einen festen, unlöslichen Komplex eingehen, der präzipitiert.

Bestrahlung oder bis zu einer Stunde nach Strahleneinwirkung verabreicht, so verläuft die Antikörpersynthese in ihrer Höhe normal (Abb. 30). Es tritt lediglich eine Verzögerung ein. Bei einer Injektion des Antigens 4 Std bis zu mehreren Tagen p. r. ist die Bildung der Antikörper dagegen stark erniedrigt (Abb. 30).

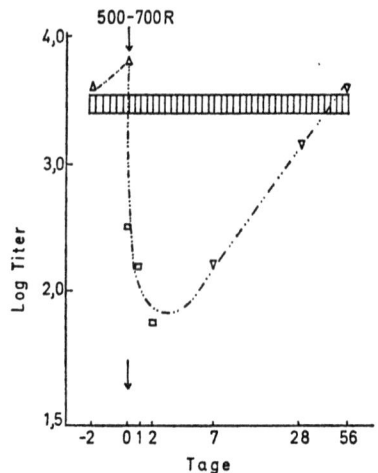

Abb. 30. Maximale Antikörper-Titer im Blutserum von Kaninchen nach der Injektion von Schaf-Erythrocyten, die den Tieren 2 Tage vor bis 56 Tage nach einer Ganzkörperbestrahlung mit 500—700 R verabreicht wurden. ▯▯▯▯▯▯ Maximale Antikörper-Titer der unbestrahlten Kaninchen. [W. H. Taliaferro, L. G. Taliaferro and B. N. Jaroslow: Radiation and immune mechanisms. New York-London: Academic Press 1964, p. 20]

Wird ein Teil des lymphatischen Gewebes z.B. die Milz oder Appendix der Versuchstiere durch Bleiabdeckung vor den ionisierenden Strahlen geschützt, so ist die Schädigung der Antikörpersynthese verringert. Dabei scheint nicht so sehr von Bedeutung zu sein, welches dieser Organe abgeschirmt wird, sondern es ist die Menge des geschützten lymphatischen Gewebes offensichtlich entscheidend. Wird das Antigen 2 Tage bis 2 Std vor der Bestrahlung injiziert, so verläuft die Induktionsphase wahrscheinlich unverändert, jedoch ist die Entwicklung des Synthesemechanismus verzögert.

Die Antikörperbildung hat sich als einer der strahlenempfindlichsten biologischen Prozesse im Säugetierorganismus erwiesen. Da dieser Vorgang bei Organtransplantation in unerwünschtem Maße störend auftritt, ist versucht worden, seine geringe Strahlenresistenz im Zusammenhang mit derartigen Operationen zu nutzen.

3. Der Abbau von Proteinen

Sehr ähnlich wie es für die DNS beschrieben worden ist (s. S. 46), nimmt auch der Proteingehalt vor allem in den lymphatischen Organen und im Darm von Säugetieren nach einer Röntgen-Ganzkörperbestrahlung ab. In der Leber und in den Nieren sind dagegen keine signifikanten Veränderungen nach Strahlendosen < 1000 R beobachtet worden. In der Milz und im Thymus von Mäusen sowie von Ratten tritt diese Veränderung bereits wenige Stunden nach einer relativ geringen Strahlenbelastung ein (Abb. 31). Die Fraktionierung des

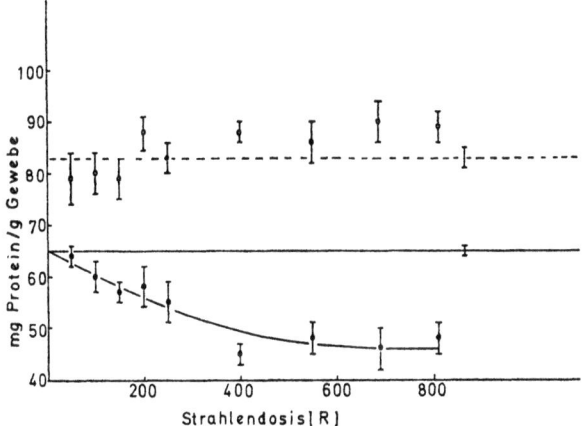

Abb. 31. Der Gehalt an löslichem Protein im Milzgewebe von Mäusen 24 Std nach Ganzkörperbestrahlung in Abhängigkeit von der Strahlendosis. •—• lösliches Protein in den Partikeln; o---o lösliches Protein im Cytoplasma. [C. Streffer u. H.-J. Melching: Strahlentherapie **129**, 282 (2966)]

Milzgewebes durch Zentrifugieren ergibt, daß der Proteingehalt in der Partikelfraktion nach Ganzkörperbestrahlung abnimmt, während in der löslichen Fraktion des Cytoplasmas keine signifikante Änderung auftritt (Abb. 31). Der Effekt ist daher wahrscheinlich nicht auf ein Freisetzen von Proteinen aus den Zellpartikeln, wie z.B. den Mitochondrien oder Lysosomen, zurückzuführen (s. a. S. 50 u. 152).

Von Ernst wurde 12 Std nach einer Röntgen-Ganzkörperbestrahlung von Ratten mit 1000 R eine starke Abnahme der Histone in den Zellkernen des Thymus und der Milz gefunden. Diese Beobachtung konnte von anderen Autoren bestätigt werden. Dagegen wurden über den Gehalt an basischen Proteinen in den Leberkernen nach Strahleneinwirkung widersprechende Befunde berichtet [231]. Die Chromatographie der Histone aus der Milz an Carboxymethylcellulose ergab, daß insbesondere die Proteinfraktionen mit einem hohen Gehalt der basischen Aminosäure Lysin erniedrigt waren, während die Arginin reichen Fraktionen nach einer Bestrahlung mit 600 R zunahmen. Die Meßwerte dieser Untersuchungen wurden auf das Gewicht des analysierten Gewebes bezogen, so daß möglicherweise ein Teil des beobachteten Strahleneffektes wiederum auf Veränderungen der Zellpopulation zurückgeführt werden muß (s. S. 21), da die strahlenempfindlichen Lymphocyten in besonderem Maße Histone mit einer großen Zahl von Lysinresten enthalten [75].

Einen erheblichen Beitrag scheint der vermehrte enzymatische Abbau von Proteinen zu dieser Strahlenwirkung in der Milz und dem Thymus zu liefern. Hagen konnte nach Ganzkörperbestrahlung von Mäusen mit 750 R einen starken Anstieg einer Endopeptidase, die Gelatine spaltet, in der Milz und dem Thymus messen, während in der Leber und Niere ein derartiger Effekt nicht zu sehen war (Abb. 32). Ebenso war die enzymatische Hydrolyse der Histone erhöht. Allerdings war die Zunahme größer, wenn Arginin reiche Proteinfraktionen als Substrat getestet wurden. Die proteolytische Spaltung des Hämoglobins wurde durch die ionisierenden Strahlen nicht beeinflußt [75].

Die strahlenbedingte Zunahme der Kathepsine scheint durch eine Neubildung von aktiven Peptidasen ausgelöst zu werden. Eine Verschiebung der enzymatischen Aktivität aus den Lysosomen in das Cytoplasma tritt offensichtlich bei den benutzten Strahlendosen nicht

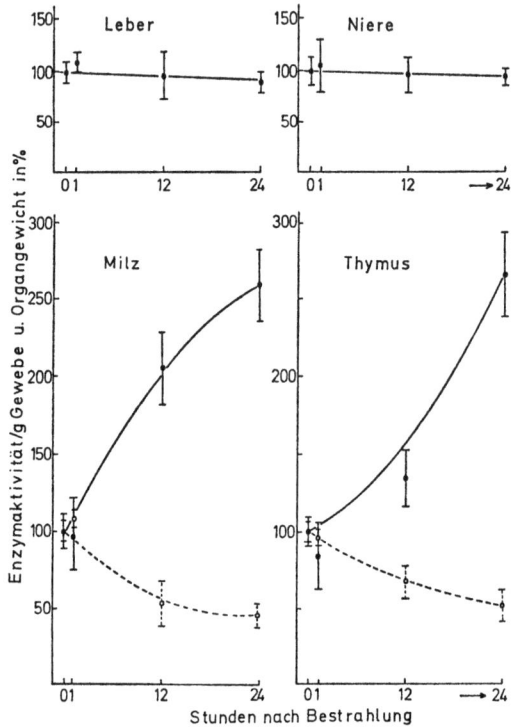

Abb. 32. Die Aktivität der Gelatine spaltenden Kathepsine bezogen auf 1 g Gewebe (●—●) und das Organgewicht (o---o) nach einer Ganzkörperbestrahlung mit 750 R in verschiedenen Organen der Maus. Die Werte sind in % der unbestrahlten Kontrollen angegeben. [U. Hagen: Z. Naturforsch. **12b**, 546 (1957)]

ein. Selbst nach einer Bestrahlung von Thymocyten mit 23 000 R *in vitro* wurde eine Erhöhung der Peptidase-Aktivitäten nicht beobachtet [75].

Von verschiedenen Autoren wird die Möglichkeit diskutiert, daß strukturelle Veränderungen, insbesondere die Labilisierung des DNP-Komplexes, nach Bestrahlung (s. S. 34) den vermehrten Protein-Abbau verursachen. Die Proteinhydrolyse verläuft bei den Zellkernen der Thymocyten parallel zu der Hemmung der Protein-Synthese. Wie bei den Nucleasen (s. S. 51) ist bei den Peptidasen zu berücksichtigen, daß der Gehalt und die intracelluläre Verteilung von Inhibitoren nach Bestrahlung verändert werden können. Proteolytische Enzyme des Thymus können z. B. durch Nicotinamid-Adenin-Dinucleotid (NAD^+) gehemmt werden. In diesem Zusammenhang ist es möglicherweise bedeutungsvoll, daß der NAD^+-Gehalt in Thymocyten nach Bestrahlung abnimmt (s. S. 140).

Gerber u. Mitarb. [77] markierten die Proteine von Ratten vor einer Ganzkörperbestrahlung mit 756 R ($LD_{75/30}$) mit ^{14}C-Aminosäuren. Die Tiere wurden 48 Std p. r. abgetötet und die spezifische Aktivität der Aminosäuren gemessen. Es wurde eine Erniedrigung dieses Parameters im Thymus, in der Milz und im Muskelkollagen, sowie eine Erhöhung in den Nieren und in den löslichen Proteinfraktionen der Leber und des Muskels beobachtet. Auf Grund dieser Befunde wurde geschlossen, daß neben dem Protein der Milz und des Thymus auch das Muskelkollagen einem erhöhten Abbau nach Bestrahlung unterlag, während im Lebergewebe offensichtlich dieser Strahleneffekt nicht vorhanden war. Bei Untersuchungen an der perfundierten Leber von Ratten, die 3—7 Tage vor dem Abtöten eine Ganzkörperbestrahlung mit einer Dosis von 850 R erhielten, wurde ebenfalls kein vermehrter Katabolismus von Serumproteinen beobachtet [183].

Als Folge des beschriebenen Protein-Abbaus nimmt der Gehalt an freien Aminosäuren in den strahlenempfindlichen Geweben erheblich zu, während in Organen wie Niere und Leber nach Bestrahlung wesentlich geringfügigere Veränderungen festgestellt werden [225]. Es wird im Milzgewebe von Mäusen für fast alle Aminosäuren, die in Proteine eingebaut werden, 15 min nach einer Ganzkörperbestrahlung mit 690 R ($LD_{80/30}$) zunächst der Aminosäuregehalt erniedrigt gefunden. 3 Std bis 10 Tage p. r. tritt jedoch eine starke Erhöhung ein, die bei einer Reihe dieser Metabolite ein Mehrfaches des Normalwertes beträgt [225] (Abb. 33). Lediglich für den Gehalt an Cystein + Cystin wurde ein anderer Verlauf beobachtet (Abb. 33). Auf diese Aminosäuren wird noch gesondert eingegangen werden (s. S. 88). Diese Befunde sind bei der Bestimmung einzelner Aminosäuren in den Organen wiederholt bestätigt worden [145, 182]. Gleichzeitig kommt es während der ersten 12—48 Std p. r. zu einem Anstieg des Aminosäuregehaltes im Blut und im Urin von Säugetieren [227]. Hempelmann u. Mitarb. sowie Ganis u. Mitarb. beobachteten auch bei Menschen, die bei einem Unfall eine größere Strahlendosis erhielten, daß verschiedene Aminosäuren sowie Abbauprodukte, wie z.B. Harnstoff, stark vermehrt ausgeschieden wurden [227].

Besonders eingehend wurde die erhöhte Ausscheidung von Kreatin nach Bestrahlung untersucht [125]. Dieser Metabolit, dessen phos-

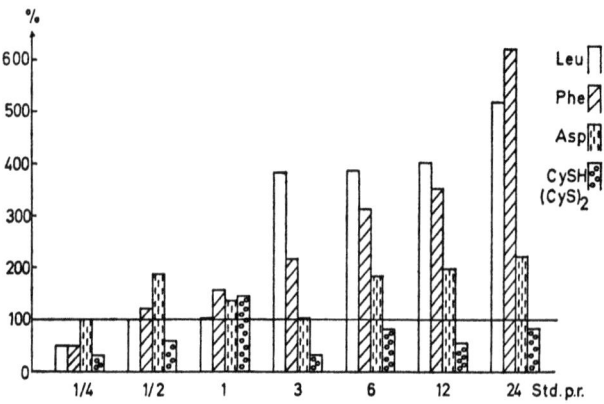

Abb. 33. Der Gehalt an freien Aminosäuren (Leu = Leucin; Phe = Phenylalanin; Asp = Asparaginsäure; CySH, $(CyS)_2$ = Cystein, Glutathion plus Cystin) bezogen auf 1 g Gewebe $1/4$—24 Std nach Ganzkörperbestrahlung mit 690 R im Milzgewebe der Maus. Die Werte sind in % der Kontrollen angegeben. [H. Langendorff, C. Streffer u. H.-J. Melching: Strahlentherapie **124**, 445 (1964)]

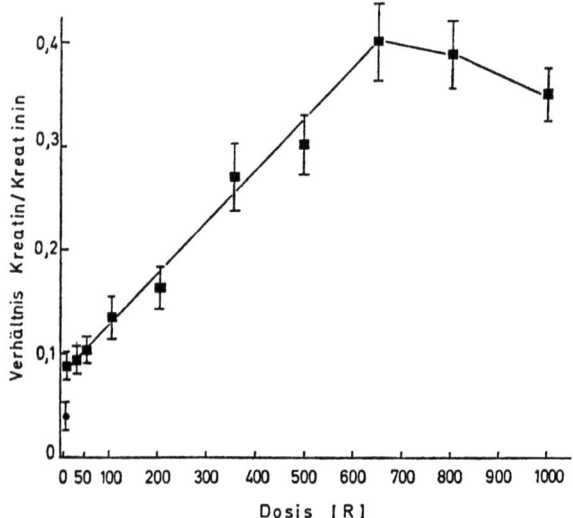

Abb. 34. Die Ausscheidung von Kreatin/Kreatinin im Urin von Ratten während der ersten 96 Std nach Ganzkörperbestrahlung. [G. B. Gerber, P. Gertler, K. I. Altman u. L. H. Hempelmann: Radiat. Res. **15**, 307 (1961)]

phorylierte Form, das Kreatinphosphat (s. S. 113), für die Speicherung chemischer Energie im Muskel von besonderer Bedeutung ist, wird nach Ganz- und Teilkörperbestrahlung mit Neutronen, Röntgen- sowie β-Strahlen bei Ratten, Kaninchen, Hunden, Affen und Menschen im Blut und Urin vermehrt gefunden. Gerber u. Mitarb. berichteten, daß dieser Strahleneffekt in einem Bereich von etwa 50—650 R proportional zur Strahlendosis verlief (Abb. 34). Es wird angenommen, daß das in der Leber synthetisierte Kreatin nach der Strahleneinwirkung vom Muskelgewebe vermindert aufgenommen wird.

Als Folge dieser veränderten Ausscheidung von Metaboliten des Aminosäurestoffwechsels kommt es nach Bestrahlung zu einer negativen Stickstoffbilanz der Säugetiere. Es wird weniger organisch gebundener Stickstoff aufgenommen als ausgeschieden, zumal die Nahrungsaufnahme der Tiere nach der Strahleneinwirkung herabgesetzt ist und daher Aminosäuren vermehrt in den Energiestoffwechsel eingehen.

4. Der allgemeine Stoffwechsel der Aminosäuren

Es wurde bereits darauf hingewiesen, daß die Aminosäuren im Stoffwechsel oxidativ desaminiert werden können. Diese Reaktion wird durch die L-Aminosäureoxidase, die eine relativ geringe Substratspezifität besitzt, durchgeführt. Waldschmidt beobachtete [180], daß die Aktivität dieses Enzyms bereits 2 Std nach Ganzkörperbestrahlung mit 300 R in den Mitochondrien der Rattenmilz erniedrigt war; als Substrat diente bei diesen Messungen die Aminosäure Leucin. Dagegen wurde die Enzymaktivität im Lebergewebe bis zu 40 Std nach dieser Strahlendosis unverändert gefunden [256]. Die Glutamat-Dehydrogenase, die ebenfalls eine Desaminierung durchführt, ist im Lebergewebe von Mäusen nach Ganzkörperbestrahlung in ihrer Aktivität nicht wesentlich verändert [226].

Das Ammoniak, das über diese Reaktionen gebildet wird, entgiftet der Säugetierorganismus über die Synthese von Harnstoff. Nach Ganzkörperbestrahlung von Mäusen mit 690 R tritt im Lebergewebe eine leichte Erhöhung des Ammoniakgehaltes ein, die durch die Injektion von Ornithin verhindert werden kann [254]. Die Aminosäure Ornithin ist ein Stoffwechselglied des Harnstoffcyclus, sie wurde nach Bestrahlung in der Leber erniedrigt gefunden [225].

Von mehreren Arbeitsgruppen ist über Untersuchungen von Transaminase-Aktivitäten nach Bestrahlung berichtet worden. Bei diesen Enzymen, die Pyridoxal-5'-phosphat als Coenzym benötigen, wird die Aminogruppe in den meisten Fällen von einer Aminosäure auf eine Ketocarbonsäure übertragen. Es hat sich gezeigt, daß diese Enzymaktivitäten im Lebergewebe von Säugetieren nach Bestrahlung im allgemeinen nicht verändert sind. So werden 3 Tage nach einer Strahlendosis von 1500 R bei Ratten Normalwerte für die Glutamat-Oxalacetat-Transaminase (GOT), die Histidin-Pyruvat- sowie die

Tryptophan-α-Ketoglutarat-Transaminase beobachtet [159]. Braun u. Mitarb. fanden eine Erhöhung der GOT und Glutamat-Pyruvat-Transaminase (GPT) in der Leber von Mäusen nach Ganzkörperbestrahlung. Dieser Effekt wird bei der Untersuchung von Tieren, denen 24 Std vor dem Abtöten die Nahrung entzogen worden ist, nicht beobachtet. Die beschriebene Zunahme bei ad libitum gefütterten Mäusen muß daher wohl auf die strahlenbedingte, verminderte Nahrungsaufnahme zurückgeführt werden, da der Hunger per se einen Anstieg der GOT-Aktivität verursacht [226].

Selbst nach einer Strahlendosis von 9000 R findet noch eine teilweise Induktion der GOT durch Hunger statt, ein Befund, der erneut auf die Strahlenresistenz der Proteinsynthese im Lebergewebe hindeutet [226]. Einige Tage nach einer Ganzkörperbestrahlung von Ratten mit 600 R wird eine Zunahme der GOT und GPT-Aktivität in der Niere und dem Herz gemessen [30]. Dagegen tritt eine Erniedrigung dieser Enzymaktivitäten in der Milz und im Darm ein [191], die aber zumindest für das Milzgewebe auf die veränderte Zellpopulation nach Bestrahlung zurückgeführt werden muß [226]. Vor allem von russischen Arbeitsgruppen ist wiederholt berichtet worden, daß die Aktivität der Transaminasen im Hirn und Rückenmark von Ratten 1—3 Tage nach relativ kleinen Strahlendosen wie 100 R abnimmt [175, 191].

Mit Ausnahme der Transaminasen im Hirn haben sich diese Enzyme und die Regulation ihrer Biosynthese in den anderen Organen als relativ strahlenresistent erwiesen. Dagegen wird bei verschiedenen Decarboxylasen des Aminosäurestoffwechsels, die ebenfalls Pyridoxal-5'-phosphat als Coenzym benötigen, eine erhebliche Erniedrigung der Aktivität in den Säugetiergeweben einige Tage nach Ganzkörperbestrahlung beobachtet. Insbesondere von Langendorff ist auf diese Stoffwechseländerung aufmerksam gemacht und auf die Analogie zum Vitamin B_6-Mangel-Syndrom hingewiesen worden (s. S. 138) [131]. Einige dieser Enzyme, die am Cystein- und Tryptophan-Stoffwechsel beteiligt sind, werden anschließend besprochen.

5. Der Stoffwechsel des Cysteins

Das Cystein ist die einzige Aminosäure der Proteine, die eine Sulfhydrylgruppe enthält, einer Gruppe, die am katalytischen Prozeß in vielen Enzymen unmittelbar beteiligt ist. Ihre Disulfidverbindung, das Cystin, trägt durch die Bildung der Disulfidbrücken zur Stabilisierung der aktiven Konformation der Proteine erheblich bei. Der Stoffwechsel des Cysteins ist in der Abb. 35 schematisch dargestellt. Das Cystein (a) kann über die Cysteinsulfinsäure (b) und die Cysteinsäure (c) bzw. das Hypotaurin (d) zum Taurin (e) abgebaut werden. Die Bildung des Hypotaurins aus der Cysteinsulfinsäure und des Taurins aus der Cysteinsäure wird durch eine Decarboxylase mit

Pyridoxal-5'-phosphat (PALP) als Coenzym durchgeführt. Ihre Aktivität ist beim Vitamin B_6-Mangel in den Säugetiergeweben erniedrigt.

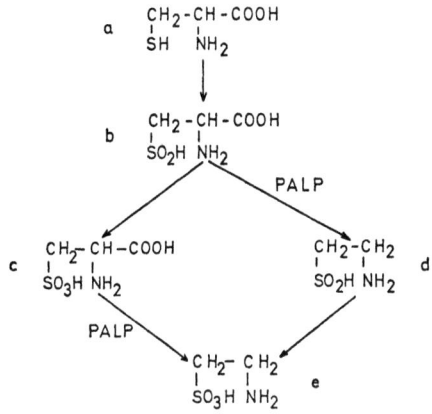

Abb. 35. Schema des Stoffwechsels Cystein → Taurin

Da die Sulfhydrylgruppe relativ strahlenempfindlich ist (s. S. 15) und Cystein ferner die Strahlenresistenz von Säugetieren erhöht [222], wenn es vor der Bestrahlung injiziert wird, hat die Strahlenwirkung auf diese Aminosäure und auf ihren Stoffwechsel besonderes Interesse hervorgerufen. Nach der Bestrahlung von Proteinen wird ein stabiles Schwefelradikal beobachtet, das am Cystein bzw. Cystin aber nicht am Schwefel des Methionins lokalisiert ist [276]. In keinem Fall konnte jedoch bisher gesichert werden, daß die Zahl der Sulfhydrylgruppen in einem Enzym direkt nach einer Ganzkörperbestrahlung mit Strahlendosen < 1000 R, d.h. auf Grund strahlenchemischer Prozesse, vermindert ist. Von Neuwirt u. Mitarb. wurde dagegen berichtet, daß die Sulfhydrylgruppen des Gesamtproteins in der Milz von Ratten direkt nach der Bestrahlung mit 750 R sogar zunahmen und die Zahl der Disulfidgruppen signifikant abnahm [163].

Deakin, Ord u. Stocken fanden eine Erniedrigung der Sulfhydrylgruppen, wenn Zellkerne des Thymus *in vitro* bestrahlt wurden [168]. Nach einer Bestrahlung der Thymuskerne *in vivo* werden strukturelle Änderungen der Zellkernproteine beobachtet — wahrscheinlich im Zusammenhang mit der Labilisierung des DNP-Komplexes (s. S. 34) —, die sich in einer erhöhten Reaktivität der Sulfhydrylgruppen gegenüber dem nucleophilen Reagenz N-Äthylmaleinimid äußerten [168].

Wills u. Wilkinson [268] bestrahlten isolierte Zellpartikel der Rattenleber in wäßriger Suspension mit Elektronen. Nach einer Strahlendosis von 5 krad trat ein signifikanter Abfall der Zahl an Sulfhydrylgruppen in den Zellkernen, Mitochondrien, Lysosomen und Mikrosomen ein, der durch eine Inkubation der Partikel bei 37 °C verstärkt wurde. In den Lysosomen wurde der größte Effekt beobachtet. Es wird angenommen, daß die Sulfhydrylgruppen durch OH- bzw. HO_2-Radikale oxidiert werden.

Ord u. Stocken [168] berichteten, daß die Sulfhydrylgruppen in den Arginin-reichen Histonen (s. S. 61) der Thymuskerne nach einer Bestrahlung mit 1000 rad *in vivo* und *in vitro* abnahmen und gleichzeitig der Gehalt an Disulfidgruppen anstieg. Die Autoren nehmen an, daß die Oxidation der Sulfhydrylgruppen in den Zellkernen eine der frühesten biochemischen Veränderungen nach der Einwirkung ionisierender Strahlen ist. Ein Befund, der besonderes Interesse dadurch gewinnt, daß die Sulfhydrylgruppen der Histone für den Ablauf der DNS-Reduplikation und der Mitose von Bedeutung zu sein scheinen [168].

Die Aktivität der Glutathion-Reductase war in den Thymuskernen nach Bestrahlung erniedrigt [168]. Ashwood-Smith beobachtete eine Abnahme des Glutathion-Gehaltes im Rattenthymus 110 min nach Bestrahlung mit 200—900 rad [168]. Strubelt fand, daß der Gehalt an Coenzym A 2—10 Tage nach einer Ganzkörperbestrahlung von Mäusen mit 700 R in Leber, Niere, Darm, Hirn und Milz abfiel [229]. Von Revész u. Mitarb. wird angenommen, daß der Gehalt an freiem und gebundenem Glutathion für die Strahlenresistenz eines Gewebes von großer Bedeutung ist [156].

Im Zusammenhang mit dem strahlenbedingten Kalium-Verlust von Erythrocyten ist häufig die Zahl der Sulfhydrylgruppen nach Bestrahlung gemessen worden. Auf diesen Fragenkomplex wird später eingegangen werden (s. S. 147). Obwohl diese Gruppen offensichtlich strahlenempfindlich sind, gibt es bisher keine experimentellen Hinweise dafür, daß unmittelbar nach Bestrahlung *in vivo* eine wesentliche Erniedrigung ihrer Zahl durch strahlenchemische Reaktionen eintritt. Es scheint jedoch die Möglichkeit zu bestehen, daß die Reaktivität auf Grund struktureller Einflüsse modifiziert wird, und daß strahlenbedingte biochemische Veränderungen zu einer Verschiebung des Gleichgewichtes zwischen den Sulfhydryl- und Disulfidgruppen führen. Derartige Effekte sind bei anderen Redoxgleichgewichten (z. B. Lactat-Pyruvat, s. S. 100) gemessen worden. Andererseits wird diskutiert, daß nach der Gabe von Strahlenschutzsubstanzen, wie Cystein oder Cysteamin, das Ausmaß der Resistenzsteigerung mit der Erhöhung der intracellulären Anzahl der Sulfhydrylgruppen einhergeht [156].

Von verschiedenen Autoren ist beobachtet worden, daß ein Metabolit des Cysteins, das Taurin (Abb. 35), im Urin von Säugetieren und Menschen in den ersten 48 Std nach Bestrahlung vermehrt ausgeschieden wird. Da das Ausmaß dieses Strahleneffektes besonders groß ist und er bereits nach Strahlendosen < 100 R auftritt, hat diese Beobachtung starkes Interesse geweckt. Von Kay u. Mitarb. wurde nach einer Röntgen-Ganzkörperbestrahlung von Ratten eine Proportionalität zwischen der Mehrausscheidung von Taurin und der Strahlendosis in einem Bereich von 75—250 R berichtet. Bei Mäusen konnte dieser Befund bestätigt werden (Abb. 36).

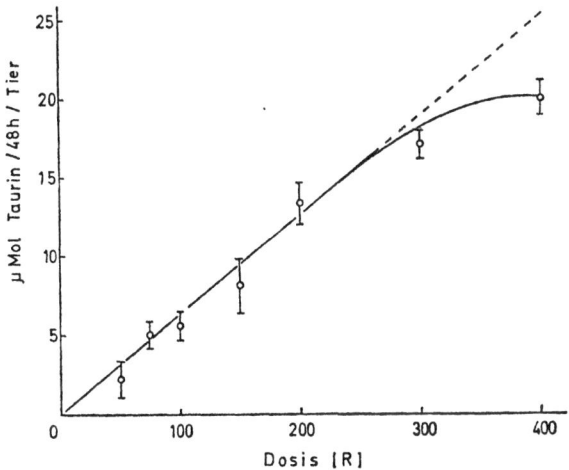

Abb. 36. Die Erhöhung der Ausscheidung von Taurin 0—48 Std nach Ganzkörperbestrahlung im Urin von Mäusen. (Die Ausscheidung unbestrahlter Tiere wurde von derjenigen der bestrahlten Mäuse subtrahiert.) [C. Streffer: In: Strahlenschutz in Forschung und Praxis. Bd. 7, S. 149. Hrsg. von H. R. Beck, W. Frik, H. Keim u. H. Braun. Freiburg/Br.: Rombach 1967]

Von Fromageot u. Boquet ist vorgeschlagen worden, daß die Bildung von Sulfat aus dem Taurin durch die Wirkung der ionisierenden Strahlen vermindert ist und der erhöhte Gehalt an Taurin im Urin im wesentlichen auf diese Stoffwechseländerung zurückzuführen sei. Von anderen Arbeitsgruppen wird jedoch angenommen, daß vor allem der Untergang von strahlenempfindlichen Geweben, wie z.B. den lymphatischen, die vermehrte Ausscheidung verursacht [228]. So setzt eine Splenektomie die Menge des „Extrataurins" im Urin nach Bestrahlung herab. Die gleiche Wirkung wie durch eine Bestrahlung wird durch die Gabe von Hydrocortison und Mitomycin, die wie die ionisierende Strahlung das lymphatische Gewebe zerstören, erreicht [26, 228]. Es konnte gezeigt werden, daß die erhöhte Ausscheidung nicht durch eine Schädigung der Rückresorption in den Nieren verursacht wurde.

Da die spezifische Aktivität des ausgeschiedenen Taurins durch die Strahleneinwirkung nicht verändert wird, wenn man die radioaktiv markierte Aminosäure den Tieren einige Tage vor dem Strahleninsult injiziert, nahmen Fromageot u. Mitarb. an, daß die Ratten nach einer Bestrahlung das Taurin nicht vermehrt synthetisieren [26]. Dagegen ergeben Experimente mit Mäusen Hinweise, nach denen eine erhöhte

Bildung von Taurin nicht auszuschließen ist. So steigt der Gehalt an Taurin in der Milz und in der Leber wenige Stunden nach Ganzkörperbestrahlung mit 690 R an. Zur gleichen Zeit wird der Gehalt an Cystein plus Cystin als einziger Aminosäure in diesem Organ erniedrigt gefunden (Abb. 33) [228].

Mehrere Tage nach einer Ganzkörperbestrahlung von Mäusen mit 690 R sinkt die Ausscheidung des Taurins unter den Normalwert ab. Langendorff u. Mitarb. nehmen an, daß dieser Effekt analog zum Vitamin B_6-Mangelsyndrom (s. S. 138) auf eine verminderte Biosynthese des Taurins zurückzuführen ist [228]. Diese Annahme wird unterstützt durch den Befund, daß der Gehalt an Cysteinsäure im Urin mehrere Tage nach Bestrahlung zunimmt [227]. Ebenso tritt im Milzgewebe eine Erniedrigung des Taurin- und eine Zunahme des Cysteinsäure-Gehaltes 4—7 Tage p.r. ein.

6. Der Stoffwechsel des Tryptophans

Neben den Substanzen mit Sulfhydrylgruppen kann durch das 5-Hydroxytryptamin (Serotonin) eine erhebliche Resistenzsteigerung gegenüber ionisierenden Strahlen bei Säugetieren erreicht werden. Da der Stoffwechsel des Tryptophans außerdem eine Vielzahl von Verzweigungsstellen enthält und bei mehreren Krankheiten Veränderungen beobachtet werden, erscheint er auch für strahlenbiologische Untersuchungen besonders reizvoll.

Die Aminosäure Tryptophan (Abb. 37, a) wird im Säugetierorganismus im wesentlichen über das Kynurenin (Abb. 37, b) abgebaut. Die Tryptophanpyrrolase spaltet den Indolring, es entsteht das N-Formylkynurenin, das durch eine Formylase zum Kynurenin hydrolysiert wird. Das Kynurenin kann zum 3-Hydroxykynurenin (Abb. 37, e) hydroxyliert werden. Diese beiden Metabolite können sowohl durch die Kynurenin Transaminase zur Kynurensäure (Abb. 37, c) bzw. zur Xanthurensäure (Abb. 37, f) als auch durch die Kynureninase zur Anthranilsäure (Abb. 37, d) bzw. 3-Hydroxyanthranilsäure (Abb. 37, g) umgewandelt werden. Die beiden zuletzt genannten Enzyme benötigen Pyridoxal-5'-phosphat (PALP) als Coenzym. Die 3-Hydroxyanthranilsäure wird nach Spaltung des aromatischen Ringes durch eine Oxygenase zum einen zu Acetyl-Coenzym A, Kohlenstoffdioxid und Ammoniak abgebaut, zum anderen über Chinolinsäure zur NAD^+-Synthese benutzt (Abb. 37 und 57). Sowohl das Tryptophan als auch seine hydroxylierte Form, das 5-Hydroxytryptophan (Abb. 37, j) werden durch eine Decarboxylase für aromatische Aminosäuren zum Tryptamin (Abb. 37, h) bzw. 5-Hydroxytryptamin (Abb. 37, k) metabolisiert. Die Amine werden durch die Monoaminoxidase desaminiert und schließlich als Indolessigsäure (Abb. 37, i) bzw. 5-Hydroxyindolessigsäure (Abb. 37, l) im Urin von Säugetieren ausgeschieden. Damit sind die wesentlichen Abbauwege des Tryptophans genannt.

Die Untersuchungen über die Induzierbarkeit der Tryptophanpyrrolase durch das Substrat oder durch Corticosteroide nach Bestrahlung wurden bereits besprochen (s. S. 80). Thomson u. Mikuta beobachteten, daß einige Stunden nach einer Ganzkörperbestrahlung

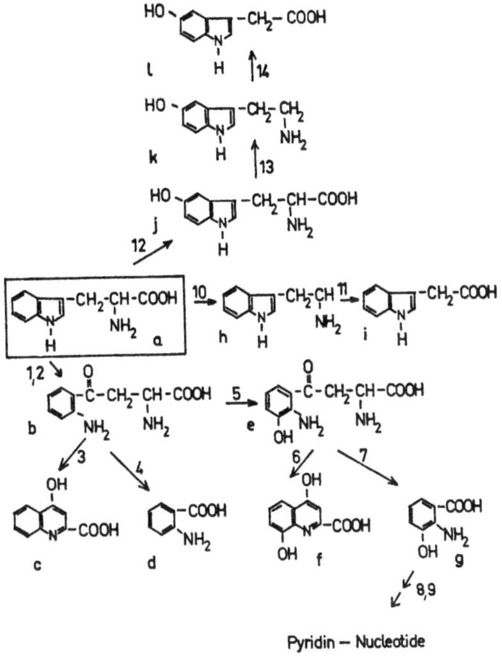

Abb. 37. Stoffwechsel-Schema des Tryptophan-Abbaus

von Ratten im Lebergewebe die Aktivität der Tryptophanpyrrolase zunahm. Bei adrenalektomierten Tieren trat der Effekt nicht auf. Gerber fand jedoch keinen vermehrten Abbau des Tryptophans in der perfundierten Leber, die bestrahlten Ratten entnommen wurde. Ebenso wurde keine Erhöhung dieser enzymatischen Aktivität bei Mäusen nach Bestrahlung mit 690 R gefunden [221].

Hartweg u. Böwing berichteten, daß die Ausscheidung von Xanthurensäure (Abb. 37, f) im Urin von bestrahlten Ratten erhöht ist. Diese strahlenbedingte Veränderung ist bei Mäusen sowohl für die Xanthurensäure als auch für die Kynurensäure (Abb. 37, c) gemessen worden. Nach einer Strahlendosis von 690 R ($LD_{80/30}$) tritt sie in zwei Phasen (1.—3. und 7.—10. Tag p.r.) auf. Dagegen ist die Ausscheidung des Kynurenins und der Anthranilsäure kaum verändert. Enzymatische Untersuchungen haben ergeben, daß bei der Maus im Lebergewebe die Kynureninase-Aktivität erheblich absinkt, während dieser Effekt bei der Ratte weniger ausgeprägt ist. Dagegen nimmt jedoch die Aktivität der Kynurenin Transaminase in der Rattenleber zu, so daß bei beiden Säugetierspezies das Verhältnis der Kynurenin Transaminase- zur Kynureninase-Aktivität in der Leber ansteigt. Damit wird der Abbau des Tryptophans in Richtung auf die Kynurensäure und Xanthurensäure, den beiden Produkten der Transaminase-Reaktion, verschoben. Gleichzeitig wird weniger 3-Hydroxyanthranilsäure und damit NAD+ gebildet (s. S. 141). Diese Strahleneffekte treten erst nach Dosen > 500 R auf [221]. Es besteht eine enge Beziehung zwischen den Veränderungen der Enzymaktivitäten in der Leber und der Ausscheidung der Metabolite im Urin (Abb. 68).

Die Untersuchung des Tryptophan-Stoffwechsels über die Amine zeigt, daß die Aktivität sowohl der Tryptophan-Hydroxylase als auch der Decarboxylase aromatischer Aminosäuren mehrere Tage nach Bestrahlung im Lebergewebe von Mäusen und Ratten abnimmt. In Hinsicht auf die drei Pyridoxal-5'-phosphat abhängigen Enzyme, Decarboxylase, Kynureninase und Kynurenin-Transaminase, ergibt sich damit eine Stoffwechselsituation, die sehr ähnlich derjenigen ist, die für das Vitamin B_6-Mangelsyndrom beschrieben worden ist. Allerdings ist keine Veränderung des Gehaltes an Pyridoxal-5'-phosphat in der Leber der bestrahlten Mäuse beobachtet worden. Offensichtlich ist die Regulation der Biosynthese dieser Enzyme durch die Strahlenwirkung geschädigt [221].

Der starke Abfall der Decarboxylase-Aktivität tritt in Abhängigkeit von der Strahlendosis stets 1—2 Tage vor dem Tod der Tiere ein. Dabei ergibt sich eine auffallende Parallele zwischen dem Ausmaß der Aktivitätsabnahme und der Überlebensrate von Mäusen (Abb. 38).

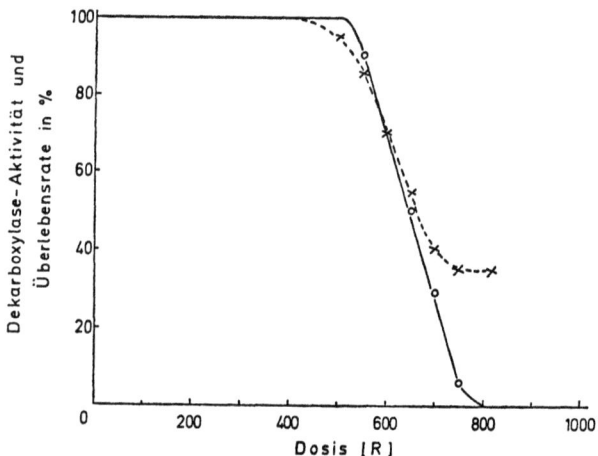

Abb. 38. Die Decarboxylase-Aktivität für aromatische Aminosäuren 8 Tage p.r. im Lebergewebe (×---×) und die Überlebensrate von Mäusen 30 Tage nach Ganzkörperbestrahlung in (o——o) Abhängigkeit von der Strahlendosis. Die Werte sind angegeben in % der Kontrollen. [C. Streffer: Int. J. Radiat. Biol. **12**, 487 (1967)]

Eine analoge Dosisabhängigkeit wird für die Kynureninase-Aktivität im Lebergewebe der Maus beobachtet [221]. Dieser Effekt ist jedoch nicht auf eine primäre Strahlenwirkung zurückzuführen, sondern muß als Glied einer Kette von Stoffwechselreaktionen gesehen werden, die durch die Bestrahlung ausgelöst wird. Als Folge dieser Veränderung kommt es zu einem Absinken des 5-Hydroxytryptamingehaltes. Auf diese Veränderungen und ihre Konsequenzen für den bestrahlten Säugetierorganismus wird noch eingegangen (s. S. 134).

IV. Der Stoffwechsel der Kohlenhydrate nach Bestrahlung

Der Stoffwechsel der Kohlenhydrate ist mit der Bereitstellung chemischer Energie in der lebenden Zelle aufs engste verknüpft. Für das Säugetier stellt das hochmolekulare Kohlenhydrat Glykogen einen wesentlichen Energiespeicher dar. Es wird zunächst zu Glucosephosphat abgebaut, das dann in den Intermediärstoffwechsel Eingang findet (Abb. 39). Zum einen kann die phosphorylierte Glucose über den sogenannten Pentosephosphatcyclus zu Kohlendioxid (CO_2) oxidiert werden, es entsteht dabei außerdem reduziertes Nicotinamid-Adenin-Dinucleotid-Phosphat (NADPH) (Abb. 39). Das NADPH kann dann über das reduzierte Nicotinamid-Adenin-Dinucleotid (NADH) und die oxidative Phosphorylierung (s. S. 106) das energiereiche Adenosintriphosphat (ATP) liefern. Zum anderen kann das Glucose-6-phosphat über die Glykolyse zu Pyruvat (Brenztraubensäure) bzw. zu Lactat (Milchsäure) abgebaut werden (Abb. 39). Aus Pyruvat seinerseits wird Acetyl-CoA gebildet, das eine zentrale Stellung im Intermediärstoffwechsel einnimmt und über den Citronensäurecyclus weiter umgesetzt werden kann (Abb. 39).

Andererseits ist eine Neusynthese von Glucose bzw. Glykogen (Gluconeogenese) aus verschiedenen Metaboliten möglich. Die Glykolysekette kann vom Phosphoenolpyruvat über dieselben Intermediärstufen rückwärts bis zum Glykogen ablaufen (Abb. 39). Allerdings werden die Stoffwechselschritte der Gluconeogenese zum Teil durch andere Enzyme als bei der Glykolyse ausgeführt. So wird die Reaktion Fructose-1,6-diphosphat → Fructose-6-phosphat (Schritt 4, Abb. 39) durch die Fructose-1,6-diphosphatase katalysiert. Dagegen wird die Reaktion Fructose-6-phosphat → Fructose-1,6-diphosphat (Schritt 1, Abb. 39) durch das Enzym Phosphofructokinase durchgeführt. Ferner wird das Phosphoenolpyruvat (PEP) aus Oxalacetat durch die PEP-Carboxykinase (Schritt 3, Abb. 39) synthetisiert, da das Gleichgewicht PEP ⇌ Pyruvat, das durch die Pyruvat-Kinase (Schritt 2, Abb. 39) eingestellt wird, ganz auf der Seite des Pyruvats liegt. Eine

Biosynthese von PEP durch Umkehr der glykolytischen Reaktion ist unter physiologischen Bedingungen aus energetischen Gründen nicht möglich.

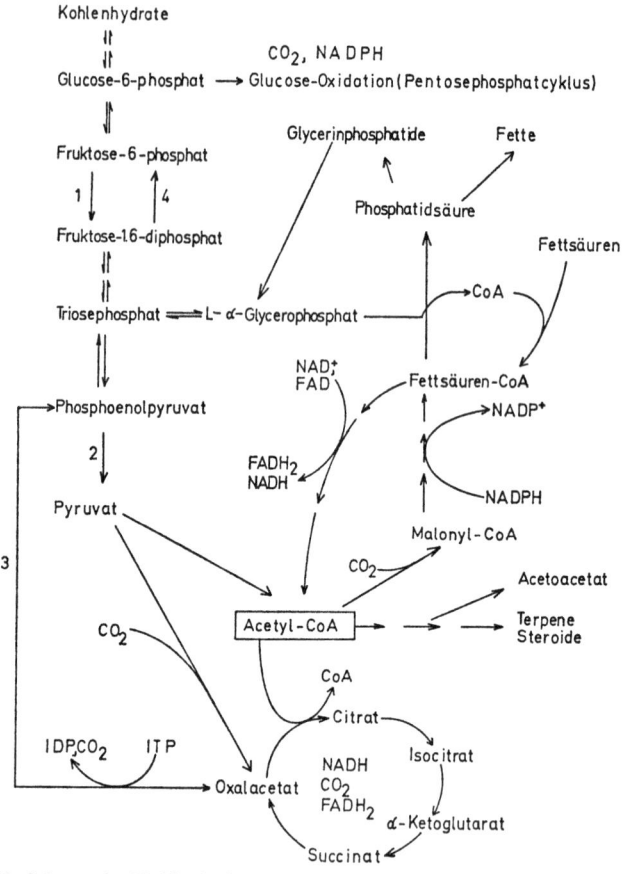

Abb. 39. Schema des Kohlenhydrat- und Fett-Stoffwechsels sowie des Citrat-Cyclus

1. Der Glykogengehalt

Mehrere Arbeitsgruppen berichteten Anfang der fünfziger Jahre, daß im Lebergewebe von Mäusen, Ratten und Meerschweinchen nach einer Ganzkörperbestrahlung im Dosisbereich von 500—5000 R der Glykogengehalt ansteigt (Abb. 40) [126, 167]. Dieser Befund zählt zu den ausgeprägtesten Veränderungen des Säugetierstoffwechsels nach Bestrahlung. Nach der Strahleneinwirkung tritt eine vorübergehende Appetitlosigkeit der Tiere ein. Daher müssen diese Untersuchungen mit Säugetieren durchgeführt werden, die kontrollierbare Nahrungsmengen aufnehmen, da eine verminderte Fütterung per se zu einer Erniedrigung des Leberglykogens führt und mit dem Strahleneffekt interferieren würde.

Um einen möglichst vergleichbaren Fütterungszustand zu erreichen, hat es sich als sinnvoll erwiesen, den Versuchstieren für eine definierte Zeitspanne die Nahrung zu entziehen oder ihnen eine bestimmte Nahrungsmenge mit Hilfe einer Schlundsonde zu verabreichen. Eine derartige Versuchsanordnung ist unerläßlich, wenn biochemische Parameter nach einer Bestrahlung untersucht werden sollen, die von der Nahrungsaufnahme abhängig sind. Es ist in dieser Hinsicht auch zu berücksichtigen, daß nach der Strahleneinwirkung eine Veränderung der Entleerung des Magens, der Darmmotilität (s. S. 132) sowie der Resorption im Darm (s. S. 155) auftreten kann. Die Untersuchungen an hungernden Säugetieren sind trotz der damit verbundenen physiologischen Umstellungen wohl die brauchbarste Lösung, um Tiergruppen nach einer Strahleneinwirkung miteinander vergleichen zu können. Ein erhöhter Glykogengehalt kann daher nur gemessen werden, wenn Tiergruppen mit einer kontrollierten Nahrungsaufnahme untersucht werden (Abb. 40). Nach Strahlendosen von mehr

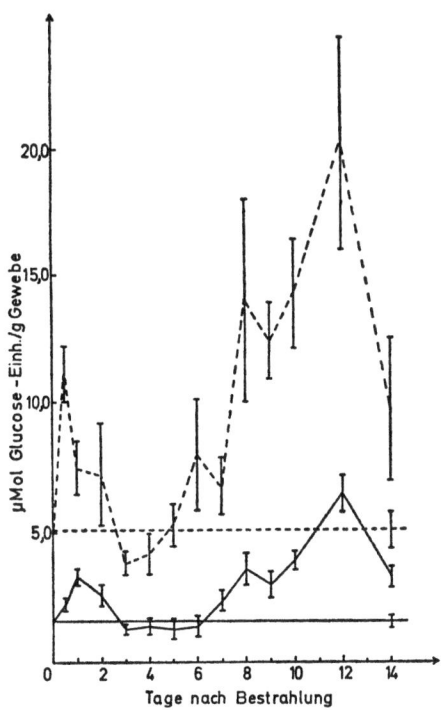

Abb. 40. Der Gehalt an Glucose (—) und Glykogen (---) im Lebergewebe 24 Std hungernder Mäuse 0,5—14 Tage nach Ganzkörperbestrahlung mit 690 R. [C. Streffer: Int. J. Radiat. Biol. **11**, 179 (1966)]

als 60 kR tritt eine Erniedrigung des Glykogengehaltes einige Minuten bis Stunden p.r. ein [167].

In diesem Zusammenhang ist bemerkenswert, daß der Gehalt an Uridindiphosphat-glucose [34] 24 Std nach einer Ganzkörperbestrahlung mit 1000 R in der Rattenleber erniedrigt gefunden worden ist. Die Nahrungsaufnahme hat eigenartigerweise keinen Einfluß auf den Gehalt dieses Metaboliten [64]. Dagegen besteht eine starke Abhängigkeit vom Fütterungszustand für die Ausscheidung von freier und gebundener Glucuronsäure, einem Folgeprodukt der Uridindiphosphat-glucose, im Rattenurin. Bei hungernden, unbestrahlten Tieren tritt eine Verminderung ein. Chiriboga beobachtete eine Erhöhung des Glucuronsäuregehaltes im Urin am ersten Tag nach Bestrahlung von Ratten mit 1000 R. Der Effekt ist jedoch ähnlich wie beim Glykogen nur dann zu messen, wenn Tiergruppen verglichen werden, die keine Nahrung erhalten haben [38].

Ebenso wie für das Glykogen wird eine Erhöhung des Glucose-Gehaltes in der Leber und im Blut gefunden (Abb. 40) [126, 167]. Nach einer Ganzkörperbestrahlung mit 690 R beobachtet man im Lebergewebe von Mäusen in verschiedenen zeitlichen Phasen, die von den Versuchsbedingungen wie Tiermaterial, Strahlendosis usw. bestimmt werden, einen parallelen Verlauf beider Metabolite (Abb. 40). Die erste Veränderung ist wenige Stunden nach Bestrahlung zu messen. Bei hypophysektomierten Ratten wird dieser Strahleneffekt nicht beobachtet und bei adrenalektomierten Tieren tritt er nur in begrenztem Umfang auf [263].

2. Die Gluconeogenese

Da die Gluconeogenese vor allem durch die Corticosteroide der Nebennierenrinde [35] stimuliert wird und andererseits das Hypophysen-Nebennieren-System den strahlenbedingten Glykogenanstieg beeinflußt, ist angenommen worden, daß nach der Bestrahlung eine vermehrte Glykogensynthese in der Säugetierleber unter einer möglichen Steuerung über dieses hormonale System einsetzt. Unterstützt wird die Annahme der erhöhten Synthese insbesondere durch die Beobachtungen, daß radioaktiv markierte Metabolite wie Glucose-^{14}C, Fructose-^{14}C, Alanin-^{14}C, Acetat-^{14}C und Glycerin-^{14}C wenige Stunden

---

[34] Uridindiphosphat-glucose wird aus Uridintriphosphat und Glucose-1-phosphat unter Abspaltung von Pyrophosphat gebildet. Es dient einerseits zum Einbau von Glucose in das Glykogen, andererseits wird es zu Uridindiphosphat-Glucuronsäure oxidiert.
[35] Die Corticosteroide Cortison und Hydrocortison induzieren einige Enzymaktivitäten wie die Fructose-1,6-diphosphatase und vor allem die PEP-Carboxykinase (Abb. 39), die an der Gluconeogenese als „Schrittmacher" (pacemaker) beteiligt sind [264]. Die Ausschüttung der Corticosteroide aus der Nebenniere wird durch das Adrenocorticotrope Hormon (ACTH) der Hypophyse reguliert (siehe S. 126).

nach einer Ganzkörperbestrahlung mit 500—1000 R verstärkt in das Glykogen der Ratten- und Mäuseleber eingebaut werden [16, 167, 188]. Dagegen ist der Abbau von Glucose-^{14}C zu Kohlendioxid unverändert [188].

Die vielfältigen Untersuchungen haben bisher nicht zeigen können, über welchen Mechanismus der erhöhte Glykogenspiegel und eine möglicherweise gesteigerte Glykogensynthese zustandekommt. Enzymatische Messungen haben ergeben, daß einer der „Schrittmacher" der Gluconeogenese, die PEP-Carboxykinase, nach einer Ganzkörperbestrahlung mit 690 R im Lebergewebe der Maus nicht signifikant verändert ist [16]. Eine deutliche Zunahme der Fructose-1,6-diphosphatase-Aktivität tritt dagegen mit dem zweiten Glykogen-Anstieg 9—14 Tage p.r. ein, während zur Zeit des ersten Glykogen-Gipfels (Abb. 40) normale Enzymaktivitäten beobachtet werden (Streffer [16]). Damit sind diese beiden geschwindigkeitsbestimmenden Enzyme der Gluconeogenese, deren Aktivitätshöhe durch Corticosteroide reguliert werden kann [264], offensichtlich nicht für den erhöhten Glykogenspiegel wenige Stunden nach Bestrahlung verantwortlich zu machen.

Dagegen weist die erhöhte Fructose-1,6-diphosphatase-Aktivität einige Tage p.r. auf eine gesteigerte Gluconeogenese zu diesem Zeitpunkt hin. Berndt u. Mitarb. [16] fanden, daß der Einbau von Glycerin-^{14}C in das Glykogen und der Glykogengehalt im Lebergewebe der Maus nach Bestrahlung nahezu parallel zueinander verlaufen. Möglicherweise könnte das Glycerin bzw. das α-Glycerophosphat der Lipide (Abb. 39), die nach der Bestrahlung erhöht sind (s. S. 117),

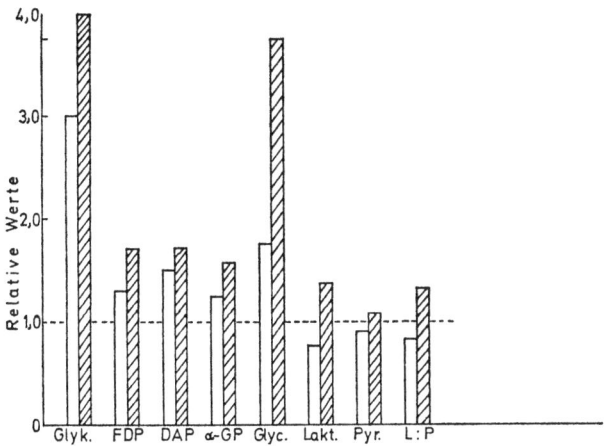

Abb. 41. Der Gehalt von Metaboliten der Glykolyse und der Einbau von Glycerin-^{14}C in das Glykogen (Glyc) im Lebergewebe 24 Std hungernder Mäuse 12 Std (☐) und 10 Tage (▨) nach Ganzkörperbestrahlung mit 690 R (Glyk = Glykogen; FDP = Fructose-1,6-diphosphat; DAP = Dihydroxyacetonphosphat; α-GP = α-Glycerophosphat; Lact = Lactat; Pyr = Pyruvat; L : P = Lactat/Pyruvat)
(J. Berndt: persönl. Mitteilung)

einen wesentlichen Anteil an der gesteigerten Gluconeogenese haben. Für eine derartige Annahme sprechen ebenfalls die Befunde, daß Zwischenstufen, über die der Einbau des Glycerins in das Glykogen erfolgt (Abb. 39), wie die Triosephosphate und das Fructose-1,6-diphosphat, einige Stunden p.r. ansteigen (Abb. 41). Dagegen ist der Gehalt an Lactat und Pyruvat zu dieser Zeit leicht erniedrigt (Abb. 41).

Ungeklärt bleibt bisher, wo der Angriffspunkt der Corticosteroide, die nach einer Bestrahlung im Blut erhöht sind (s. S. 129), für die diskutierten Veränderungen liegen könnte. Wahrscheinlich gehen die zwei Phasen des erhöhten Glykogengehaltes (Abb. 40) auf verschiedene Mechanismen zurück. Der Verlauf der Fructose-1,6-diphosphatase-Aktivität, der Gehalt an Lactat (L) und Pyruvat (P), sowie der Quotient L/P (Abb. 41) im Lebergewebe sprechen für eine derartige Annahme. Von verschiedenen Autoren ist ein vermehrter Einbau von Aminosäuren in das Glykogen diskutiert worden [167]. Auf Grund des unveränderten Gehaltes an Aminosäuren und der normalen Transaminase-Aktivitäten im Lebergewebe einige Tage p.r. (s. S. 85) erscheint diese Annahme jedoch für den zweiten Glykogen-Anstieg unwahrscheinlich zu sein. Dagegen muß diese Möglichkeit für den erhöhten Glykogengehalt wenige Stunden p.r. in Betracht gezogen werden.

3. Die Glykolyse

Die strahlenbedingte Erhöhung des Glykogengehaltes kann ebenfalls durch eine Erniedrigung der Glykolyse verursacht werden, so daß der Glykogen- bzw. Glucose-Abbau gehemmt ist. Jedoch deuten die bisherigen Untersuchungen nicht darauf hin, daß der Anstieg des Glykogens im Lebergewebe vor allem 9—14 Tage p.r. von einem Abfall der Glykolyse begleitet ist, der diese strahlenbedingte Veränderung erklären könnte. So tritt zu dieser Untersuchungszeit eine Zunahme des Lactatgehaltes im Lebergewebe ein (Abb. 41). Außerdem sinken die entscheidenden Enzyme der Glykolyse, wie Hexokinase[36], Phosphofructokinase und Pyruvatkinase, nicht unter den Normalwert ab [16]. Vielmehr ist die Phosphofructokinase- sowie die Pyruvatkinase-Aktivität erhöht beobachtet worden [16], so daß diese Befunde eher für einen Anstieg der Glykolyse im Lebergewebe 9—14 Tage nach Ganzkörperbestrahlung der Mäuse mit 690 R sprechen.

Wenige Stunden nach einer Bestrahlung ist dagegen im Lebergewebe der Maus und der Ratte der Gehalt an Lactat und Pyruvat, den beiden Endstufen der Glykolyse, unverändert bzw. leicht erniedrigt (Abb. 41). Das Verhältnis Lactat/Pyruvat (L/P) wurde bei der Maus 2—24 Std nach einer Ganzkörperbestrahlung erniedrigt gefunden (Streffer [16]). Dieser Befund konnte bei der Ratte bestätigt

---

[36] Die Hexokinase katalysiert die Bildung von Glucose-6-phosphat aus Glucose und ATP.

werden [273]. Alle anderen Intermediärstufen der Glykolysekette sind schwach erhöht [273]. Andererseits fällt die Aktivität der Hexokinase und der Pyruvatkinase (Schritt 2, Abb. 39), die mit der Regulation der Glykolyse eng verknüpft sind, wenige Stunden p.r. ab [16, 189]. Die Adaptationsfähigkeit der Hexokinase-Aktivität, z.B. an eine Glucose-Diät, ist nach Bestrahlung gestört [27].

Die Frage nach den Ursachen des gesteigerten Glykogengehaltes im Lebergewebe läßt sich also bisher nicht eindeutig beantworten. Der Grund dafür ist wohl darin zu suchen, daß dieser Stoffwechsel äußerst komplex in Hinsicht auf seine Regulation ist, daß er direkte, metabolische Verbindungen zu anderen Stoffklassen, wie den Lipiden und Aminosäuren, hat und daß dieselben Metabolite sowohl am Abbau als auch an der Synthese der Glucose bzw. des Glykogens beteiligt sind. Die Frage nach seiner Steuerung kann daher selbst unter normalen physiologischen Verhältnissen bisher nicht zufriedenstellend beantwortet werden.

Mehrere Autoren berichteten über Veränderungen der Glykolyse in Thymocyten, wenn die Zellsuspensionen *in vitro* mit 0,5—32 kR bestrahlt wurden [195, 271]. Ohyama u. Mitarb. fanden, daß insbesondere das Fructose-1,6-diphosphat während einer ein- bzw. zweistündigen Inkubation der Zellen nach der Bestrahlung ansteigt [271] (Abb. 42). Das Inkubationsmedium der Thymocyten enthielt bei diesen Untersuchungen 10 mM Glucose. Die Autoren nehmen an, daß unter diesen Bedingungen das Phosphofructokinase-System (Schritt 1, Abb. 39) erheblich aktiviert wird. Wahrscheinlich sind strahlenbedingte Veränderungen der Adeninnucleotide in diesem Zusammenhang von Bedeutung. — Das Mono- und das Dinucleotid des Adenins sowie das anorganische Phosphat steigern die Phosphofructokinase-Aktivität, während das Adenosintriphosphat dieses

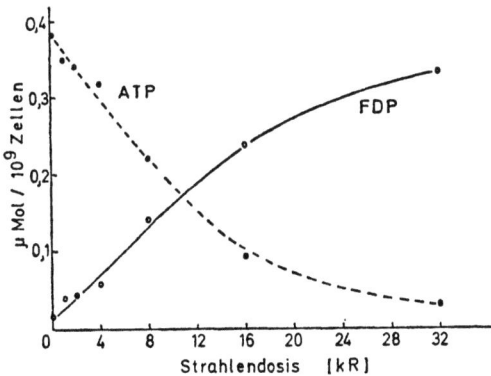

Abb. 42. Der Gehalt an Fructose-1,6-diphosphat (FDP, o—o) und Adenosintriphosphat (ATP, •---•) in Thymocyten in Abhängigkeit von der Strahlendosis. Die Zellen wurden nach der Bestrahlung (*in vitro*) 2 Std mit 10 mM Glucose bei 37°C inkubiert. [T. Yamada u. H. Ohyama: Int. J. Radiat. Biol. **14**, 169 (1968)]

Enzym hemmt. — Nach einer Bestrahlung tritt eine Erniedrigung des ATP-Gehaltes ein (Abb. 42) (s. S. 113). Dieser Effekt würde die Bildung von Fructose-1,6-diphosphat durch das Enzym Phosphofructokinase begünstigen [195, 271]. Es scheinen gewisse Korrelationen zwischen dem Anstieg des Gehaltes an Fructose-1,6-diphosphat und dem Abfall des ATP-Gehaltes zu bestehen, die besonders in der Dosisabhängigkeit beider Effekte zum Ausdruck kommen (Abb. 42).

Die Lactatbildung erreicht nach einer Bestrahlung mit 8 kR ein Maximum und fällt nach der Einwirkung höherer Strahlendosen ab [271]. Es tritt also offenbar eine strahlenbedingte Hemmung der Glykolyse nach einer stärkeren Strahlenbelastung ein, die im Zusammenhang mit den Untersuchungen an Ascites-Tumorzellen besprochen wird.

Die glykolytische Aktivität von Knochenmarkzellen, die aus dem Rattenfemur isoliert werden, ist nach einer Bestrahlung *in vitro* mit 500 R erhöht. Derselbe Strahleneffekt tritt 1—2 Std nach Strahlendosen von 50—150 kR bei der Untersuchung von Ratten-Erythrocyten auf. Danach fällt die Lactatbildung jedoch mit steigender Dosis ab. Im Hirn von Ratten steigt der Glykogengehalt 15 min bis 12 Std p.r. an. Bis zu einer Strahlendosis von 6500 R nimmt dieser Strahleneffekt zu [151]. Die Bildung von Lactat aus Glucose ist nach einer Bestrahlung mit 1550 R im Hirn unverändert [112]. Selbst nach einer Dosis von 90 kR, die mit einer Dosisleistung von 400—500 R/min verabreicht wurde, konnten im Hirn von Ratten und Fledermäusen nur normale glykolytische Aktivitäten gemessen werden [212].

Rathgen u. Mitarb. beobachteten eine eindeutige Hemmung der anaeroben Glykolyse bei Tumorzellen des Yoshida-Ascites-Sarkoms, wenn die Zellen mit 25 kR bestrahlt werden [144]. Die Untersuchung der Zwischenstoffkonzentrationen ergibt, daß, wie bereits bei den Thymocyten beschrieben, der Gehalt an Fructose-1,6-diphosphat nach der Bestrahlung mit 25 kR stark ansteigt. Forssberg beobachtete, daß der Gehalt an Pyruvat und Lactat 60—120 min nach der Bestrahlung der Ascites-Zellen mit 1250 R *in vivo* abnahm. Mehrere Stunden p.r. ist die glykolytische Aktivität der Zellen wieder normal [69]. Werden die Tumorzellen dagegen mit 55 kR bestrahlt, so fällt der Gehalt an Fructose-1,6-diphosphat beträchtlich ab. Die strahlenbedingte Glykolyse-Hemmung ist dann irreversibel [52].

Die Aktivität der Enzyme, die an der Glykolyse beteiligt sind und die *in vitro* unter optimalen Bedingungen gemessen werden, ist nach der Bestrahlung mit 25 kR nicht signifikant beeinträchtigt. Maass u. Mitarb. konnten zeigen, daß die glykolytische Aktivität und der Gehalt an Nicotinamid-Adenin-Dinucleotid (NAD^+) in den Yoshida-Ascites-Sarkomzellen parallel zueinander verlaufen (Abb. 43). Die Autoren nehmen an, daß der strahlenbedingte Abfall des NAD^+-Gehaltes die Erniedrigung der Glykolyse verursacht, da der Elektronenacceptor (NAD^+) bei der Dehydrierung des Phosphoglycerinaldehyds nicht in ausreichendem Maße zur Verfügung steht [144]. Auf die Veränderungen des NAD+-Gehaltes durch ionisierende Strahlen wird später ausführlich eingegangen werden (s. S. 139). Dose u. Mitarb. fanden, daß mit steigender Strahlendosis der ATP-

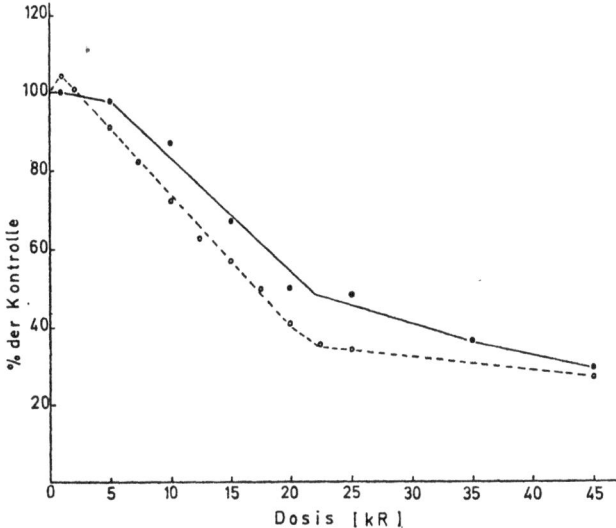

Abb. 43. Die anaerobe Glykolyserate (•—•, 5—25 min nach Glucosezusatz) und der NAD+-Gehalt (o---o, 20 min nach Glucosezusatz) in Yoshida-Ascites-Sarkomzellen von Ratten nach einer Röntgen-Bestrahlung *(in vitro)* in Abhängigkeit von der Dosis. [H. Maass, G. H. Rathgen, H. A. Künkel u. G. Schubert: Z. Naturforsch. **13b**, 735 (1958)]

Gehalt in den Ascites-Zellen wie in den Thymocyten abfällt und außerdem das Kalium vermehrt aus den Zellen diffundiert (s. S. 148). Die Autoren nehmen an, daß diese Veränderungen an der Glykolyse-Hemmung beteiligt sind [52]. Die aerobe Glykolyse hat sich strahlenresistenter erwiesen als der anaerobe Ablauf dieser Stoffwechselkette.

Eckstein u. Mitarb. untersuchten die Aktivität der Glykolyse sowie einiger Enzyme, die an diesem Stoffwechselweg beteiligt sind, in teilungssynchronisierten Hefezellen nach einer Bestrahlung mit 50 kR [58]. Selbst nach dieser hohen Strahlendosis ist die aerobe Glykolyse der Zellen nicht beeinträchtigt, obwohl die Zellteilung unterbunden wird. Ebenso findet die Synthese der Hexokinase, der Phosphoglycerinaldehyd- und der Alkohol-Dehydrogenase nach einer leichten Verzögerung unvermindert statt und hält trotz gehemmter Zellteilung einen Rhythmus ein, der bei den unbestrahlten Zellen mit dem Zellcyclus in Einklang steht.

Offenbar hat die aerobe Glykolyse ähnlich wie die Gluconeogenese eine außerordentlich hohe Resistenz gegenüber ionisierenden Strahlen. Eine auftretende Hemmung scheint im allgemeinen reversibel zu sein.

4. Der Pentose-Phosphat-Cyclus

Wie in dem Stoffwechselschema (Abb. 39) angegeben, kann der Abbau der Glucose neben der Glykolyse auch oxidativ über den Pentosephosphatcyclus erfolgen. Sonka u. Mitarb. berichteten, daß in den Erythrocyten von Hunden, Meerschweinchen und Ratten die Ribosesynthese aus Glucose wenige Minuten bis zu mehrere Tage nach einer Ganzkörperbestrahlung abfällt. Auch nach einer Teilkörperbestrahlung von Patienten werden ähnliche Beobachtungen gemacht [216]. In Übereinstimmung mit diesen Ergebnissen werden 5 Tage nach Bestrahlung von Hunden mit 770 R die Pentosen (Zucker mit 5 C-Atomen in einer Kette, z. B. Ribose) im Blut erniedrigt gefunden [243]. Kivy-Rosenberg u. Mitarb. [116] beobachteten einen leichten Aktivitätsabfall der Glucose-6-phosphat-Dehydrogenase in der Milz und Leber der Ratte nach einer Ganzkörperbestrahlung mit 625 R. Jedoch scheinen diese Strahleneffekte für den Gesamtumsatz von Glucose durch Säugetiere nach Bestrahlung nicht so gravierend zu sein, da mehrere Arbeitsgruppen keine strahlenbedingte Veränderung der Kohlendioxidbildung aus radioaktiv markierter Glucose messen konnten [188].

5. Untersuchungen des Citrat-Cyclus

Berndt u. Mitarb. bestimmten den Gehalt an Acetyl-Coenzym A (Acetyl-CoA) (Abb. 39) im Lebergewebe von Mäusen nach einer Ganzkörperbestrahlung mit 690 R ($LD_{80/30}$) [18]. Es ergibt sich, daß 2 Std p.r. der Gehalt an Acetyl-CoA ansteigt, 6 Std p.r. tritt eine Normalisierung ein. Der Gehalt bleibt dann bis zu 16 Tage p.r. nahezu unverändert, wenn hungernde Mäuse verglichen werden. Auch bei gefütterten Tieren werden keine Veränderungen des Acetyl-CoA-Gehaltes nach 690 R beobachtet. Ebenso weicht die Aktivität der Citrat-Synthase[37] 1—16 Tage p.r. und der Citrat-Gehalt 1—10 Tage p.r. im Lebergewebe nicht signifikant vom Normalwert ab. An den folgenden Tagen ist der Gehalt an Citrat erhöht [18]. Ähnliche Ergebnisse sind für den Gehalt an Malat und α-Ketoglutarat erhalten worden [258]. Diese Befunde zeigen, daß nach subletalen bis letalen Strahlendosen der Citrat-Cyclus im Lebergewebe offenbar nicht geschädigt wird.

Kay u. Entenman studierten eingehend die Bildung von Kohlendioxid und Lactat aus Glucose, Fructose und Succinat in der Mucosa des Ratten-Dünndarms einige Stunden nach einer Ganzkörperbestrahlung mit 600 R [111]. Da nach einer Strahleneinwirkung der Stofftransport im Darm Änderungen erfährt (s. S. 155), scheint eine Untersuchung des Energiestoffwechsels dieses Organs nach Bestrah-

---

[37] Das Enzym Citrat-Synthase katalysiert die Kondensation von Acetyl-CoA mit Oxalacetat. Es entsteht Citrat (Abb. 39).

lung von Interesse. Es zeigt sich, daß die Umsetzung von Glucose-1-^{14}C, Glucose-6-^{14}C, Glucose-U-^{14}C[38], Fructose-U-^{14}C und Succinat-2-^{14}C zu Lactat und Kohlendioxid nach Bestrahlung stets erhöht ist. Der prozentuale Anstieg der CO_2-Bildung ist identisch bei der Inkubation der Mucosa mit Glucose-U-^{14}C, Fructose-U-^{14}C oder Succinat-2-^{14}C. Insbesondere auf Grund der Ergebnisse, die mit Succinat erhalten werden, kann geschlossen werden, daß der Umsatz durch den Citrat-Cyclus sich nach der Einwirkung ionisierender Strahlen erhöht. Eine Adrenalektomie verhindert diese Strahlenwirkung nicht.

Histochemische Untersuchungen der Succinat-, Malat- und Isocitrat-Dehydrogenase haben ergeben, daß nach einer Ganzkörperbestrahlung mit 650 oder 1950 R 24 Std p. r. ein Anstieg der Enzymaktivitäten im Darm eintritt. 48—72 Std p. r. nehmen die Aktivitäten dieser Dehydrogenasen ab [261].

Eine Reihe von Autoren hat über weitere Aktivitätsmessungen von Dehydrogenasen, die an dem Citrat-Cyclus beteiligt sind, berichtet [115, 253]. Während für die Aktivität der Isocitrat-, Succinat- und Malat-Dehydrogenase in den lymphatischen Organen wie Thymus und Milz übereinstimmend eine Erniedrigung bei Ratten nach Bestrahlung mit 300—1000 R beobachtet worden ist, findet man in der Literatur sehr unterschiedliche Angaben für die Succinat-Dehydrogenase-Aktivität in der Leber. Untersuchungen an isolierten Leber-Mitochondrien[39], die die Bestrahlung *in vivo* erhalten haben, zeigen keine signifikanten Veränderungen dieser enzymatischen Aktivitäten. Bei Mitochondrien, die *in vitro* bestrahlt werden, treten selbst nach einer Dosis von 100 kR nur geringfügige Veränderungen auf [40]. Die Dehydrogenasen des Citrat-Cyclus sind mit der biologischen Funktion der Mitochondrien und mit der oxidativen Phosphorylierung, die im folgenden Kapitel behandelt wird, aufs engste verknüpft.

Es zeigt sich also, daß im Kohlenhydratstoffwechsel zwar Störungen der Regulation auftreten, die jedoch im allgemeinen nicht zu einer Erniedrigung des Umsatzes sondern im Gegenteil häufig zu einer Steigerung führen. Wahrscheinlich müssen zur weiteren Klärung dieser Fragen hormonelle Veränderungen, insbesondere der Corticosteroide (s. S. 128) und des Insulins, in noch stärkerem Maße beachtet werden. In keinem Fall konnten selbst nach hohen Strahlendosen Effekte beobachtet werden, die auf eine schwerwiegende primäre, strahlenchemische Schädigung von Enzymen zurückzuführen sind.

---

[38] Bei Glucose-U-^{14}C sind alle Kohlenstoffatome der Glucose statistisch radioaktiv markiert (uniformly labelled).
[39] Die Enzyme des Citrat-Cyclus sind in den Mitochondrien der Zelle lokalisiert.

V. Die Atmungskette und der Stoffwechsel „energiereicher" Phosphate nach Bestrahlung

In dem zuvor beschriebenen Citratcyclus werden die Substrate letzten Endes zu Kohlendioxid oxidiert, gleichzeitig entstehen die reduzierten Coenzyme NADH und $FADH_2$ (Abb. 39). Der Wasserstoff bzw. je ein Elektronenpaar dieser Coenzyme werden in einer komplizierten Reaktionsfolge auf elementaren Sauerstoff übertragen, es entsteht Wasser (Abb. 44). Obwohl der Ablauf dieser Reaktionskette bisher nicht in allen Einzelheiten geklärt ist, lassen sich folgende Stufen unterscheiden: Die NADH-Ubichinon-Reductase (Abb. 44) enthält ein

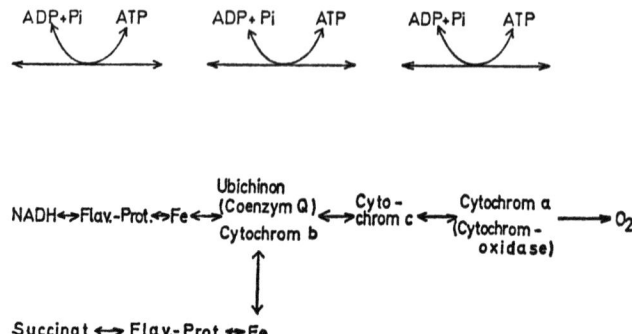

Abb. 44. Schematische Darstellung der Atmungskette und der oxidativen Phosphorylierung

Flavoprotein (Flav-Prot.) sowie Eisen und überträgt den Wasserstoff vom NADH auf Ubichinon. Das gebildete Ubihydrochinon wird durch die Ubihydrochinon-Cytochrom c-Reductase oxidiert, dieses Enzym besitzt die Cytochrome b und c_1 als Wirkungsgruppe. — Die Cytochrome enthalten wie der rote Blutfarbstoff Hämoglobin ein Porphyrinringsystem, in dem Eisen wie in einem Koordinationskomplex gebunden ist. — Es entsteht das reduzierte Cytochrom c, von dem dann über die Cytochromoxidase, die mit dem Warburgschen Atmungsferment identisch ist, die Elektronen auf den Sauerstoff transferiert werden (Abb. 44). Die Succinat-Dehydrogenase, ebenfalls ein Flavoprotein, ist mit der Atmungskette verknüpft (Abb. 44).

Alle beschriebenen Enzymkomplexe sind in den Mitochondrien lokalisiert und mit der Struktur dieser Zellpartikel eng verbunden. Im Zuge der Wasserstoffübertragung vom NADH auf den Sauerstoff wird ein Energiebetrag von insgesamt 52 kcal/Mol NADH freigesetzt. Die Energie wird über drei verschiedene Stufen teilweise in chemische Energie umgewandelt. Es wird das „energiereiche" Adenosintriphosphat (ATP) gebildet (Abb. 44). Dieser Vorgang wird als oxidative Phosphorylierung bezeichnet, da er mit der Atmungskette gekoppelt ist.

Durch bestimmte Substanzen, z.B. 2,4-Dinitrophenol, kann eine Entkopplung eintreten, d.h. die Atmung läuft weiter, während die Phosphorylierung gehemmt ist. Der Mechanismus der ATP-Bildung ist bisher nicht eindeutig geklärt. Jedoch gilt gesichert, daß bei der Übertragung der Elektronen vom NADH zum Sauerstoff 3 Mole ATP/Mol NADH gebildet werden. Bei der Verwendung von Succinat als Substrat entstehen dagegen nur 2 Mole ATP/Mol Succinat [179].

1. Die Atmung

Ebenso wie der Citrat-Cyclus hat auch die Atmung von Zellen und isolierten Mitochondrien sich als ein verhältnismäßig strahlenresistenter Prozeß erwiesen. Meissel beobachtete bei Hefe, daß erst nach einer Strahlendosis von 10^6 R der Sauerstoffverbrauch der Zellen auf 50% erniedrigt war [126]. Nach einer Bestrahlung mit 10^5 R wird sogar eine Steigerung der Atmung gemessen, der Effekt ist als Ausdruck von Erholungsvorgängen interpretiert worden [120]. Ebenso tritt ein verstärkter Sauerstoffverbrauch bei dem Organismus Tetrahymena gelei 24 Std nach einer Strahlendosis von $3 \cdot 10^5$ R auf. In den Stunden vorher wird jedoch eine Hemmung bis zu 30% des Kontrollwertes gefunden. Die Atmung von Amöben ist nach einer Strahleneinwirkung von $1,2 \cdot 10^5$ R unverändert [126].

In Ehrlich-Ascites-Tumorzellen ist der Strahleneffekt auf die anaerobe Glykolyse, die aerobe Glykolyse und die Atmung gemessen worden. Während die anaerobe Glykolyse mit steigender Dosis abnimmt (s. S. 103), tritt keine Erniedrigung der beiden anderen Stoffwechselprozesse in einem Dosisbereich bis zu 200 kR ein. Auch bei Hühnerembryonen und den meisten Säugetiergeweben wird eine strahlenbedingte Abnahme des Sauerstoffverbrauchs im allgemeinen nach niedrigen Strahlendosen nicht beobachtet [126, 167]. So ist die Atmung von Gewebeschnitten der Meerschweinchenleber, die *in vitro* bestrahlt werden, in der 1. Stunde p.r. bis zu einer Dosis von $6 \cdot 10^5$ R unbeeinflußt. Nierenschnitten haben unter diesen Bedingungen einen erhöhten Sauerstoffverbrauch, während die Atmung bei Milzschnitten erniedrigt ist. Bei diesen Untersuchungen ist das Gewebe mit α-Ketoglutarat bzw. Glucose als Substrat inkubiert worden [31].

Messungen nach einer Ganzkörperbestrahlung ergeben ein ähnliches Bild. Lediglich in den strahlenempfindlichen lymphatischen Geweben ist die Atmung nach Strahlendosen von 500—1000 R vermindert, während in der Niere, Leber und im Hirn eine normale Sauerstoffaufnahme stattfindet. Von mehreren Arbeitsgruppen ist ein verstärkter Sauerstoffverbrauch direkt nach einer Bestrahlung im Knochenmark gemessen worden. Einige Tage später war der entgegengesetzte Effekt zu sehen [31, 126, 167]. Van Bekkum beobachtete, daß die Atmung von

Mitochondrien der Rattenmilz, die 2 Std nach einer Ganzkörperbestrahlung mit 700 R isoliert wurden, mit Succinat als Substrat erniedrigt war. Die Zugabe von Cytochrom c hob diesen Strahleneffekt weitgehend auf [167]. Übereinstimmend mit diesen Befunden ergibt sich, daß die Aktivität der NADH-Cytochrom c-Reductase[40] in den Mitochondrien der Milz und des Thymus wenige Stunden nach Bestrahlung herabgesetzt ist. In den Lebermitochondrien von Mäusen tritt dagegen bis zu 12 Tagen nach Ganzkörperbestrahlung mit 690 R keine Veränderung dieser enzymatischen Aktivität auf. Den Tieren wurde 24 Std vor dem Abtöten die Nahrung entzogen, da Hunger per se eine Erniedrigung der NADH-Cytochrom c-Reductase-Aktivität verursacht [255].

2. Die oxidative Phosphorylierung in den Mitochondrien

Im Jahre 1952 berichteten Potter u. Bethell erstmals, daß die P/O-Werte[41] bei der Inkubation von Mitochondrien der Rattenmilz mit Succinat eine Stunde nach Ganzkörperbestrahlung mit 800 R absinken [167]. Ähnliche Ergebnisse haben andere Autoren einige Stunden nach Ganzkörperbestrahlung von Mäusen und Ratten mit Dosen unter 1000 R bei der Untersuchung von Milz- und Thymushomogenaten erhalten. Es zeigt sich, daß die Phosphorylierung in stärkerem Maße absinkt als die Atmung der Milz-Mitochondrien, so daß ein erniedrigter P/O-Wert resultiert (Abb. 45). Es tritt also eine partielle Entkopplung ein. Eingehende Untersuchungen der oxidativen Phosphorylierung

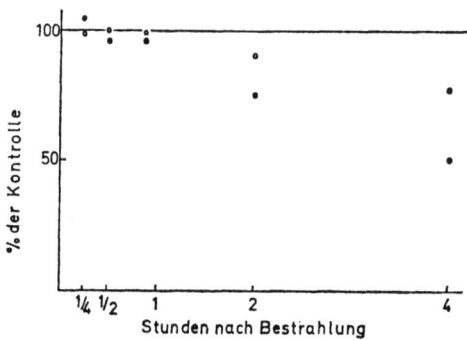

Abb. 45. Der Sauerstoffverbrauch (o) und die Phosphorylierung (•) durch Milz-Mitochondrien. Die Ratten wurden 15 min bis 4 Std nach Ganzkörperbestrahlung mit 700 R abgetötet. [D. W. van Bekkum: Ciba Foundation Symposium on Ionizing Radiations and Cell Metabolism. London: J. & A. Churchill Ltd. 1956, p. 77]

---

[40] Die NADH-Cytochrom c-Reductase umfaßt die NADH-Ubichinon-Reductase plus Ubihydrochinon-Cytochrom c-Reductase (s. S. 106).

[41] Der P/O-Wert gilt als Maß für die Phosphorylierungskapazität der Mitochondrien. Er gibt die Menge an gebildetem ATP in Mol pro verbrauchtem 1/2 Mol Sauerstoff an. Zum Beispiel beträgt der P/O-Wert 3, wenn das Gewebe mit Glutamat, das NADH liefert, inkubiert wird.

führten van Bekkum u. Mitarb. nach Bestrahlung durch. Die Autoren fanden 2 Std nach einer Ganzkörperbestrahlung mit 700 R die erste signifikante Erniedrigung des P/O-Quotienten. 4 Std p.r. war der Strahleneffekt verstärkt (Abb. 45). Diese Wirkung ionisierender Strahlen wurde im Thymus und in der Milz der Ratte bereits nach einer Ganzkörperdosis von 100 R gesehen.

Dagegen konnte selbst nach einer Strahlendosis von mehreren Tausend R von diesen Autoren keine verminderte oxidative Phosphorylierung in den Mitochondrien der Leber, der regenerierenden Leber oder in den Zellpartikeln von mehreren transplantablen Tumoren der Maus bei Inkubation mit Succinat beobachtet werden [167].

Bestrahlt man Mitochondrien *in vitro* mit einer Röntgendosis bis zu 20 kR, so bleibt die Atmungskettenphosphorylierung unverändert. Erst nach einer Dosis von 100—200 krad ^{60}Co-γ-Strahlen wird dieser komplexe Stoffwechselprozeß bei isolierten Lebermitochondrien mit β-Hydroxybutyrat bzw. Succinat als Substrat partiell gehemmt [41]. Dagegen werden erniedrigte P/O-Werte nach Strahlendosen < 1000 R gemessen, wenn die Milz operativ freigelegt und das Organ lokal bestrahlt wird [167]. Dieser Effekt ist mit einer Ganzkörperbestrahlung vergleichbar. Ferner berichteten Benjamin u. Yost, daß bei thyreodektomierten bzw. hypophysektomierten Ratten die Strahlenwirkung auf die oxidative Phosphorylierung in den Mitochondrien verringert war [272].

Dieser Befund spricht für eine Beeinflussung des Systems durch hormonale Faktoren. Er ist jedoch mit den Ergebnissen nach lokaler Bestrahlung, die eine Strahlenwirkung auf das Organ selbst vermuten lassen, bisher nicht in Einklang zu bringen. Weitere Untersuchungen scheinen notwendig, um die kausale Folge dieser Reaktionsabläufe nach der Einwirkung ionisierender Strahlen zu klären. Als gesichert kann jedoch vor allem auf Grund des Zeitfaktors angesehen werden, daß die oxidative Phosphorylierung in den Mitochondrien der Milz kein primärer Strahlenschaden ist (Abb. 45). Es werden also Teile dieser Stoffwechselkette bzw. ihre Strukturelemente nicht strahlenchemisch verändert. Offensichtlich müssen zunächst andere Prozesse ablaufen, bevor eine Senkung des P/O-Quotienten nach Bestrahlung in den Mitochondrien gemessen werden kann. Welcher Natur diese Vorgänge sind, ist bisher ungeklärt.

Thomson ist der Ansicht, daß die erniedrigten P/O-Werte der Milzmitochondrien nicht durch eine strahlenbedingte Schädigung der oxidativen Phosphorylierung zustandekommen. Er nimmt an, daß die Effekte durch eine erhöhte Aktivität von Phosphatasen, die teilweise von der Verunreinigung der Mitochondrien mit Lysosomen herrühren, verursacht werden. Eine mangelhafte Technik bei der Isolierung der Mitochondrien hat ebenfalls niedrige P/O-Werte zur Folge [240]. Doch scheinen die zeitlichen Korrelationen mit dieser Interpretation nicht übereinzustimmen, da die Zunahme der Phosphatase-Aktivität erst mehrere Stunden p.r. auftritt. Ferner konnten Yost u. Mitarb. [272] zeigen, daß bei Mitochondrienpräparationen aus der Milz, deren unbestrahlte Kontrollen nahezu theoretische P/O-Werte liefern, eine strahlenbedingte Entkopplung eintritt.

In Pflanzen ist die oxidative Phosphorylierung erst nach Strahlendosen über 10 kR beeinträchtigt. Meissel fand bei Hefe eine Wirkung auf diesen Stoffwechselprozeß nach einer Bestrahlung mit 20—30 kR [126].

Van Bekkum u. Mitarb. beobachteten, daß die Zugabe von Cytochrom c zur Mitochondriensuspension sowohl die Atmung als auch die Phosphorylierung der Partikel steigert [167]. Dieser stimulierende Effekt nimmt nach einer Bestrahlung besonders in bezug auf die Phosphorylierung zu, so daß eine weitgehende Normalisierung der P/O-Quotienten erreicht wird. Die Befunde sind von mehreren Arbeitsgruppen bestätigt worden [194, 240]. Scaife [194] fand, daß 4 Std nach einer Ganzkörperbestrahlung von Ratten mit 800 R der Cytochrom c-Gehalt in den Mitochondrien des Thymus erniedrigt und in denen der Leber sowie aus Ascites-Tumorzellen unverändert war. Nach der Bestrahlung scheint in den lymphatischen Zellen eine Lockerung der Bindung des Cytochrom c in der Elektronentransportkette stattzufinden, die zu einer partiellen Hemmung der oxidativen Phosphorylierung führt. Mit dieser Annahme steht in Übereinstimmung, daß die Thymus-Mitochondrien von bestrahlten Ratten beim „Altern" (Inkubation bei 0°C) schneller ihre Succinat-Cytochrom c-Reductase-Aktivität verlieren als diejenigen der unbestrahlten Kontrollen [194]. Die Aktivität der Cytochromoxidase (Abb. 44) war in den Thymocyten 4 Std nach 800 R unverändert. Dagegen beobachtete Strelina eine Abnahme dieser Enzymaktivität nach 0,6—4 kR im Darm von Mäusen [219].

Khanson sowie Yost u. Mitarb. untersuchten die Frage, an welchem der drei Phosphorylierungsschritte die Entkopplung vorwiegend eintritt [114, 272]. Während die Inkubation von Mitochondrien aus der Milz mit Glutamat[42] oder Succinat[42] relativ geringe strahlenbedingte Abweichungen vom Normalwert ergibt, ist der prozentuale Effekt wesentlich größer, wenn Ascorbinsäure[42] als Substrat benutzt wird. Auf Grund dieser Ergebnisse muß angenommen werden, daß die Entkopplung nach der Bestrahlung vor allem auf dem Niveau der dritten Phosphorylierung (Abb. 44) stattfindet.

Von Hall u. Mitarb. wurde im Gegensatz zu van Bekkum [167] 3—12 Std nach einer Ganzkörperbestrahlung von Ratten mit 840 R eine leichte Erniedrigung der P/O-Quotienten gefunden, wenn Leber-

---

[42] Glutamat führt zur Bildung von NADH, es werden bei der Messung der P/O-Werte also alle drei Phosphorylierungsschritte erfaßt (Abb. 44). Succinat umfaßt zwei dieser Schritte (Abb. 44). Ascorbinsäure reduziert Cytochrom c, es wird also nur die letzte Phosphorylierung gemessen (Abb. 44).

mitochondrien mit Pyruvat, β-Hydroxybutyrat, Citrat oder Glutamat inkubiert wurden. 24 Std p. r. waren die gemessenen Werte normal [90].

Bei analogen Untersuchungen mit verschiedenen Substraten wurde wie für die Zellpartikel der Milz auch in den Lebermitochondrien eine Erniedrigung des P/O-Wertes mit Ascorbinsäure als Substrat beobachtet [114, 272]. Allerdings ist der Effekt so gering, daß diese Strahlenwirkung mit Glutamat und Succinat als Substrat wegen des ungehinderten Ablaufes der anderen beiden Phosphorylierungsschritte nicht gefunden wird. Möglicherweise sind damit die negativen Befunde anderer Arbeitsgruppen zu erklären [167, 240].

3. Die oxidative Phosphorylierung in den Zellkernen

Osawa, Allfrey u. Mirsky entdeckten im Jahre 1957, daß Zellkerne aus Kalbsthymus befähigt sind, in einem aerobem Prozeß ATP zu bilden. Creasey u. Stocken fanden diese Kernphosphorylierung ebenfalls bei Ratten in den Zellkernen des Thymus, der Milz, des Knochenmarks, der Lymphknoten und der Darmmucosa. Dagegen konnte dieser Stoffwechselprozeß nicht in der Leber, in den Nieren oder im Hirn beobachtet werden [167]. Betel u. Klouwen haben den Mechanismus dieses Vorganges an Zellkernen des Rattenthymus eingehend untersucht. Sie fanden, daß die Kerne eine endogene Atmung haben, Cytochrome enthalten und daß die Phosphorylierung wie in den Mitochrondrien durch Oligomycin und 2,4-Dinitrophenol gehemmt werden kann [21].

Die Zellkerne vermögen jedoch nicht ATP aus den exogen zugeführten Mono- oder Dinucleotiden des Adenins zu synthetisieren, da die Nucleotide offensichtlich nicht die Kernmembran passieren. Zur Messung der ATP-Synthese werden die Kerne daher zunächst anaerob zur Degradierung des endogenen ATP gehalten und anschließend unter Luft inkubiert. Die Differenz im ATP-Gehalt vor und nach der aeroben Inkubation ergibt die Syntheserate für das ATP (Abb. 46).

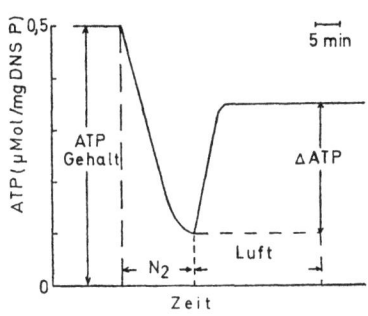

Abb. 46. Die Messung der oxidativen Phosphorylierung in Zellkernen des Rattenthymus bei 25°C. Durch anaerobe (N₂) Inkubation sinkt der Gehalt an Adenosintriphosphat (ATP) ab, anschließend wird aerob (Luft) inkubiert, es wird dann ATP gebildet. Δ ATP ergibt das Maß für die Phosphorylierung. [I. Betel: Int. J. Radiat. Biol. **12**, 459 (1967)]

Stocken u. Mitarb. sowie Klouwen u. Mitarb. berichteten, daß die beschriebene Kernphosphorylierung in strahlenempfindlichen Organen wie Thymus, Milz und Knochenmark nach Strahlendosen unter 1000 R stark abnahm [118]. Allerdings konnte die Beobachtung, daß die Kernphosphorylierung der Thymocyten bereits nach einer Ganzkörperbestrahlung mit 100 R gehemmt ist, in späteren Untersuchungen nicht bestätigt werden [277]. Vor allem von Klouwen u. Mitarb. wird angenommen, daß die Erniedrigung der Phosphorylierung sowohl in den Mitochondrien als auch in den Zellkernen zur Abnahme des ATP-Gehaltes und schließlich zum „interphase death" (s. S. 21) der Thymocyten führt. Der Abfall des NAD⁺-Gehaltes, der von anderen Autoren in diesem Zusammenhang diskutiert wird (s. S. 167), tritt nach Klouwen u. Mitarb. erst später ein. Es ist jedoch bisher nicht abzuschätzen, welchen Anteil die oxidative Phosphorylierung der Zellkerne am Energiestoffwechsel der Zelle hat.

Es ist zunächst angenommen worden, daß die erniedrigte Kernphosphorylierung nach Bestrahlung auf eine Schädigung des phosphorylierenden Apparates selbst zurückzuführen ist. Dagegen berichtete Betel [21], daß dieser Strahleneffekt durch die Abnahme der Adeninnucleotide (ATP, ADP und AMP) in den Zellkernen und damit durch einen Mangel an Substrat bedingt ist. So erfolgt die Phosphorylierung in den Thymus-Zellkernen 3 Std nach einer Ganzkörperbestrahlung der Ratten mit 875 rad bei einer Inkubationszeit der Kerne bis zu 20 min mit derselben Geschwindigkeit wie bei den Kontrolltieren (Abb. 47). Erst wenn die Inkubationszeit weiter erhöht wird, tritt eine Erniedrigung der Phosphorylierung ein (Abb. 47). Ebenso ist der Abbau von ATP in den Zellkernen unter diesen Bedingungen durch die ionisierenden Strahlen nicht beeinflußt (Abb. 47). In diesem Zusammenhang bedarf es einer weiteren Prüfung, ob die gemessene Abnahme der Adeninnucleotide in den Kernen erst während der Isolierung der Partikel auftritt oder ob sie bereits in der intakten Zelle nach Bestrahlung vorliegt.

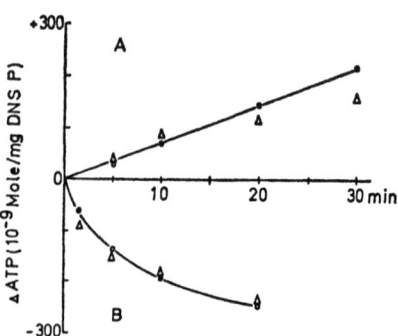

Abb. 47. Die ATP-Synthese (A) und der ATP-Abbau (B) bei 12°C in den Zellkernen des Rattenthymus in Abhängigkeit von der Inkubationszeit. (o) unbestrahlte Ratten, (△) Tiere, die 3 Std nach Bestrahlung mit 875 rad abgetötet wurden. [I. Betel: Int. J. Radiat. Biol. **12**, 459 (1967)]

Es ist bereits mehrfach darauf hingewiesen worden, daß Veränderungen der Strukturen und der Permeabilität zwischen intra- und extracellulären Räumen für die Entwicklung des Strahlenschadens eine außerordentlich große Bedeutung haben. Auf diese Fragen wird in einem späteren Kapitel eingegangen werden (s. S. 151).

4. Der Gehalt „energiereicher" Phosphate in den Zellen und Geweben

Wie auf Grund der beschriebenen Strahleneffekte auf die Glykolyse, den Citratcyclus und die oxidative Phosphorylierung zu erwarten ist, hat sich gezeigt, daß die „energiereichen" Phosphate wie ATP nach relativ niedrigen Strahlendosen (bei Säugetieren < 1000 R) über längere Zeiten nur in den strahlenempfindlicheren Zellen und Geweben vermindert sind. So tritt im Knochenmark, im Thymus und in der Milz wenige Stunden bis mehrere Tage nach einer Ganzkörperbestrahlung von Ratten mit 800 R ein starker Abfall des ATP-Gehaltes und teilweise auch der anderen Adeninnucleotide ein [143, 167].

Es wird beobachtet, daß eine Stunde nach einer Ganzkörperbestrahlung von Ratten mit 1400 R im Lebergewebe der ATP-Gehalt abnimmt. Gleichzeitig findet eine Erhöhung des Gehaltes an AMP statt, der ADP-Gehalt weicht nicht von dem Kontrollwert ab [273]. Zu späteren Zeiten p. r. hat sich der Gehalt der Adeninnucleotide wieder normalisiert. Dieses Verhalten stimmt mit den Untersuchungen der oxidativen Phosphorylierung im Lebergewebe (s. S. 110) überein. Bis zu 14 Tagen nach Ganzkörperbestrahlung mit 690 R werden dann keine wesentlichen Veränderungen des ATP-Gehaltes der Zelle im Lebergewebe von Mäusen beobachtet. Ebenso war der Gehalt an AMP und ADP normal [257]. In Yoshida-Ascites-Tumorzellen wurde nach der Einwirkung von 25 kR auf die Zellen eine Abnahme des ATP gefunden, die von einem leichten Anstieg des ADP-Gehaltes begleitet war. Bei dieser Strahlendosis lag eine partielle Hemmung der anaeroben Glykolyse vor (s. S. 102).

Untersuchungen im Skeletmuskel der Maus haben ergeben, daß keine Veränderungen des ATP-Gehaltes einige Stunden nach Ganzkörperbestrahlung mit Dosen bis zu mehreren Tausend R eintreten. Allerdings sinkt der Gehalt an Kreatinphosphat[43] nach einer Strahlendosis > 2000 R signifikant ab. Einander widersprechende Ergebnisse wurden über den Gehalt an anorganischem Phosphat in lebenden Zellen nach Bestrahlung mitgeteilt [167].

Obwohl von einigen Autoren reversible Strahleneffekte auf die oxidative Phosphorylierung in den Lebermitochondrien berichtet worden sind, scheinen diese Veränderungen nicht so nachhaltig zu sein, um den ATP-Gehalt in diesem Organ über längere Zeiten signi-

---

[43] Das Kreatinphosphat stellt einen „Energiespeicher" für den Muskel dar, aus dem sehr schnell ATP bereitgestellt werden kann.

fikant zu beeinflussen. Dagegen wird in den lymphatischen Geweben eine Abnahme des ATP-Gehaltes beobachtet. Die Entkopplung auf dem Niveau der dritten Phosphorylierung scheint nach einer Bestrahlung besonders ausgeprägt zu sein. Offenbar tritt jedoch bei den anderen Phosphorylierungsstufen ebenfalls eine partielle Schädigung ein. Die Freisetzung des Cytochrom c sowie das Phänomen der Entkopplung deuten auf strukturelle Veränderungen hin, die bei elektronenmikroskopischen Untersuchungen bestätigt worden sind.

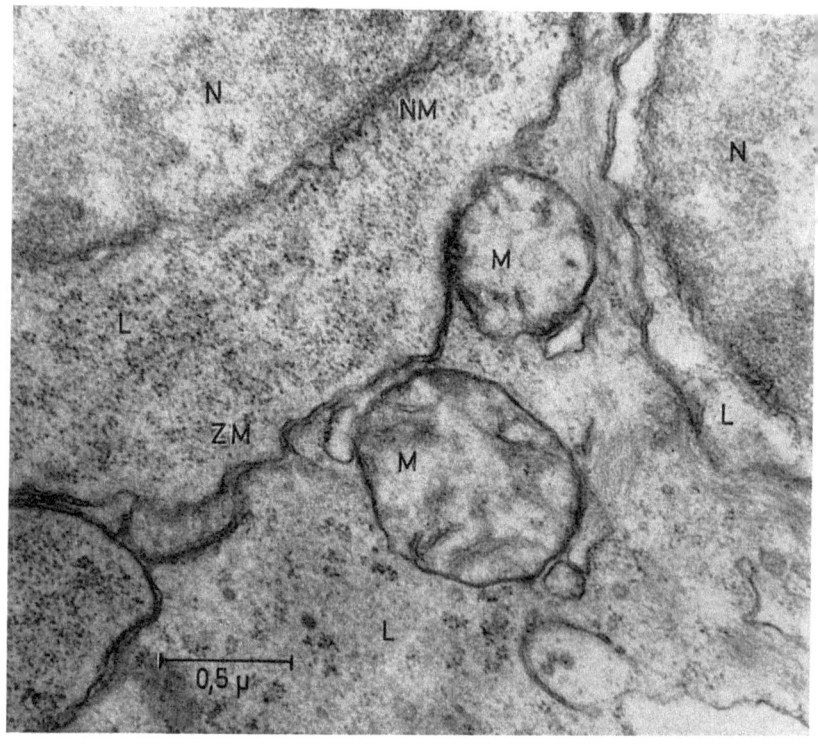

Abb. 48. Elektronenmikroskopische Aufnahme von Lymphocyten des Thymusgewebes 2 Std nach Ganzkörperbestrahlung von Mäusen mit 400 R. Vergrößerung 40100 (L = Lymphocyt; M = Mitochondrion; N = Zellkern; NM = Kernmembran; ZM = Zellmembran) (H. Braun: persönliche Mitteilung)

Braun fand im Thymus von Mäusen wenige Stunden nach einer Ganzkörperbestrahlung mit 200—400 R, daß die Cristae in den Mitochondrien ungeordnet liegen und gequollen sind. Außerdem tritt ein Abbau der Hüllenmembran ein, der dazu führt, daß die Cristae sich frei im Cytoplasma befinden (Abb. 48) [29]. Diese Befunde stellen eine sehr gute Übereinstimmung und Ergänzung zwischen den morphologischen und den biochemischen Veränderungen dar, wie sie nach einer Bestrahlung beobachtet werden.

VI. Die Lipide und ihr Stoffwechsel nach Bestrahlung

In der Gruppe der Lipide werden die eigentlichen Fette (Triglyceride) mit den Phosphatiden, Cerebrosiden, Gangliosiden, Steroiden und Carotinoiden zusammengefaßt. In dem folgenden Kapitel soll vor allem die Einwirkung ionisierender Strahlen auf die Triglyceride, die Phosphatide und das Cholesterin sowie auf deren Stoffwechsel besprochen werden.

Wesentlicher Bestandteil der Triglyceride und der Phosphatide sind die Fettsäuren. Diese Substanzen werden aus dem Acetyl-CoA über das Malonyl-Coenzym A in einem Mehrstufenprozeß (ein Multi-Enzym-Komplex, der als Fettsäure-Synthetase bezeichnet wird) gebildet (Abb. 39). Jedes Durchlaufen dieses Vorganges ergibt eine Verlängerung der Kohlenstoffkette um zwei C-Atome. Umgekehrt entsteht beim Abbau der Fettsäuren Acetyl-CoA (Abb. 39). Aus der Reaktion von L-α-Glycerophosphat mit zwei Fettsäure-Coenzym A-Verbindungen (Acyl-CoA) resultiert die Phosphatidsäure (Abb. 39). Dieser Metabolit wird entweder mit einem weiteren Molekül Acyl-CoA zum Triglycerid oder mit einer aktivierten Hydroxylverbindung (Cholin, Serin, Äthanolamin oder Inosit) zu einem Glycerinphosphatid umgesetzt (Abb. 39). In den Fetten und Phosphatiden sind bevorzugt die Fettsäuren mit 16, 18 und 20 Kohlenstoffatomen in einer im allgemeinen unverzweigten Kette (C-16, C-18, C-20) enthalten. Neben den gesättigten Fettsäuren (z. B. C-18:0) treten auch ungesättigte Säuren mit einer (z. B. C-18:1) oder mehreren Doppelbindungen (z. B. C-18:2, C-18:3) auf.

Aus dem Acetyl-CoA wird außerdem über das β-Hydroxy-β-methylglutaryl-Coenzym A (HMG-CoA) sowie über die Mevalonsäure das Cholesterin gebildet, aus dem schließlich die Gallensäure und die Steroidhormone synthetisiert werden (Abb. 39).

1. Die Bildung von Lipidperoxiden nach Bestrahlung

Durch die Einwirkung von oxidierenden Agentien auf die Lipide (z. B. oxidierende Radikale, die bei der Bestrahlung von Wasser entstehen) werden vor allem an den Doppelbindungen von ungesättigten Fettsäuren Peroxide gebildet. In einer Reihe von Säugetierorganen wie Leber, Milz, Niere und Hirn können die Lipidperoxide über einen katalytischen Mechanismus, an dem Hämproteine (wie Hämoglobin, Cytochrom c) oder freie Eisenionen beteiligt sind, entstehen [269].

Nach der Bestrahlung sowohl von freien Fettsäuren, synthetischen Triglyceriden als auch von extrahierten Lipiden aus Leber, Herz, Milz und Niere konnten Peroxide nachgewiesen werden [126, 269]. Diese strahlenchemischen Reaktionen werden wesentlich verstärkt, wenn der Sauerstoff freien Zugang hat. Um einen meßbaren Effekt zu erreichen, müssen ebenso wie bei den *in vitro* Bestrahlungen von Nucleinsäuren und Proteinen Strahlendosen von mehreren Tausend R verabreicht werden.

Entgegen früherer Berichte konnte in späteren Untersuchungen ein erhöhter Gehalt von Lipidperoxiden in Säugetierorganen nach einer Ganzkörperbestrahlung nicht gefunden werden [126], es sei denn, daß sehr hohe Strahlendosen ($5 \cdot 10^3$ bis 10^5 R) verabreicht wurden [78].

Inkubiert man jedoch Mitochondrien, die bis zu 6 Std nach einer Ganzkörperbestrahlung mit 1400 R aus der Rattenleber isoliert werden, in isotonischer NaCl-Lösung, so bilden sie mehr Lipidperoxide als die Zellpartikel von unbestrahlten Tieren [274]. Nach 12 Std p.r. hat sich dieser offensichtlich katalytische Vorgang wieder normalisiert. Bernheim u. Mitarb. [126] berichteten ebenfalls, daß Homogenate von Kaninchen-Knochenmark 24 Std nach Ganzkörperbestrahlung mit 800 R Lipidperoxide bilden, während ein solcher Effekt bei Präparationen von unbestrahlten Tieren nicht beobachtet wird. Diese Befunde geben keinen Hinweis, ob eine vermehrte Bildung der Peroxide nach Bestrahlung auch *in vivo* stattfindet.

Wills u. Mitarb. untersuchten eingehend die Synthese von Lipidperoxiden in den verschiedenen Zellfraktionen der Rattenleber nach einer Bestrahlung *in vitro* [269]. Es ergibt sich, daß der Gehalt an Peroxiden direkt nach Bestrahlung mit 15 MeV-Elektronen selbst nach Strahlendosen von 50 krad nur geringfügig zunimmt. Dagegen wird ebenfalls eine erhöhte Bildung von Peroxiden während einer Inkubation der bestrahlten Partikel gemessen. Das Ausmaß dieses Effektes nimmt in der Reihenfolge Zellkerne < Mitochondrien < Lysosomen < Mikrosomen zu. Die Abwesenheit von Sauerstoff während der Bestrahlung beeinflußt den katalytischen Prozeß nicht. Die Anwesenheit des Gases ist jedoch für die Inkubationsphase notwendig. Die Lipidperoxide werden bei der Inkubation in weitgehendem Maße von den Zellpartikeln in den löslichen Überstand freigesetzt.

Ungeklärt ist, ob diese Vorgänge auf eine aktivierte Bildung der Peroxide oder auf eine strahlenbedingte Schädigung von Hemm-Mechanismen (Antioxidantien) zurückzuführen sind. Es wird angenommen, daß die hier besprochene Strahlenwirkung mit Veränderungen an Membranen, bei deren Aufbau die Lipide beteiligt sind, in engem Zusammenhang stehen (s. S. 151). Es wird ferner vermutet, daß Lipidperoxide, die generell sehr toxisch sind, biologisch wichtige Gruppen, z. B. Sulfhydrylgruppen, der Zellen oxidieren und dadurch als strahleninduziertes Toxin ihre Wirkung entfalten können [269].

2. Der Gehalt von Lipiden in den Organen

Mehrere Stunden nach einer letalen Ganzkörperbestrahlung ist der Gehalt an Lipiden im Blut von Säugetieren außerordentlich stark erhöht. Dieser Effekt der Lipämie ist von vielen Arbeitsgruppen an Hunden, Kaninchen, Meerschweinchen, Ratten und Mäusen beobachtet worden [167]. Von mehreren Autoren (z. B. Entenman u. Mitarb.) wurde dabei herausgestellt, daß die Lipide insbesondere kurze Zeit vor dem Tod der Tiere ansteigen. Eberhagen u. Mitarb. fanden bis zu 3 Std nach einer Ganzkörperbestrahlung von Ratten mit 1500 R zunächst einen Abfall der Gesamtlipide im Blutserum, dem die gewöhnlich beobachtete Zunahme folgt [57]. Die Veränderungen des Gehaltes an Fettsäuren und an Cholesterin verlaufen sehr ähnlich. Zum Anstieg der Gesamtlipide scheinen zunächst besonders die Triglyceride beizutragen, anschließend nehmen die Phosphatide im Blut zu.

Gemäß dieser Verschiebungen werden auch Veränderungen des Fettsäuregehaltes der Serumlipide beobachtet. Während in den ersten Stunden nach Bestrahlung eine Erhöhung gesättigter Fettsäuren wie Palmitin- (C-16:0) und Stearinsäure (C-18:0) (Rehnborg u. Mitarb.) hervortritt, sind 24—48 Std p. r. einige ungesättigte Fettsäuren, vor allem Linolsäure (C-18:2) und Arachidonsäure (C-20:4) in den Triglyceriden bzw. Phosphatiden des Serums vermehrt [57, 270]. Weniger ausgeprägt und eindeutig sind die beobachteten Veränderungen in den verschiedenen Säugetierorganen. Übereinstimmend wird festgestellt, daß nach einer akuten Bestrahlung das subcutane Fettgewebe abnimmt. Dieser Effekt ist teilweise auf die strahlenbedingte Anorexie der Tiere und die damit verbundene Mobilisierung von Fett zurückzuführen. Agostini u. Mitarb. [4] beobachteten eine vermehrte Freisetzung von Fettsäuren, die u. a. an die Leber abgeführt werden, aus dem Fettgewebe der bestrahlten Ratten.

Da sich die Sekretion der Lipide aus der Leber in das Blut jedoch nicht ändert, ist der Gehalt an Triglyceriden im Lebergewebe nach der Einwirkung ionisierender Strahlen nur geringfügig erhöht. Nach einer fraktionierten Bestrahlung (23 Tage 50 R/d) ist dieser Effekt erheblich verstärkt. Von Elko u. Di Luzio wurde eine starke Zunahme der Triglyceride in der Kaninchenleber 24 Std nach Bestrahlung mit 1000 R berichtet [167]. Andere Autoren fanden dagegen bei Ratten einige Stunden und in den ersten Tagen p. r. eine Verringerung des Triglyceridgehaltes im Lebergewebe [126, 167]. Mehrere Tage nach Bestrahlung wurde eine starke Erhöhung des Lipidgehaltes in der Leber von Skalka gemessen. Der Autor vermutet, daß diese Veränderung mit der strahlenbedingten Anämie der Tiere in engem Zusammenhang steht. So steigen die Lipide besonders bei denjenigen Mäusen an, deren Erythrocytenzahl stark vermindert ist (Abb. 49).

Der Phosphatidgehalt ist im Lebergewebe im allgemeinen nach Bestrahlung unverändert gefunden worden [57]. Die Analyse der Fettsäurezusammensetzung hat ergeben, daß wenige Stunden nach der Bestrahlung der Gehalt an ungesättigten Fettsäuren in den Leberphosphatiden abnimmt. Es wird diskutiert, daß dieser Effekt durch die Bildung der Lipidperoxide verursacht wird [56]. Echte experimentelle Hinweise liegen bisher jedoch nicht vor; zumal die gemessenen Mengen an Lipidperoxiden nicht ausreichen, um den erwähnten Abfall zu erklären. An diese Phase schließt sich eine teilweise Erhöhung ungesättigter Fettsäuren, z.B. der Arachidonsäure (C-20:4), an.

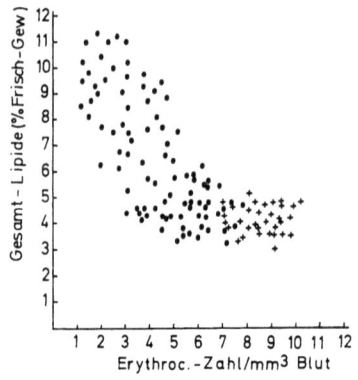

Abb. 49. Beziehung zwischen der Erythrocytenzahl im peripheren Blut und dem Lipidgehalt in der Leber bei Mäusen. (+) Kontrolltiere; (•) 8—12 Tage nach Ganzkörperbestrahlung mit 500—600 R [M. Skalka: Nature **182**, 1602 (1958)]

Blokhina u. Mitarb. [23] beobachteten eine Zunahme der Lipide in den Lebermitochondrien von Kaninchen nach einer Ganzkörperbestrahlung mit 800 R γ-Strahlen (^{60}Co). Es folgt 72 Std p.r. ein Abfall. Im Verlauf der Untersuchungen hat sich gezeigt, daß vor allem die Bindungsfestigkeit der Lipide in den Mitochondrienmembranen abnimmt. Schwarz u. Mitarb. [200] fanden einen erhöhten Gehalt an Phosphatidyl-Glycerin[44] in den Lysosomen und Mikrosomen der Rattenleber nach Bestrahlung mit 3000 R. In den Mitochondrien ist der Stoffwechsel dieses Phosphatids herabgesetzt, während beim Phosphatidyl-Cholin[44], Phosphatidyl-Serin[44] und Phosphatidyl-Äthanolamin[44] keine strahlenbedingten Abweichungen vom Normalwert auftreten.

Der Gehalt an Acyl-CoA, den metabolischen Vorstufen für die Lipidsynthese (Abb. 39), ist nach einer Ganzkörperbestrahlung mit 690 R im Lebergewebe von gefütterten Mäusen 1—15 Tage p.r. unverändert. Bei hungernden Mäusen tritt 10—15 Tage p.r. ein Abfall ein [20]. Da die Acyl-CoA-Verbindungen die Acetyl-CoA-Carboxylase-Aktivität hemmen („feed back"), besteht die Möglichkeit, daß dieser Strahleneffekt zur Regulation der Fettsynthese mehrere Tage p.r. beiträgt.

---

[44] In den Glycerinphosphatiden Phosphatidyl-Glycerin, Phosphatidyl-Cholin (Lecithin), Phosphatidyl-Serin und Phosphatidyl-Äthanolamin (Kephalin) ist die Phosphatidsäure mit Glycerin, Cholin, Serin bzw. Äthanolamin verestert (s. S. 115).

Ähnliche Veränderungen der Lipide wurden in den Nebennieren gefunden [57]. Wegen der Synthese von Steroidhormonen in diesem Organ hat der Cholesteringehalt in den Nebennieren erhebliche Bedeutung. Nach seiner Abnahme in den ersten Stunden nach Bestrahlung beobachtete Shelley eine Zunahme, die bei Applikation einer $LD_{100/30}$ sowohl nach Röntgen- als auch nach Neutronenbestrahlung eintrat [67]. Auf die Corticosteroide wird später eingegangen werden (s. S. 128). Ebenso steigt der Cholesteringehalt im Kaninchenthymus 24 Std nach γ-Ganzkörperbestrahlung mit 500 rad an. Auf den Gehalt an Triglyceriden ist die Strahlenwirkung jedoch ausgeprägter [152]. Dagegen werden keine wesentlichen Veränderungen des Lipidgehaltes in der Rattenmilz bis zu 24 Std nach einer Röntgendosis von 1500 R beobachtet. Lediglich der Gehalt an Arachidonsäure nimmt in den Lipiden zu [57].

Besondere Aufmerksamkeit hat man dem Stoffwechsel der Lipide im Knochenmark nach Bestrahlung gewidmet, zumal der Lipidgehalt dieses Organs im Vergleich zu anderen Geweben außerordentlich hoch ist. Elko u. Di Luzio fanden keine Veränderung 24 Std nach Ganzkörperbestrahlung von Kaninchen mit 1000 R [167]. Zu späteren Zeiten nimmt die Anzahl der Fettzellen im Knochenmark stark zu. Dieser Effekt geht mit einem erheblichen Anstieg des Triglyceridgehaltes einher und hält bei einer Ganzkörperbestrahlung von Ratten mit 800 R 3—4 Wochen an (Bollinger) [213]. Snyder u. Mitarb. fanden, daß vor allem die Triglyceride mit höheren Molekulargewichten zunehmen. Es zeigt sich, daß nach einer Strahlenbelastung die längerkettigen Fettsäuren in den Lipiden in höherem Maße enthalten sind. Die ionisierenden Strahlen beeinflussen die Fettsäurezusammensetzung der Triglyceride an der Hydroxylgruppe des Glycerins in Position 2 nicht. Jedoch ist der Gehalt an Linolsäure (C-18:2) in Position 1 und an Ölsäure (C-18:1) in Position 3 im Knochenmark 4—7 Tage nach Bestrahlung mit 800 R vermehrt [213].

So darf zusammenfassend gesagt werden, daß nach einer Bestrahlung mit letalen Strahlendosen in einer Reihe von Säugetiergeweben der Lipidgehalt zunimmt. Dieser Effekt ist im Blut und in einigen strahlenempfindlichen Organen wie im Knochenmark und im Thymus besonders ausgeprägt und wird vor allem durch die Erhöhung der Triglyceride verursacht. Jedoch nimmt der Gesamtgehalt an Fett pro Tier nach diesen Strahlendosen ab, da das Fettgewebe stark vermindert wird. Dagegen tritt mehrere Wochen und Monate nach einer niedrigen Strahlenbelastung eine „Verfettung" der Gewebe ein. Dieser Effekt ist vor allem an histologischen Präparaten beobachtet worden, jedoch biochemisch nicht eingehend untersucht. Bei der Fettsäurezusammensetzung ist nach akuter Bestrahlung eine Verschiebung zu längerkettigen Fettsäuren zu verzeichnen. Außerdem tritt nach einem anfänglichen Abfall ein leichter Anstieg von ungesättigten Fettsäuren in den Lipiden ein.

3. Der Stoffwechsel der Fettsäuren

Im Jahre 1951 berichteten Altman u. Mitarb., daß der Einbau von radioaktiv markiertem Acetat in die Fettsäuren durch Knochenmarkhomogenate direkt nach einer Ganzkörperbestrahlung von Kaninchen mit 800 R ansteigt [167]. Die Synthese ist 48 Std p.r. normal. 72 Std p.r. werden die gesättigten Fettsäuren vermehrt gebildet. Dagegen ist der Gehalt der ungesättigten Metabolite 7 Tage p.r. erhöht. Eine gesteigerte Fettsäurebildung wird ebenfalls im Lebergewebe von Ratten wenige Stunden nach der Einwirkung relativ hoher Strahlendosen beobachtet [126, 167]. Nach einer Ganzkörperbestrahlung (24 Std p.r.) mit 200 R ist der Einbau von Acetat-^{14}C in die Fettsäuren von Leberschnitten, die von den bestrahlten Tieren präpariert werden, nur mäßig erhöht, während nach einer Strahlendosis von 2500 R ein erheblicher Anstieg eintritt. Insbesondere nimmt die Bildung von Palmitinsäure (C-16:0) zu [93].

Ebenfalls wird *in vivo* eine strahlenbedingte Erhöhung der Fettsäuresynthese im Lebergewebe gemessen, wenn den Tieren Acetat-^{14}C injiziert wird [167]. Durch erhöhte Glucosefütterung kann dieser Strahleneffekt verhindert werden (Pande et al.) [93].

Berndt u. Mitarb. fanden, daß bereits 2 Std nach einer Ganzkörperbestrahlung von gefütterten Mäusen mit 690 R bei einer Inkubation von Leberhomogenaten die Neubildung der Fettsäuren aus Acetat und Acetyl-CoA erheblich ansteigt. Dagegen wird die Synthese aus Malonyl-CoA durch die ionisierende Strahlung nicht in

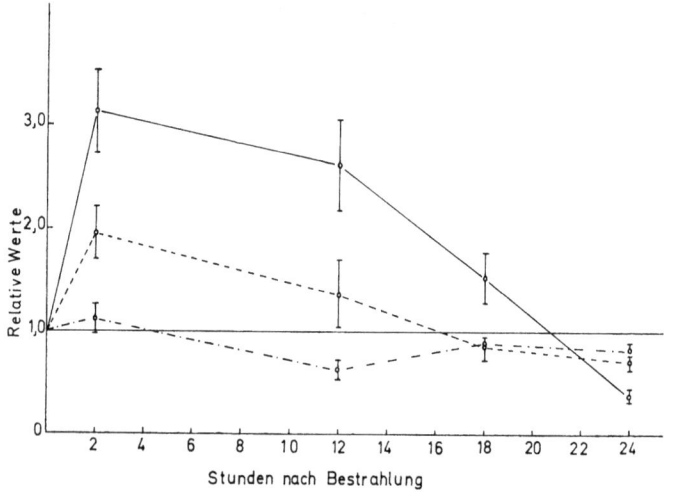

Abb. 50. Die Fettsäuresynthese in Leberhomogenaten aus Acetat (—), Acetyl-CoA (---) und Malonyl-CoA (-·-·-) 2—24 Std nach Ganzkörperbestrahlung von Mäusen mit 690 R. Die Einbauraten der Kontrolltiere wurden gleich 10, gesetzt. [J. Berndt, R. Gaumert u. O. Ulbrich: Biochim. Biophys. Acta **137**, 43 (1967)]

dieser Weise beeinflußt (Abb. 50) [152]. Es zeigt sich, daß durch die Bestrahlung offensichtlich nicht die Fettsäure-Synthetase in ihrer Aktivität verändert wird, da der Einbau des Malonyl-CoA in normaler Höhe stattfindet. Vielmehr scheint die Strahlenwirkung bei diesem System auf einer gesteigerten Aktivität der Acetyl-CoA-Carboxylase (Reaktion Acetyl-CoA → Malonyl-CoA, Abb. 39) zu beruhen. Dieses Enzym katalysiert den geschwindigkeitsbestimmenden Schritt der behandelten Stoffwechselkette, so daß durch einen Angriff an dieser Stelle die Regulation des Gesamtsystems verändert wird. Die Aktivität der Acetyl-CoA-Synthetase[45] und der Isocitrat-Dehydrogenase, die für die Bereitstellung von NADPH zur Fettsäurebildung von Bedeutung ist (Abb. 39), sowie der Gehalt an Acetyl-CoA sind unter denselben Bedingungen wie die Synthese der Fettsäuren aus Acetat erhöht (s. S. 104) [18, 152].

Die strahlenbedingte Zunahme der Fettsäuresynthese bleibt jedoch aus, wenn den Tieren 24 Std vor dem Abtöten die Nahrung entzogen wird. Unter diesen Bedingungen tritt sogar eine Erniedrigung des Umsatzes ein [152]. Bei den hungernden Mäusen sinkt die Aktivität der Acetyl-CoA-Carboxylase und damit die Synthese durch das Gesamtsystem unter den Normalwert ab, so daß der Einfluß der Bestrahlung offensichtlich ausgeschaltet wird. Eine befriedigende Erklärung für diesen Einfluß des Fütterungszustandes kann bisher nicht gegeben werden. Ein bis mehrere Tage p. r. ist der Einbau von Acetat, Acetyl-CoA und Malonyl-CoA in die Fettsäuren bei gefütterten Mäusen auf einen Umsatz erniedrigt, der etwa dem von Leberhomogenaten der hungernden Tiere gleicht. Bei fastenden Kaninchen wird wie bei den entsprechenden Mäusegruppen 1—24 Std nach einer Ganzkörperbestrahlung mit 500 rad (^{60}Co) kein erhöhter Einbau von Acetat-^{14}C in die Fettsäuren der Leber und des Thymus beobachtet, wenn Gewebehomogenate untersucht werden. Die Bildung der Myristinsäure (C-14:0) ist 4 Std p.r. erheblich gehemmt, während in Übereinstimmung mit den Fettsäureanalysen des Lebergewebes (s. S. 117) eine leichte Synthesesteigerung für die Metabolite mit längeren Kohlenstoffketten eintritt [152].

Im Darm wird auch bei gefütterten Säugetieren keine Erhöhung der Fettsäuresynthese nach Bestrahlung beobachtet [167].

Nur wenige Untersuchungen liegen über den Abbau der Fettsäuren vor. Waldschmidt beobachtete einige Stunden nach Bestrahlung von Ratten mit 300 R, daß die Aktivität der Palmityl-CoA-Dehydrogenase in der Milz und im Thymus abnimmt. Die Oxidation von Palmitat-1-^{14}C ist jedoch nach dieser Strahlenbelastung in den erwähnten Organen unverändert [256]. Dagegen fällt nach einer höheren Strahlendosis (500 rad) die Oxidation von Palmitat-1-^{14}C im Kanin-

---

[45] Die Acetyl-CoA Synthetase führt die Bildung des Acetyl-CoA aus Acetat und Coenzym A unter Mitwirkung von ATP durch.

chenthymus ab. 24 Std p.r. findet der Abbau dieser Fettsäure nur in sehr beschränktem Umfange statt. Mit isolierten Mitochondrien wurde dieselbe Beobachtung gemacht. Im Lebergewebe ist die Fettsäureoxidation unverändert [153]. Snyder fand, daß dieser Stoffwechselprozeß im Knochenmark der Ratten 1 Tag nach einer Bestrahlung mit 800 R sowie 2 Tage bis mehrere Wochen nach einer Strahlendosis von 100—800 R erniedrigt ist. Wahrscheinlich tragen der verminderte Abbau der Fettsäuren sowie die vermehrte Fettsynthese zu der Erhöhung des Fettgehaltes in diesem Organ bei [213].

4. Die Biosynthese von Triglyceriden und Phosphatiden

Von Snyder u. Mitarb. ist die Biosynthese von Lipiden im Knochenmark nach Bestrahlung eingehend untersucht worden. Diese Arbeitsgruppe verabreichte Ratten 4 Tage nach einer Ganzkörperbestrahlung mit 800 R Palmitat-^{14}C (C-16:0) oral und fand, daß der Einbau in die Lipide des Knochenmarks 6 Std nach der Applikation der Fettsäure im Vergleich zu den Kontrolltieren erhöht ist. In der Leber tritt dagegen 4 und 6 Std nach der oralen Gabe der entgegengesetzte Effekt ein (Abb. 51). Die Veresterung von Palmitinsäure und Stearinsäure (C-18:0) zu den Triglyceriden ist nach Bestrahlung gesteigert, während der Einbau von Ölsäure (C-18:1) unverändert stattfindet. Dagegen wird eine starke Hemmung der Triglyceridsynthese 3 bis 5 Tage nach Bestrahlung beobachtet, wenn das Knochenmark mit Palmitat-^{14}C *in vitro* inkubiert wird. Ein und 2 Tage p.r. wird keine Veränderung gemessen. Der Einbau des Palmitats in die Phospholipide ist 1—5 Tage p.r. unter denselben Bedingungen *in vitro* stark herabgesetzt (Pfleger u. Snyder) [213].

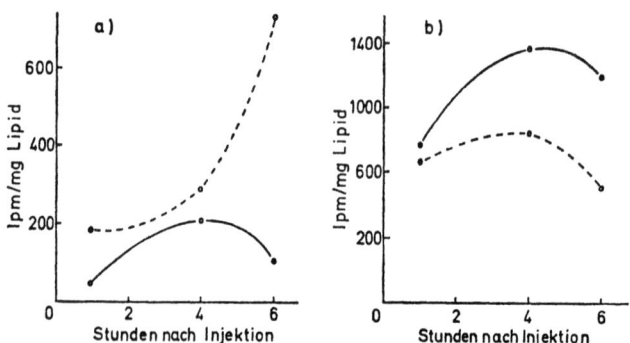

Abb. 51. Die Einbaurate von Palmitat-^{14}C in die Lipide des Knochenmarkes (a) und der Leber (b) von Ratten, angegeben in Impulsen pro Minute (Ipm)/mg Lipid in Abhängigkeit von der Zeit nach der oralen Gabe des Palmitats. o—o Kontrolltiere; o---o 4 Tage nach Ganzkörperbestrahlung mit 800 R. [F. Snyder: Radiat. Res. **27**, 375 (1966)]

Die Autoren vermögen die beobachtete Diskrepanz zwischen den Untersuchungen *in vivo* und *in vitro* nicht zu erklären. In weiteren Experimenten wurde Ratten doppelmarkiertes Tripalmitin[46] — der Glycerinrest war mit Tritium (^{3}H) und die Palmitinsäurereste mit radioaktivem Kohlenstoff (^{14}C) markiert — intravenös injiziert. Die Ergebnisse zeigen, daß die strahlenbedingt vermehrten Triglyceride im Knochenmark wahrscheinlich nicht über das Blut von anderen Geweben in dieses Organ gelangen, sondern *de novo* synthetisiert werden. So ist das Verhältnis ^{3}H/^{14}C in den Triglyceriden dieses Gewebes niedriger als in dem injizierten Tripalmitin. Daraus muß geschlossen werden, daß in das Fett des Knochenmarks weniger Glycerin als Palmitat eingebaut wird.

Unterschiedliche Strahleneffekte sind ebenfalls für die Synthese der Leberphosphatide bei Experimenten *in vitro* und *in vivo* beobachtet worden. Weinman u. Mitarb. fanden, daß Leberschnitten von bestrahlten Ratten (24 Std nach einer Dosis von 1000—2500 R) mehr ^{32}P-markiertes Phosphat in die Phospholipide einbauten als das Gewebe von unbestrahlten Tieren. Der erhöhte Phosphat-Einbau ist in den Zellkernen, Mitochondrien, Mikrosomen und im Partikelfreien Cytoplasma gemessen worden [167]. Dagegen tritt eine solche Strahlenwirkung nicht auf, wenn den Ratten das markierte Phosphat injiziert wird und die Phospholipide des Lebergewebes 1 Std nach der Injektion analysiert werden. Dieses Ergebnis entspricht dem Gehalt an Phosphatiden in der Leber, der nach einer Bestrahlung unverändert ist (s. S. 117).

Miras u. Mitarb. beobachteten eine vermehrte Lipidsynthese in Thymushomogenaten 4 Std nach Ganzkörperbestrahlung von Kaninchen mit 500 rad. In die Lipide der Leber wurde der Acetat-^{14}C-Einbau 4 und 12 Std p. r. erniedrigt gemessen [152]. Eine Ganzkörperbestrahlung mit 750 R beeinflußte die Einbaurate von Phosphat-^{32}P in die Phospholipide des Hirns bis zu 48 Std p. r. nicht, 72—96 Std p. r. wurde eine Erniedrigung gefunden [126].

Die Untersuchung der Fettsäure- und Fett-Biosynthese im bestrahlten Säugetier ergibt, daß unter Einhaltung bestimmter Bedingungen (Zeitfaktoren, Strahlendosen usw.) *in vitro* eine erhöhte Biosynthese gemessen werden kann. Diese Zunahme reicht jedoch nicht aus, um die Veränderungen des Lipidgehaltes und der Neubildung nach Bestrahlung *in vivo* zu erklären. Offensichtlich sind die Kenntnisse über die physiologische Regulation dieser Systeme nicht ausreichend, um die Verhältnisse, die *in vivo* herrschen, im Reagenzglas nachzuvollziehen. So wird z. B. der mögliche Einfluß der Hormone, des Transports u. a. beim Experiment *in vitro* nicht berücksichtigt.

---

[46] In dem Triglycerid Tripalmitin sind alle drei Hydroxylgruppen des Glycerins mit Palmitinsäure verestert.

5. Die Biosynthese von Cholesterin

Auf Messungen des Cholesteringehaltes nach Bestrahlung in den Nebennieren ist bereits hingewiesen worden (s. S. 119). Sowohl nach einer Neutronen- als auch nach einer Röntgenbestrahlung mit letalen Dosen nimmt der Gehalt des Cholesterins im Blutplasma und in der Leber zu. Allerdings liegt der Zeitpunkt dieser Veränderung je nach den Versuchsbedingungen unterschiedlich (Shelley) [67]. Im Darm von Ratten wurde 24—72 Std nach Ganzkörperbestrahlung mit 400—1200 R keine Veränderung des Cholesteringehaltes beobachtet [252].

Der Einbau von Acetat-^{14}C- und Tritium-haltigem Wasser in das Cholesterin der Leber und der Nebennieren von gefütterten sowie von 24 Std hungernden Ratten ist 48 Std nach Bestrahlung mit Dosen von 300—2400 R stark erhöht (Abb. 52). Über einen weiten Bereich ergibt sich eine Proportionalität zwischen der Strahlenwirkung und der Strahlendosis (Abb. 52), wenn das Acetat-^{14}C den Ratten injiziert und der Einbau p.i. in der Leber gemessen wird. Bei der Analyse von freiem sowie verestertem Cholesterin wird der gleiche Effekt gesehen. Untersuchungen 24 Std p.r. (2400 R) führen zu einer geringeren Erhöhung und 4 Std p.r. wird keine Veränderung der Cholesterin-Biosynthese gefunden. Der Cholesteringehalt weicht jedoch bis zu 48 Std p.r. im Lebergewebe nicht signifikant vom Normalwert ab. Diese Ergebnisse konnten bei Untersuchungen *in vitro* mit Leberhomogenaten weitgehend bestätigt werden.

Bucher u. Mitarb. fanden, daß nach einer Bestrahlung von Ratten mit 2400 R Acetat *in vitro* stark erhöht eingebaut wird, während die Cholesterin-Synthese aus Mevalonsäure in weitaus geringerem Maße zunimmt. Berndt u. Mitarb. konnten diese Befunde mit Leberschnitten

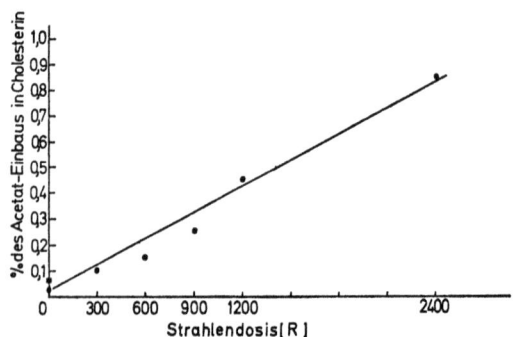

Abb. 52. Der Einbau von Acetat in das Cholesterin der Leber, angegeben in % des injizierten Acetats, in Abhängigkeit von der Strahlendosis. Den Ratten wurde 48 Std nach Ganzkörperbestrahlung Acetat-^{14}C injiziert, 4 Std später wurden die Tiere abgetötet. [R. G. Gould, V. L. Bell u. E. H. Lilly: Amer. J. Physiol. **196**, 1231 (1959)]

von hungernden Mäusen, die eine bessere Einbaurate als Homogenate ergaben, bestätigen [19]. Von mehreren Arbeitsgruppen wurde gezeigt, daß die HMG-CoA-Reductase[47] der geschwindigkeitsbestimmende enzymatische Schritt des Stoffwechselweges Acetyl-CoA → Cholesterin ist. Ähnlich wie es für die Fettsäure-Biosynthese beschrieben worden ist (s. S. 121), scheint als Folge der Strahlenwirkung auch bei der Cholesterin-Synthese die Aktivität des regulierenden Enzyms verändert zu werden. Allerdings sind die Verhältnisse nicht so eindeutig wie bei der Fettsäure-Bildung, da die Einbaurate der Mevalonsäure, des Produktes der HMG-CoA-Reductase, ebenfalls nach Bestrahlung ansteigt, wenn auch in weitaus geringerem Maße als diejenige des Acetats [19].

Die Cholesterin-Biosynthese wird in den Nebennieren wie im Lebergewebe nach der Einwirkung ionisierender Strahlen erhöht gefunden, wenn sie sowohl *in vitro* als auch *in vivo* gemessen wird. In der Milz ist ein erhöhter Einbau von Acetat-^{14}C in das Cholesterin 48 Std nach Bestrahlung mit 300—2400 R beobachtet worden, wenn die Ratten 2—4 Std nach der Injektion des Acetats abgetötet werden. Dagegen war die Cholesterin-Bildung aus Acetat im Rattendarm *in vivo* 24—72 Std nach Strahlendosen von 400—800 R leicht erniedrigt [252], während eine Bestrahlung mit 1200 R keinen signifikanten Effekt erbrachte.

Auf einem Nebenweg der Steroidsynthese kann aus dem Acetyl-CoA Acetoacetat (AcAc) gebildet werden, das zum β-Hydroxybutyrat (β-HO-Bu) reduziert wird. Analog zum Lactat/Pyruvat ist auch das Verhältnis β-HO-Bu/AcAc im Lebergewebe der Maus wenige Stunden p. r. erniedrigt. Der absolute Gehalt beider Metabolite ist bei hungernden Mäusen nach Bestrahlung herabgesetzt (Streffer) [16]. Möglicherweise besteht zwischen der vermehrten Cholesterin-Synthese sowie der verminderten β-Hydroxybutyrat- und Acetoacetat-Bildung ein Zusammenhang, da beide Metabolite die gleichen metabolischen Vorstufen haben.

Auf Grund der beschriebenen Befunde ergibt sich eine relativ gute Übereinstimmung bei den Untersuchungen der Cholesterin-Biosynthese, die *in vivo* und *in vitro* an Säugetieren durchgeführt worden sind. Es zeigt sich einmal mehr, daß komplizierte biochemische Systeme, wie die Biosynthese der Fettsäuren und des Cholesterins, nach der Einwirkung von letalen und supraletalen Strahlendosen bis zum Tode des Tieres durchaus funktionstüchtig bleiben, bzw. sogar eine Steigerung ihrer Aktivität erfahren können. Als überaus bedeutsam erscheint dabei, daß die strahlenbedingten Veränderungen offensichtlich bevorzugt an den regulierenden Stellen des Stoffwechsels auftreten und damit außerordentlich wirkungsvoll sind.

---

[47] Die β-Hydroxy-β-methyl-glutaryl-Coenzym A (HMG-CoA)-Reductase reduziert unter Verbrauch von NADPH das HMG-CoA zu Mevalonsäure.

VII. Die Hormone und ihr Stoffwechsel nach Bestrahlung

Die Hormone sind an der Regulation des Stoffwechsels in sehr starkem Maße beteiligt. Es werden unter diesem Begriff relativ niedermolekulare Substanzen verstanden, die von spezialisierten Drüsen (innersekretorischen Drüsen) oder Geweben gebildet, in die Blutbahn sezerniert werden und an den peripheren Erfolgsorganen spezifische Wirkungen entfalten. Man unterscheidet auf Grund ihres chemischen Aufbaus Proteohormone, die aus peptidartig verknüpften Aminosäuren bestehen, Steroidhormone sowie Hormone, die aus Aminosäuren gebildet werden. Die Sekretion vieler Hormone unterliegt einer Kontrolle durch das Zentralnervensystem (ZNS). So wird z.B. von bestimmten Zentren des Zwischenhirnes ein Neurosekret gebildet, das in der Hypophyse zur Ausschüttung von Proteohormonen führt. Diese Peptide stimulieren dann die Sekretion der Hormone aus den peripheren Drüsen. Das Adrenocorticotrope Hormon (ACTH) bewirkt z.B. die Freisetzung der Corticosteroide aus der Nebennierenrinde (Abb. 53) oder das thyreotrope Hormon die Sekretion des Thyroxins aus der Schilddrüse. Andererseits wird durch den Hormonspiegel im Blut die Aktivität der Hypophyse und des Zwischenhirns reguliert (Abb. 53).

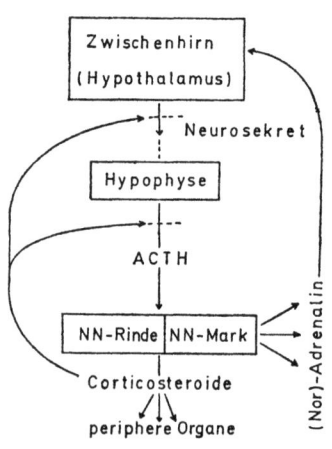

Abb. 53. Schematische Darstellung des Hypophysen-Nebennierensystems

Es ist bereits mehrfach darauf hingewiesen worden, daß eine Reihe von biochemischen Veränderungen, die nach Bestrahlung beobachtet werden, auf hormonelle Reaktionen zurückgeführt werden müssen. So konnte z.B. die Erhöhung der RNS-Polymerase-Aktivität sowie der Anstieg des Glykogen- und Glucosegehaltes nach Bestrahlung im Lebergewebe von Säugetieren nicht gemessen werden, wenn den Tieren die Hypophyse oder die Nebennieren operativ entfernt wurden. Es ist ferner gezeigt worden, daß Hormone, vor allem Oestrogene und Androgene, die Strahlenempfindlichkeit von Säugetieren verändern. Die Befunde lassen erkennen, daß diesen Stoffwechselregulatoren eine große Bedeutung für die Entwicklung der biologischen Strahlenwirkung zukommt. Unser Wissen um die strahlenbedingten Veränderungen des Hormonhaushalts und ihrer Funktion ist noch sehr lückenhaft. Ebenso steht man auch in der allgemeinen Biologie erst an einem Anfang, um die molekularen Abläufe dieser Regulationsmechanismen zu verstehen.

Im Zusammenhang mit den Strahleneffekten bei Säugetieren ist das Adaptationssyndrom nach Selye häufig untersucht worden. Dieses Konzept besagt, daß durch Auslösung eines Stress der Hypothalamus entweder direkt oder indirekt aktiviert wird. Über die Hypophyse und das ACTH tritt eine unphysiologisch hohe Freisetzung von Corticosteroiden aus der Nebenniere ein, die dann in den Stoffwechsel der Gewebe eingreifen (Abb. 53).

1. Die Hormone der Hypophyse

Künkel u. Mitarb. sowie Bacq u. Mitarb. haben die Neurosekretion im Zwischenhirn und in der Hypophyse nach einer Bestrahlung von Ratten untersucht. Direkt nach einer Röntgen-Ganzkörperbestrahlung mit 700—800 R setzt in den Zellen des Hypothalamus und des Hypophysen-Hinterlappens eine Entleerung an Neurosekret ein. Dieser Vorgang erreicht 2 Std p.r. ein Maximum. Die betroffenen Zellen werden dann sehr aktiv. 11 Std p.r. ist der Gehalt an Neurosekret wieder normal [54]. Mehrere Tage p.r. tritt eine erneute Erniedrigung ein (Künkel u. Mitarb.). Bereits nach einer Strahlendosis von 200 R wurde eine Abnahme des Neurosekrets beobachtet, jedoch war das Ausmaß dieses Effektes im Vergleich zu höheren Strahlendosen vermindert. Eine Verringerung der Dosisleistung von 100 R/min auf 10 R/min ergab keine unterschiedliche Reaktion. Nach einer Teilkörperbestrahlung mit 700 R wird die gleiche Strahlenwirkung auf die neurosekretorischen Prozesse gesehen, wenn jeweils nur der Kopf der Ratten oder der Rumpf der Tiere den ionisierenden Strahlen ausgesetzt wird. Die Autoren vermuten, daß vor allem bei der Rumpfbestrahlung periphere Nerven, die zum Hypothalamus führen, durch die Strahlung stimuliert werden und die Neurosekretion verursachen [54].

Die Hypophysektomie erniedrigt die Strahlenresistenz von Ratten. Jedoch hat die prophylaktische bzw. therapeutische Gabe von Hormonen der Hypophyse bisher zu keiner eindeutigen Zunahme der Überlebensrate von Säugetieren nach Bestrahlung geführt. Mateyko u. Mitarb. beobachteten einen Anstieg des ACTH-Gehaltes in der Ratten-Hypophyse eine Stunde nach einer Ganzkörperbestrahlung mit 1000 R. 24 Std p.r. lag der Gehalt des Hormons unter dem Normalwert. Allerdings konnten diese Befunde von Binhammer u. Crocker nicht bestätigt werden. Diese Autoren stellten einen Abfall des ACTH-Gehaltes in der Hypophyse fest, der jedoch auch nach einer Scheinbestrahlung auftrat [22]. Dennoch deuten eine Reihe von Ergebnissen, die im Zusammenhang mit den Corticosteroiden besprochen werden, auf eine vermehrte Ausschüttung von ACTH aus der Hypophyse hin.

Mosier u. Jansons bestrahlten den Kopf von Ratten in einem Alter von 2 Tagen mit 600 R und untersuchten 21, 40 und 119 Tage p.r. den

Gehalt der Hypophyse an Wachstumshormon, gonadotropem sowie thyreotropem Hormon. Es werden keine wesentlichen Veränderungen gefunden, wenn der Hormongehalt auf ein Milligramm Hypophysengewebe bezogen wird. Allerdings erreicht die Hypophyse der bestrahlten Tiere nur etwa das halbe Gewicht des Organs der Kontrolltiere, so daß der Hormongehalt pro Ratte abnimmt [158]. Bagramyan u. Mitarb. beobachteten, daß der Vasopressin-Gehalt im hinteren Hypophysenlappen nach einer Bestrahlung von Ratten mit 800 R ansteigt [12].

2. Die Corticosteroide [48]

Bacq u. Mitarb. fanden, daß bereits eine Stunde nach Ganzkörperbestrahlung von Ratten mit 700 R eine Abnahme des Gehaltes an Ascorbinsäure und Cholesterin in den Nebennieren eintritt.

2—3 Std p.r. sind die gemessenen Werte besonders niedrig und 12—24 Std p.r. normalisieren sie sich wieder. Damit ist die als „erste Reaktion" bezeichnete Frühphase abgeschlossen. Ihr folgt eine „zweite Reaktion", die bei letalen Dosen mit einer erneuten Erniedrigung beider Metabolite mehrere Tage p.r. einsetzt [67]. Da für die Biosynthese der Corticosteroide in der Nebennierenrinde sowohl Cholesterin als auch Ascorbinsäure benötigt wird, nehmen Bacq u. Mitarb. an, daß nach der Bestrahlung eine vermehrte Bildung von Hormonen in der Nebennierenrinde stattfindet.

Es ist bereits beschrieben worden, daß Acetat-^{14}C in das Cholesterin der Nebenniere nach der Einwirkung ionisierender Strahlen erhöht inkorporiert wird. Ivanenko fand, daß 3 Std nach einer Ganzkörperbestrahlung von Ratten mit 700 R die Biosynthese des Aldosterons [48] in den Nebennieren verstärkt ist [102]. In weiteren Untersuchungen ist 24 Std nach einer Ganzkörperbestrahlung von Ratten mit 600 bis 1000 R ebenfalls ein erhöhter Einbau von Acetat-^{14}C in das Corticosteron beobachtet worden [100]. Bei hypophysektomierten Tieren tritt die Veränderung der Corticosteroid-Synthese nicht auf [11]. Dieser Befund weist auf die Beteiligung des ACTH an der Entwicklung dieser Strahleneffekte hin.

Die biologische Halbwertzeit von injiziertem Cortison ist im Blut bestrahlter Affen normal. Winkler u. Schorn haben gezeigt, daß der Abbau von Cortison bis zu 5 Tagen nach einer Bestrahlung von Meerschweinchen unverändert ist [67]. Auf Grund dieser experimentellen Daten ist ein erhöhter Gehalt von Corticosteroiden in den Organen, im Blut und Urin zu erwarten. Von verschiedenen Arbeits-

---

[48] Man unterscheidet die Corticosteroide in Glucocorticoide und Mineralocorticoide. Die erste Gruppe ist u.a. an der Regulation des Kohlenhydratstoffwechsels beteiligt. Zu ihr gehört das Cortison und das Hydrocortison. Die zweite Gruppe reguliert vor allem den Elektrolythaushalt der Säugetiere. Mineralocorticoide bei der Ratte sind das Aldosteron und das Desoxycorticosteron (DOCA).

gruppen konnte diese Annahme durch die direkte Bestimmung der Hormone bestätigt werden.

Sehr eingehend wurde diese Problematik von Flemming u. Mitarb. untersucht [67]. Es hat sich gezeigt, daß bereits 5 min nach einer Ganzkörperbestrahlung mit 1000 R die Corticosteroide im Blut stark erhöht sind. Dieser Strahleneffekt nimmt in den folgenden Stunden ab (Abb. 54) und steigt 12—24 Std p.r. erneut an, so daß die sogenannte „erste Reaktion" (s. S. 128) in zwei Phasen zu unterteilen ist. Allerdings wird die frühe Zunahme des Corticosteroid-Gehaltes nur beobachtet, wenn die Experimente mit „gewöhnten" Ratten durchgeführt werden. — Die „gewöhnten" Tiere wurden 10—14 Tage vor Beginn des Versuchs täglich scheinbestrahlt, um Effekte, die durch den Aufenthalt der Tiere in der Bestrahlungsapparatur interferierend wirken, auszuschalten. — Einige Tage nach dem Strahleninsult nimmt der Gehalt an Corticosteroiden im Blut erneut zu. Dieser Effekt ist besonders ausgeprägt, wenn die Tiere eine letale Dosis erhalten haben.

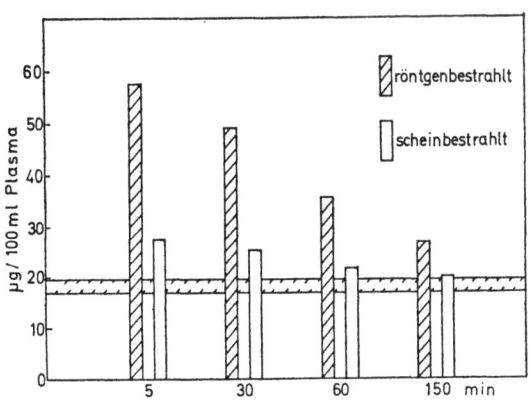

Abb. 54. Der Corticosteroidgehalt im Blutplasma von „gewöhnten" Ratten (siehe Text) 5—150 min nach Scheinbestrahlung bzw. Ganzkörperbestrahlung mit 1000 R. [K. Flemming, B. Geierhaas, W. Hemsing u. U. Mannigel: Int. J. Radiat. Biol. **14**, 93 (1968)]

Der Gehalt der Hormone in der Nebenniere verläuft parallel zu demjenigen, der im Blut gefunden wird. Eine Differenzierung der Corticosteroidbestimmung 4—6 Tage p.r. in diesem Organ ergibt, daß bei der bestrahlten Ratte die Glucocorticoide stärker erhöht sind als die Mineralocorticoide Desoxycorticosteron und Aldosteron (Flemming) [67]. Es tritt damit eine Verschiebung des Gleichgewichtes beider Hormongruppen während der „zweiten Reaktion" ein. Möglicherweise trägt dieser Effekt zu den strahlenbedingten Veränderungen z.B. des Kohlenhydratstoffwechsels (s. S. 105) bei. Die Ausscheidung der Corticosteroide im Urin bestrahlter Säugetiere ist besonders während der „zweiten Reaktion" stark vermehrt [67]. Burstein u. Pincus fanden, daß Meerschweinchen nach einer Bestrahlung mit 1000 R Cortison unverändert ausschieden, während der Gehalt an 2-α- sowie 6-β-Hydroxycortison im Urin erhöht war [34]. Andere Autoren berichteten, daß eine Beziehung zwischen der Ausscheidung von 17-Ketosteroiden[49] und der Überlebensrate von Ratten besteht [236].

Es ist die Frage aufgeworfen worden, ob die früheren Veränderungen des Corticosteroidgehaltes auf eine spezifische Strahlenwirkung zurückzuführen sind. Insbesondere die Untersuchungen mit den „gewöhnten" Tieren haben gezeigt, daß die ionisierenden Strahlen eine Stress-Situation — wahrscheinlich über das Zwischenhirn und die Hypophyse — auslösen. Die beobachteten Effekte werden also nicht oder nur teilweise durch die Erregung der Tiere in der Bestrahlungsapparatur verursacht. Die gleichen oder ähnliche Symptome können jedoch auch durch andere Reize auf das neuroendokrine System erzeugt werden. Offensichtlich führt die Bestrahlung zu einer Stimulierung der Nebennierenrindenfunktion durch die Hypophyse, so daß unter diesem Einfluß eine Hypertrophie des Nebennierengewebes eintritt.

Die Bedeutung der Corticosteroid-Veränderungen für den Gesamtorganismus ist häufig diskutiert worden. Es wird angenommen, daß die „erste Reaktion" abläuft, ohne eine zusätzliche Schädigung der bestrahlten Tiere hervorzurufen, sondern sogar als regulatorische Maßnahme deren Situation verbessert. Dagegen wird vermutet, daß die „zweite Reaktion" zur Schwere der akuten Strahlenkrankheit beiträgt. Diese Hypothese ist nicht unwidersprochen geblieben [10]. Das experimentelle Material gestattet bisher kein abschließendes Urteil zu dieser Frage. Interessant ist in diesem Zusammenhang, daß die Synthese von Enzymen, die durch Glucocorticoide induziert werden, selbst nach Strahlendosen von mehreren Tausend R unverändert abläuft (s. S. 80).

3. Die Keimdrüsenhormone

Zur Abschätzung des Risikos, das der Umgang mit ionisierenden Strahlen mit sich bringt, gewinnt die Untersuchung der Strahlenwirkung auf die Gonaden besondere Bedeutung. Sowohl die Hoden als auch das Ovar von Säugetieren haben sich als strahlenempfindlich erwiesen. Es hat sich gezeigt, daß die Spermatogonien im Hodengewebe besonders schnell nach lokaler oder totaler Bestrahlung abnehmen. Die Fertilität der männlichen Maus wird nach einer täglichen Strahlendosis von 2,5 R (Gesamtdosis 400 R) herabgesetzt (Langendorff u. Mitarb.) [249]. Ähnliche Beobachtungen sind auch bei weib-

---

[49] Zu den 17-Ketosteroiden werden Substanzen zusammengefaßt, die am Kohlenstoffatom C-17 der Steroidseitenkette eine Ketogruppe haben. Dazu gehören z. B. Cortison, Corticosteron sowie Aldosteron. Die 17-Ketosteroide können analytisch durch eine Farbreaktion gemeinsam erfaßt werden. Ihre Ausscheidung im Urin wird zur Funktionsanalyse der Nebennierenrinde benutzt.

lichen Tieren gemacht worden [133]. Nach einer einmaligen Kopfbestrahlung mit 1500 R ist die Wurfgröße und die Zahl der Würfe bei Mäusen reduziert [134]. Dieser Befund deutet auf die Beteiligung hormonaler Faktoren (wahrscheinlich über die Hypophyse) hin.

Verschiedene Autoren haben beobachtet, daß die Keimdrüsen und ihre Hormone die Strahlenempfindlichkeit des Gesamtorganismus beeinflussen. Es ist mehrfach gefunden worden, daß weibliche Mäuse strahlenresistenter als männliche Tiere sind. Die Kastration ergibt, daß männliche Kastraten höhere Strahlendosen tolerieren, während die weiblichen Tiere nach der Operation strahlenempfindlicher werden (Langendorff u. Koch) [65]. Ferner erhöht die Injektion von Oestrogenen[50] einige Tage vor einer Ganzkörperbestrahlung die Resistenz von Ratten und Mäusen [65].

Ellis u. Berliner untersuchten die Synthese der Androgene[50] Testosteron und Androstendion im Hodengewebe nach einer Strahleneinwirkung [209]. Nach einer Ganzkörperbestrahlung mit 540 R ($LD_{50/30}$) inkubierten die Autoren die Hoden von Mäusen in Phosphatpuffer pH 7,4 mit Pregnenolon-^3H[50] und Progesteron-^{14}C[50]. Anschließend wurden die gebildeten Steroide auf ihren Gehalt an Radioaktivität analysiert. Wurde die Syntheserate auf Milligramm Hodengewebe bezogen, so nahm die Biosynthese der Androgene aus beiden Vorstufen 1—30 Tage p.r. stark zu. Da jedoch das Hodengewicht nach Bestrahlung stark abfällt, ist die Testosteron-Synthese pro Tier erniedrigt, während die Androstendion-Bildung zur gleichen Zeit ansteigt.

Nach einer lokalen Röntgenbestrahlung des Hodens von Ratten mit 1500 R ist die Biosynthese der Androgene (Testosteron wie auch Androstendion) 20 Tage p.r. vermindert. Die Synthese von 17-α-, 20-β-Dihydroxyprogesteron ist jedoch erhöht. 20 Tage nach einer Kopfbestrahlung mit 1500 R nimmt das Gewicht der Rattenhoden nicht ab. Bei der Teilkörperbestrahlung verläuft die Synthese von Androstendion aus Pregnenolon und Progesteron unverändert, dagegen ist die Testosteron-Bildung erniedrigt. Da der Stoffwechselschritt Androstendion → Testosteron durch eine Dehydrogenase mit NADPH als Coenzym katalysiert wird, nehmen Ellis u. Berliner an, daß die strahlenbedingte Veränderung auf einen NADPH-Mangel zurückzuführen ist. Durch die Zugabe eines NADPH regenerierenden Systems (Glucose-6-phosphat, Glucose-6-phosphat-Dehydrogenase

---

[50] Die männlichen Keimdrüsenhormone werden auch als Androgene bezeichnet. Der wichtigste Vertreter ist das Testosteron, ein weiteres Androgen ist das Androstendion. Die Oestrogene sind weibliche Keimdrüsenhormone. Zu dieser Gruppe zählen das Oestradiol, Oestriol und Oestron. Sowohl die Androgene als auch die Oestrogene sind Steroidhormone. Ihre Biosynthese geht vom Cholesterin aus und erfolgt über Pregnenolon → Progesteron → 17-α-Hydroxyprogesteron → Androstendion → Testosteron → → Oestrogene. Im Hodengewebe läuft diese Synthese nur bis zum Testosteron.

und NADP+) wird eine Steigerung der Testosteron-Synthese im Hodengewebe der bestrahlten Tiere erreicht [209].

Auf Grund der Ergebnisse, die nach lokaler Bestrahlung der Hoden und nach der Kopfbestrahlung erhalten werden, vermuten die Autoren, daß die strahlenbedingten Veränderungen der Androgen-Biosynthese zum einen auf primäre Strahleneffekte in den Hoden und zum anderen auf eine abnormale Sekretion des gonadotropen Hormons in der Hypophyse zurückzuführen sind. Bei Bestrahlung des Hodengewebes von Ratten *in vitro* sinkt die Syntheserate der Androgene erst nach einer Strahlendosis von 4050 R signifikant ab [209].

Stitch u. Mitarb. untersuchten 1—120 Tage nach einer Ganzkörperbestrahlung von Ratten mit 400 R die Bildung von Oestradiol in den Ovarien, die *in vitro* mit Testosteron inkubiert wurden. Es ergaben sich während des gesamten Untersuchungszeitraumes keine signifikanten Abweichungen von den Werten, die an unbestrahlten Kontrolltieren gemessen wurden [218]. Smith u. Emerson fanden, daß nach einer Bestrahlung von Säugetieren die Ausscheidung der Oestrogene im Urin nicht erniedrigt war. Unterschiedliche Ergebnisse wurden für die Harnausscheidung der Oestrogene durch Krebs-Patientinnen berichtet, deren Ovar lokal bestrahlt wurde [218].

4. Die biogenen Amine

In diesem Abschnitt sollen einige Untersuchungen über den Stoffwechsel der Amine Adrenalin, Noradrenalin, 5-Hydroxytryptamin und Histamin in bestrahlten Säugetieren besprochen werden. Die Bildung dieser Amine geht von der Decarboxylierung einer aromatischen Aminosäure aus. Während die Catecholamine Adrenalin und Noradrenalin im wesentlichen im Mark der Nebenniere synthetisiert und von dort sezerniert werden, entstehen das 5-Hydroxytryptamin und das Histamin in den Geweben selbst. Man bezeichnet sie daher als Gewebehormone. Von der Monoaminoxidase werden die Amine desaminiert (Abb. 37) und damit inaktiviert. Diese Substanzen sind an der Steuerung einer Reihe von physiologischen Funktionen, z.B. des Blutkreislaufes, der Motilität des Darmes, der Übertragung des Nervenreizes an den Synapsen im ZNS oder am Muskel, beteiligt. Wegen der ähnlichen pharmakologischen Funktionen wird das Acetylcholin, das durch die Acetylcholinesterase hydrolysiert und damit inaktiviert wird, hier ebenfalls besprochen werden.

Vor allem von verschiedenen russischen Arbeitsgruppen ist der Gehalt an Acetylcholin und die Aktivität der Acetylcholinesterase in den Geweben bestrahlter Säugetiere untersucht worden. Während die Enzymaktivität nach einer Bestrahlung im allgemeinen nicht signifikant verändert ist, ist der Acetylcholingehalt im Darm von Ratten nach einer Ganzkörperbestrahlung mit 800 R erhöht [113]. Diese Beobachtung ist ebenso bei Affen (Macaca mulatta) gemacht worden [124]. In der

Leber tritt dieser Effekt erst während der akuten Strahlenkrankheit besonders ausgeprägt auf [123].

Untersuchungen im Hypothalamus von Kaninchen und Affen (Macaca mulatta) haben übereinstimmend ergeben, daß der Catecholamin-Gehalt einige Stunden nach einer Ganzkörperbestrahlung mit einer Dosis im Bereich der LD_{90} stark abfällt (Abb. 55). Derselbe

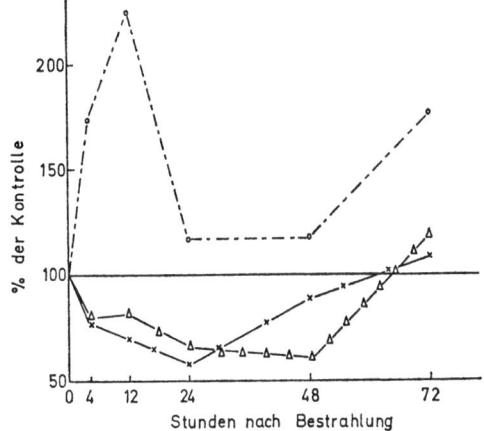

Abb. 55. Der Gehalt an Catecholaminen, angegeben in % der Kontrollen im Mittelhirn (o—o), im Hypothalamus (∆—∆) und in den Nebennieren (×—×) 4—72 Std nach Ganzkörperbestrahlung von Rhesus-Affen mit 666 R (LD_{92}). [V. J. Kulinskii u. L. F. Semenov: Radiobiologiya 5, 494 (1965)]

Effekt tritt in den Nebennieren der Affen auf, während im Mittelhirn eine Erhöhung der Amine 4 und 12 Std p. r. beobachtet wird (Abb. 55). Bei der Ratte ist der Noradrenalin-Gehalt bezogen auf das Gesamthirn 24 Std nach einer Bestrahlung mit 850 R erniedrigt [248]. Es liegt jedoch eine sehr unterschiedliche Reaktion einzelner zentralnervöser Regionen in dieser Hinsicht vor. 3 Tage p. r. ist der Gehalt der Amine im Hypothalamus und in den Nebennieren wieder normal (Abb. 55). Die frühen Veränderungen können für die Stimulierung der Hypophyse und die darauf folgenden Reaktionen von Bedeutung sein (s. S. 130), da das Adrenalin über den Hypothalamus auf die Hypophyse einwirkt (Abb. 53). Eine Analyse dieser Zusammenhänge ist bisher nicht durchgeführt worden.

Die Messungen im Herzgewebe von bestrahlten Säugetieren ergaben unterschiedliche Ergebnisse. Während beim Kaninchen eine starke Abnahme des Adrenalin- und Noradrenalin-Gehaltes 24 Std p. r. beobachtet wurde, trat bei Affen bis zu 72 Std p. r. keine Veränderung ein [124, 248]. Kulinskii u. Semenov fanden, daß der Noradrenalin-Gehalt in der Leber unverändert ist und in der Milz von Affen im Anschluß an eine Erhöhung 4 Std p. r. von dem Normalwert nicht abweicht [124]. Einige Tage p.r. tritt ein starker Abfall der Catecholamine in Milz, Herz und Darm der Tiere ein.

Es ist gezeigt worden, daß der größere Teil der biogenen Amine sowohl in den Zellen als auch im Blut von Säugetieren an Partikel gebunden ist. Die Bindung ist vom ATP-Gehalt der Gewebe abhängig. Neben dieser Fraktion liegt ein zweiter Anteil der Amine in freier Form vor. Für die verschiedenen Amine ist gefunden worden, daß nach einer Bestrahlung ihre Freisetzung in den Geweben erfolgt. Von Ellinger ist auf Grund dieser Befunde vorgeschlagen worden, daß der „Histamin-Schock" entscheidend an der Entwicklung der Strahlenkrankheit beteiligt ist [251]. Eine Erhöhung vor allem des freien 5-Hydroxytryptamins ist einige Stunden nach Bestrahlung in mehreren Organen beobachtet worden. Jedoch wurden Strahlendosen von mehreren Tausend R benötigt, um diesen Effekt z.B. im Rattenhirn zu sehen. Brinkman u. Veninga fanden eine vermehrte Freisetzung von 5-Hydroxytryptamin, Histamin und Noradrenalin aus dem Rattenuterus, wenn das Gewebe *in vitro* mit 1000 R bestrahlt wurde [251]. Es wird angenommen, daß der Abfall des ATP-Gehaltes diesen Strahleneffekt verursacht. Larionova konnte zeigen, daß das Bindungsvermögen für Histamin im Blut von Hunden 1 Tag nach Bestrahlung mit etwa 400 R abfällt [135].

Im Anschluß an diese frühe Phase sinkt der Gehalt des Histamins [205] und 5-Hydroxytryptamins in den Säugetiergeweben stark ab [221]. Besonders für das 5-Hydroxytryptamin haben verschiedene Autoren diesen Strahleneffekt an Mäusen, Ratten, Meerschweinchen und Kaninchen untersucht. Mehrere Tage p.r. tritt eine Abnahme des Gehaltes des Amins im Knochenmark, Darm, Hirn, Milz, Niere und Blut ein. Es ist angenommen worden, daß dieser Abfall durch die strahlenbedingte Thrombocytopenie[51] hervorgerufen wird. Jedoch konnte nicht in allen Fällen eine zeitliche Übereinstimmung zwischen der Thrombocytenzahl und dem 5-Hydroxytryptamingehalt festgestellt werden. Da nach einer akuten Bestrahlung die Decarboxylase-Aktivität im Lebergewebe von Mäusen und Ratten abnimmt (s. S. 94), scheint die Biosynthese der biogenen Amine nach der Strahleneinwirkung gestört zu sein. Die enzymatische Aktivität der Monoaminoxidase ist im Hirn und Lebergewebe von Mäusen nach einer Ganzkörperbestrahlung mit 770 R nur geringfügig erniedrigt. Der Abbau der Amine ist also nach einer Strahleneinwirkung nicht wesentlich beeinträchtigt.

Als Folge der Freisetzung von 5-Hydroxytryptamin kommt es in den ersten Stunden p.r. zu einer erhöhten Ausscheidung des Amins und seines Abbauproduktes, der 5-Hydroxyindolessigsäure (Abb. 37). Deanović, Supek u. Randić beobachteten, daß Ratten bereits nach einer

---

[51] Die Thrombocyten binden das 5-Hydroxytryptamin des Blutes in starkem Maße, sie gelten als das „Vehikel" für dieses und andere Amine. Nach Bestrahlung nimmt ihre Zahl ab. Man spricht von einer Thrombocytopenie.

Strahlendosis von 100 R die 5-Hydroxyindolessigsäure vermehrt ausschieden (Abb. 56). Mit steigender Dosis nahm dieser Effekt zu. Franzen u. Mitarb. fanden mehrere Tage p.r. eine zweite Phase, in der der Gehalt an biogenen Aminen im Urin um ein Mehrfaches über den Normalwert anstieg [251]. Dieser Befund ist jedoch mit dem erniedrigten Amingehalt in den Geweben und der verminderten Biosynthese dieser Substanzen nach Bestrahlung nicht in Einklang zu bringen.

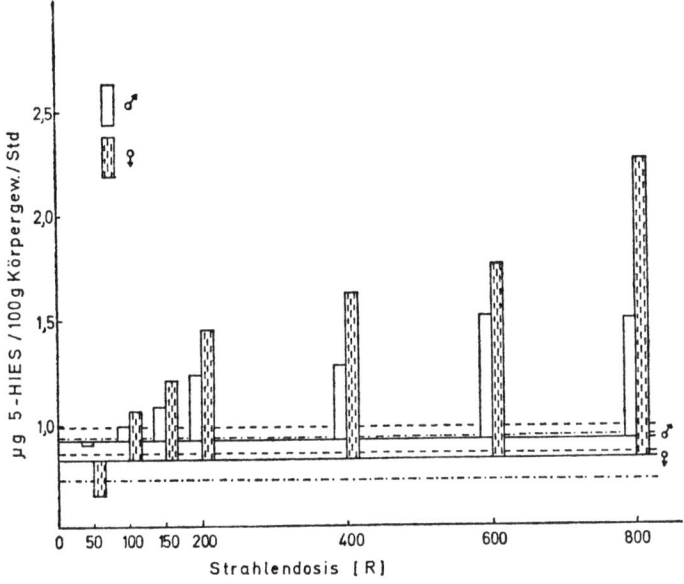

Abb. 56. Die Ausscheidung der 5-Hydroxyindolessigsäure (HIES) im Urin von Ratten während der ersten 24 Std nach Ganzkörperbestrahlung. [Z. Deanovic, Z. Supek u. M. Randić: Int. J. Radiat. Biol. 7, 1 (1963)]

Es ist gezeigt worden, daß zwischen der Aktivität der Decarboxylase aromatischer Aminosäuren, die an der Biosynthese des 5-Hydroxytryptamins sowie der Catecholamine beteiligt ist, und der Strahlenkrankheit von Säugetieren enge Beziehungen bestehen (Abb. 38). Ferner treten pathologische Symptome nach Bestrahlung auf, für deren Erscheinen der Mangel an biogenen Aminen in den Geweben eine der Ursachen sein kann. So kommt es z.B. zu Störungen der Darmmotilität und der Blutgerinnung, Vorgänge, an deren physiologischer Regulation die Amine beteiligt sind. Damit scheint die Annahme berechtigt zu sein, daß der strahlenbedingte Mangel an biogenen Aminen in den Geweben zur Entwicklung der akuten Strahlenkrankheit erheblich beitragen kann.

Das 5-Hydroxytryptamin und das Histamin zählen außerdem zu den wirksamsten Substanzen, die die Strahlenresistenz von Säugetieren zu steigern vermögen, wenn sie vor der Bestrahlung den Tieren injiziert werden. Es ist diskutiert worden, daß die Amine als Radikalfänger oder als Elektronendonatoren in den Geweben wirken und damit das Ausmaß des Strahlenschadens herabsetzen. Insbesondere für das 5-Hydroxytryptamin konnte jedoch gezeigt werden, daß der Strahlenschutz sehr wahrscheinlich auf die allgemeinen pharmakologischen Eigenschaften dieses Gewebehormons zurückgeführt werden muß [222]. Damit wird die Bedeutung regulatorischer Vorgänge für die biologische Strahlenwirkung erneut unterstrichen.

In diesem Zusammenhang erscheinen die Keimdrüsenhormone ebenfalls von Interesse. Offenbar können diese Substanzen die Strahlenempfindlichkeit von Säugetieren beeinflussen, indem sie den Stoffwechsel verändern. So wird z. B. die Biosynthese des Taurins, die einige Tage nach Bestrahlung geschädigt ist, durch Oestrogene erhöht [224]. In vielen Fällen sind die Beziehungen zwischen beobachteten Strahleneffekten und den möglichen hormonellen Einflüssen unzureichend untersucht. Derartigen Fragestellungen dürfte bei zukünftigen experimentellen Ansätzen größere Bedeutung zukommen.

VIII. Die Vitamine und Coenzyme nach Bestrahlung

Es ist mehrfach darauf hingewiesen worden, daß viele Enzymsysteme neben dem hochmolekularen Polypeptid, dem Protein, eine niedermolekulare Komponente, das Coenzym, enthalten. Diese Substanzen sind im allgemeinen im Aktiven Zentrum der Enzyme mit unterschiedlicher Festigkeit gebunden und am katalytischen Prozeß unmittelbar beteiligt. Da sie dabei häufig chemisch verändert werden, genügen sie nicht immer der Definition des Katalysators im strengen Sinne. So wird z.B. bei der Dehydrierung des Laktats der Wasserstoff auf das NAD^+ übertragen. In einer zweiten Reaktion wird das gebildete NADH zum NAD^+ dehydriert.

Die meisten Coenzyme stehen in enger Beziehung zu einem Vitamin, das vom Säugetierorganismus nicht synthetisiert werden kann und daher mit der Nahrung aufgenommen werden muß. Aus den Vitaminen können die Coenzyme gebildet werden. So entsteht im Stoffwechsel der Zelle z. B. aus dem Vitamin B_6 (Pyridoxin) das Pyridoxal-5'-phosphat oder aus dem Vitamin B_1 (Thiamin) das Thiaminpyrophosphat.

1. Untersuchungen über einige Vitamine

Doyle u. Spoerl [53] beobachteten, daß der Gehalt an Thiaminpyrophosphat in Hefezellen (Saccharomyces cerevisiae) nach einer Bestrahlung mit 3000 R (Dosisleistung 25 R/min) anstieg. Im Vergleich zu anderen, strahlenbiologischen Untersuchungen an diesem Organismus sind die angewendete Strahlendosis sowie die Dosisleistung außerordentlich niedrig. Dagegen haben mehrere Autoren berichtet, daß der Gehalt an Thiamin und Thiaminpyrophosphat im Lebergewebe und Blut von Ratten mehrere Tage nach einer Ganzkörperbestrahlung mit 500—700 R absinkt [190]. Der Abfall tritt besonders ausgeprägt in den Mitochondrien auf. Savitskii fand, daß die Synthese dieses Coenzyms in der Leber bestrahlter Ratten abnahm, während der Abbau durch die Thiaminpyrophosphatase erhöht war. Jedoch scheinen diese strahlenbedingten Veränderungen nicht so schwerwiegend zu sein, daß die Funktion des Thiaminpyrophosphats im Stoffwechsel beeinträchtigt ist. So verläuft die Synthese von Acetyl-CoA aus Pyruvat[52] offenbar normal (s. S. 100), und auch die Aktivität des Citrat-Cyclus ist nach Strahlendosen < 1000 R in den Säugetiergeweben nicht herabgesetzt (s. S. 104)[52].

Der Gehalt an Riboflavin (Vitamin B_2) wurde im Leber- und Milzgewebe von Ratten 2—70 Std nach einer Bestrahlung mit 300 R unverändert gefunden. Dieselbe Beobachtung wurde für das Flavin-Adenin-Dinucleotid (FAD) gemacht. Dieses Coenzym (FAD) verschiedener Dehydrogenasen, z.B. der Succinat-Dehydrogenase, wird aus dem Riboflavin synthetisiert [256]. Bis zu 10 Tagen nach Ganzkörperbestrahlung von Ratten mit 400—600 R weicht der Folsäure- und der Tetrahydrofolsäure-Gehalt in der Leber, den Nieren und dem Thymus vom Normalwert nicht ab. Selbst nach einer lokalen Bestrahlung der Leber mit 3000 R ist der Gehalt dieser Metabolite in dem Gewebe 2—5 Tage p.r. unverändert. Dagegen nimmt die Folsäure und die Tetrahydrofolsäure 6 Std bis mehrere Tage nach einer Bestrahlung mit 600 R in der Rattenmilz ab.

Im Zusammenhang mit der Corticosteroid-Synthese wurde der Ascorbinsäure-Gehalt in den Nebennieren besprochen (s. S. 128). Ähnlich wie in diesem Organ beobachtete Dolgova eine Verminderung der Ascorbinsäure (Vitamin C) in Leber, Milz, Hirn, Dünndarm und Blut von Meerschweinchen nach einer Strahlendosis von 600 R [50]. Die gleichen Ergebnisse sind bei Untersuchungen an Kaninchen und Ratten erhalten worden. Die Ausscheidung der Ascorbinsäure und ihrer Metabolite im Urin ist bei Ratten 1—2 Tage nach einer letalen Bestrahlung erhöht, in den nächsten Tagen p.r. erniedrigt [117]. Jedoch sinkt die Biosynthese der Ascorbinsäure im Lebergewebe von Ratten nach der Einwirkung ionisierender Strahlen offenbar nicht ab. Bei diesen Messungen wurde das Gewebe mit Glucuronolacton inkubiert und die gebildete Ascorbinsäure gemessen.

---

[52] Sowohl an der enzymatischen Bildung von Acetyl-CoA aus Pyruvat (Abb. 39) als auch von Succinyl-Coenzym A aus α-Ketoglutarat (Abb. 39) ist das Thiaminpyrophosphat als Coenzym der Pyruvat- bzw. α-Ketoglutarat-Decarboxylase beteiligt. Die Reaktionen α-Ketoglutarat → Succinyl-CoA → Succinat laufen innerhalb des Citrat-Cyclus (Abb. 39) ab.

Weitere Untersuchungen zur Biosynthese des Vitamin C, z. B. aus Glucose, sind nicht durchgeführt worden. Da die Synthese der Ascorbinsäure aus Glucuronolacton bei hungernden Tieren erniedrigt ist, sind für die Arbeiten wegen der strahlenbedingten Anorexie (s. S.96) Tiere verwendet worden, denen vor dem Abtöten die Nahrung entzogen wurde (Stripe u. Mitarb.) [117]. Ungeklärt ist, ob die Abnahme der Ausscheidung von Ascorbinsäure einige Tage nach Bestrahlung ebenfalls durch den Fütterungszustand der Tiere verursacht wird.

Während der akuten Strahlenkrankheit von Säugetieren treten biochemische und patho-physiologische Veränderungen auf, die in ähnlicher Form beim Vitamin B_6-Mangel-Syndrom beobachtet werden. Bei der Besprechung des Cystein- und Tryptophan-Stoffwechsels ist bereits auf ein derartiges paralleles Verhalten hingewiesen worden (s. S. 92 u. 94). Einige Beispiele dieser Art sind in der Tabelle 2 angegeben. Insbesondere von Langendorff und seinem Arbeitskreis sind diese Zusammenhänge diskutiert worden [131, 221].

Tabelle 2. *Einige biochemische Veränderungen und pathologische Symptome, die sowohl beim Vitamin B_6-Mangel-Syndrom als auch während der akuten Strahlenkrankheit auftreten*

Literatur zum Vitamin B_6-Mangel-Syndrom: Vitamins and Hormones, Vol. 22, p. 359. New York-London: Academic Press 1964.

1. Die Abnahme der Glutamat-Decarboxylase-Aktivität im Hirn.
2. Die Abnahme der Kynureninase-Aktivität in der Leber.
3. Die Abnahme der Decarboxylase-Aktivität aromatischer Aminosäuren in der Leber.
4. Die Schädigung der Biosynthese des Porphyrinring-Systems.
5. Die Schädigung der DNS-, RNS- und Protein-Biosynthese in lymphatischen Organen.
6. Die Abnahme der Taurin-Ausscheidung im Urin.
7. Die Abnahme der N-Methylnicotinsäureamid-Ausscheidung im Urin.
8. Die Erhöhung der Kynurensäure- und Xanthurensäure-Ausscheidung im Urin.
9. Die Erhöhung der Harnstoff-Ausscheidung im Urin.
10. Die Hemmung der Antikörper-Synthese.
11. Die Schädigung des Aktiven Transports von Aminosäuren.
12. Das Auftreten einer Hypercholesterinämie und arteriosklerotische Erscheinungen.
13. Das Auftreten einer Lymphopenie, sowie die Atrophie des Thymus und der Milz.
14. Das Auftreten einer Granulocytose und Anämie.
15. Die Erhöhung der Erregbarkeit im Zentral-Nerven-System (ZNS).
16. Das Auftreten von Hautödemen und Haarausfall.

Strahlenchemische Untersuchungen von Nakken haben ergeben, daß das Coenzym Pyridoxal-5′-phosphat (PALP) in wäßriger Lösung gegenüber ionisierenden Strahlen sehr empfindlich ist [161]. Dennoch haben Langendorff u. Geyer in E. coli keinen Abfall des Gehaltes an PALP beobachtet, obgleich die Bakterien mit 10,4 bzw. 80 kR bestrahlt wurden [132]. Im Lebergewebe von Mäusen nimmt das Coenzym nach einer Ganzkörperbestrahlung mit 690 R ($LD_{80/30}$) nicht ab, obwohl unter den gleichen Bedingungen die Decarboxylase aromatischer Aminosäuren und die Kynureninase wie beim Vitamin B_6-Mangel in ihrer Aktivität erniedrigt sind (s. S. 94). Die beobachteten, strahleninduzierten Veränderungen sind also nicht auf einen Mangel an PALP zurückzuführen. Es wird angenommen, daß die Funktionsfähigkeit der Regulation, z.B. der Synthese des Decarboxylase-Proteins, an der das Coenzym offenbar beteiligt ist, durch die Bestrahlung gestört wird [221].

2. Der Stoffwechsel der Pyridinnucleotide

Sehr eingehend ist der Gehalt und der Stoffwechsel der Pyridinnucleotide, den Coenzymen vieler Dehydrogenasen, nach Bestrahlung untersucht worden. In Abb. 57 ist der Stoffwechsel des NAD^+ schematisch dargestellt. Das Coenzym (Abb. 57, f) kann gebildet werden:

1. aus dem Tryptophan über die 3-Hydroxyanthranilsäure (Abb. 37 und 57, a) durch die Reaktionen 1—5 (Abb. 57),

2. aus der Nicotinsäure (Abb. 57, g) über die enzymatischen Schritte 6, 4 und 5 (Abb. 57) und

3. aus dem Nicotinsäureamid (Abb. 57, h) über die Reaktionen 8 und 9 bzw. 7, 6, 4 und 5 (Abb. 57).

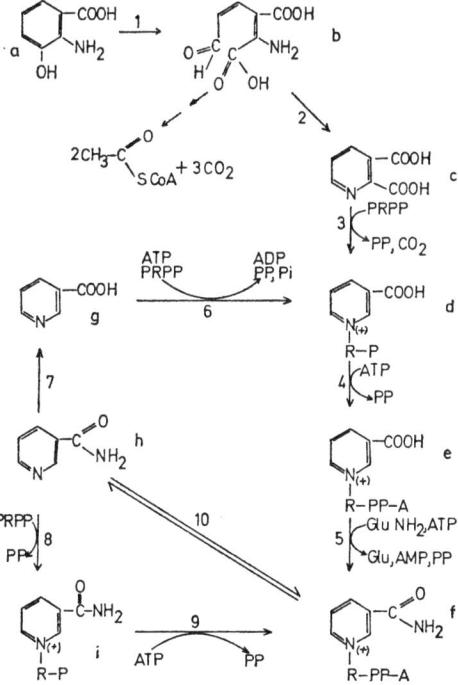

Abb. 57. Schema des NAD^+-Stoffwechsels

Der Abbau des NAD$^+$ erfolgt durch die NAD$^+$-Glycohydrolase (Abb. 57, Reaktion 10) unter Abspaltung von Nicotinsäureamid.

Nach einer Bestrahlung von Yoshida-Ascites-Sarkomzellen mit einigen kR fällt der NAD$^+$-Gehalt in den Tumorzellen ab (Abb. 43). Hilz u. Mitarb. haben die Ursache für diesen Strahleneffekt untersucht. 15 min bis 3 Std nach einer Röntgenstrahlendosis von 4 kR wird das NAD$^+$ durch die Ascites-Zellen vermehrt zu Nicotinsäureamid abgebaut. Die Autoren nehmen an, daß durch die ionisierenden Strahlen primär die Zellmembran betroffen wird und damit Nicotinsäureamid aus den Zellen in das Medium übertreten kann. Da das Amid die NAD$^+$-Glycohydrolase intracellulär hemmt, hat dieser Strahleneffekt den erhöhten Abbau des NAD$^+$ zur Folge [223]. Zu ähnlichen Ergebnissen gelangt man, wenn die Tumorzellen mit alkylierenden Cytostatica statt mit ionisierenden Strahlen behandelt werden [84].

Rüter u. Mitarb. bestrahlten Ehrlich-Ascites-Zellen mit 500 bis 1000 R *in vitro*. Diese Zellen wurden Mäusen implantiert und der NAD$^+$-Stoffwechsel 5—6 Tage p.r. analysiert. Sowohl der Einbau von Nicotinsäure (Abb. 57, g) in das NAD$^+$ als auch der Abbau durch die NAD$^+$-Glycohydrolase steigen mit zunehmender Strahlendosis an (Abb. 58). Der NAD$^+$-Gehalt fällt jedoch erst nach einer Bestrahlung mit 750 R ab [223]. Diese Befunde sprechen für einen erhöhten NAD$^+$-Umsatz in den bestrahlten Tumorzellen.

Von verschiedenen Autoren ist gezeigt worden, daß der Gehalt der Pyridinnucleotide (NAD$^+$, NADH, NADP$^+$ und NADPH, s. S. 96) in lymphatischen Geweben nach einer Bestrahlung abnimmt [99, 192]. So ist der NAD$^+$-Gehalt 4 Std nach einer Ganzkörperbestrahlung mit 800 rad im Thymus von Ratten, Mäusen und

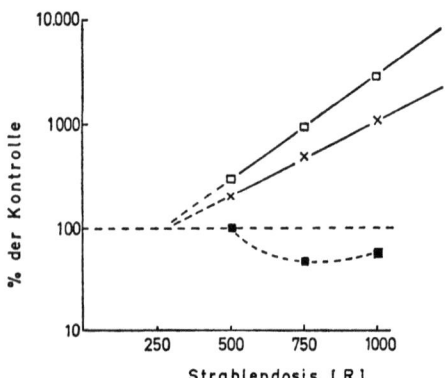

Abb. 58. Der Einbau von Nicotinsäure in NAD$^+$ (□—□), die NAD$^+$-Glycohydrolase-Aktivität (×—×) und der NAD$^+$-Gehalt (■---■) in Ehrlich-Ascites-Tumorzellen nach Bestrahlung (s. Text). [J. Rüter, H. Vachek, M. Oldekop, I. Wüppen u. H. Hilz: Biochem. Z. **344**, 153 (1966)]

Hamstern erniedrigt [192]. Dieser Effekt wird auch beobachtet, wenn die Thymocyten *in vitro* bestrahlt werden. Das Verhältnis NADH/NAD$^+$ verändert sich nicht. Der Abfall der Pyridinnucleotide ist nicht auf strahlenchemische Reaktionen zurückzuführen, da direkt nach einer Strahlendosis selbst in Höhe von 4000 R der NAD$^+$-Gehalt nicht beeinflußt ist. Wie bei anderen strahlenbedingten, biochemischen Veränderungen (s. S. 48) bedarf es auch bei diesem System einer zeitlichen Entwicklung der Strahlenwirkung [192].

Die NAD$^+$-Glycohydrolase-Aktivität des Rattenthymus weicht 4 Std nach Bestrahlung mit 800 rad nicht signifikant vom Normalwert ab. Allerdings ist die intracelluläre Verteilung eine andere als bei den Kontrolltieren. Die Enzymaktivität nimmt in den Zellkernen sowie in den Mitochondrien ab und steigt in der löslichen Fraktion des Cytoplasmas an. Diese Verschiebung kann zu einem vermehrten Abbau des NAD$^+$ in den Zellen beitragen.

Scaife beobachtete, daß die NAD$^+$-Biosynthese aus Nicotinsäureamid nach der Bestrahlung in den Thymocyten erniedrigt war. Da zwei der beteiligten Enzyme (Abb. 57, Reaktion 8 und 9) in ihrer Aktivität nicht beeinträchtigt sind, wird angenommen, daß der erniedrigte ATP-Gehalt (s. S. 113) die Ursache für die verminderte Biosynthese ist [192]. — ATP wird bei den beteiligten enzymatischen Reaktionen verbraucht (Abb. 57). — Nicotinsäure wird von den Thymocyten nur in geringem Ausmaß in das NAD$^+$ eingebaut. Auf Grund dieser Befunde scheint der Abfall des NAD$^+$-Gehaltes nach Bestrahlung im Thymus durch einen erhöhten Abbau und durch eine verminderte Biosynthese bedingt zu sein.

Wenige Stunden nach Bestrahlung nimmt der Gehalt an Pyridinnucleotiden im Lebergewebe von Säugetieren bei Strahlendosen bis zu 1500 R nur in sehr geringem Maße ab (Eichel u. Spirtes) [99, 273]. Ebenso ist das Redox-Verhältnis NADH/NAD$^+$ einige Stunden p.r. in der Rattenleber lediglich leicht erniedrigt, obwohl das Verhältnis Lactat/Pyruvat (s. S. 100) und β-Hydroxybutyrat/Acetoacetat (siehe S. 125) zur gleichen Zeit erheblich absinkt.

Dagegen ist mehrere Tage nach Bestrahlung in der Leber von Ratten und Mäusen ein Abfall des NADH- und NAD$^+$-Gehaltes beobachtet worden [223]. Weder die Aktivität noch die intracelluläre Verteilung der NAD$^+$-Glycohydrolase sind unter diesen Bedingungen verändert. Ebenso weicht die NAD$^+$-Biosynthese aus Nicotinsäure und Nicotinsäureamid bei den bestrahlten Mäusen (7 Tage nach 810 R) nicht von den Werten der unbestrahlten Kontrolltiere ab. Dagegen ist die Biosynthese des NAD$^+$ aus Tryptophan 7—10 Tage nach Bestrahlung mit 810 R im Lebergewebe der Mäuse erniedrigt. — Die radioaktiv markierten Metabolite (^{14}C) Nicotinsäure, Nicotinsäureamid und Tryptophan wurden den Tieren intraperitoneal injiziert [223].

Es ist bisher nicht geklärt, welche der drei genannten Vorstufen für die NAD^+-Biosynthese in der Säugetierleber unter physiologischen Bedingungen von Bedeutung sind. Ijichi u. Mitarb. geben der Nicotinsäure den Vorzug [223]. Die beschriebenen Ergebnisse an bestrahlten Tieren zeigen jedoch, daß das Tryptophan für die Bildung des NAD^+ in der Leber der Maus eine wichtigere Stellung innehat, als im allgemeinen angenommen wird. Diese Annahme wird von dem Befund unterstützt, daß weder der NAD^+-Gehalt noch die NAD^+-Bildung aus Nicotinsäure in der Leber verändert sind, wenn Mäusen eine Nicotinamid-Mangel-Diät gefüttert wird [224].

Weitere Untersuchungen haben ergeben, daß für die Regulation des Stoffwechsels Tryptophan → NAD^+ die Aktivität der Tryptophanpyrrolase nicht verantwortlich ist. So wird die Einbaurate der Aminosäure in das NAD^+ durch eine Induktion dieses Enzymsystems (s. S. 80) nicht beeinflußt [223]. Die Untersuchung der beteiligten Enzymaktivitäten hat ergeben, daß zur Zeit der Abnahme des NAD^+-Gehaltes nach Bestrahlung lediglich die Kynureninase-Aktivität abfällt (s. S. 93) [223]. Der zeitliche Verlauf der beiden strahlenbedingten Veränderungen (NAD^+-Gehalt und Kynureninase-Aktivität) (Abb. 59) unterstützt die Annahme, daß dieses Enzymsystem an der Regulation der Stoffwechselkette Tryptophan → NAD^+ teilnimmt. Wie es bei einer Reihe anderer Strahleneffekte gezeigt werden konnte, scheinen die ionisierenden Strahlen auch bei diesem System spezifisch in den regulatorischen Prozeß einzugreifen.

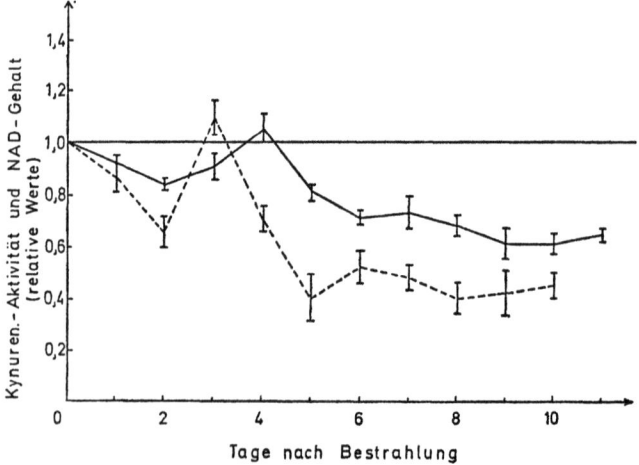

Abb. 59. Der NAD^+-Gehalt (—) und die Kynureninase-Aktivität (---) im Lebergewebe von Mäusen 1—10 Tage nach Ganzkörperbestrahlung mit 810 R. Die Werte der Kontrolltiere wurden gleich 1,0 gesetzt. [C. Streffer: J. Vitaminol. **14**, 130 (1968)]

Die Ausscheidung an N-Methylnicotinsäureamid, dem Abbauprodukt des Nicotinsäureamids und NAD+, ist in den ersten 24 Std nach einer Ganzkörperbestrahlung von Ratten mit 600 R im Urin erhöht [162]. Einige Tage p.r. tritt eine Erniedrigung ein. Kalashnikova nimmt an, daß diese zweite Phase durch eine verminderte Synthese des Nicotinsäurederivates aus Tryptophan verursacht wird [223].

3. Die Biosynthese des Häms

Wie die bereits besprochenen Cytochrome besteht das Häm, die prosthetische Gruppe[53] des Hämoglobins, aus einem Porphyrinringsystem (s. S. 106), das Ferro-Ionen komplexartig gebunden enthält. In wäßriger Lösung wird das zweiwertige Eisen durch ionisierende Strahlen zum dreiwertigen Ion oxidiert. Es entsteht das Methämoglobin mit der prosthetischen Gruppe Hämin[54]. Bei einer Bestrahlung *in vivo* scheint diese Reaktion jedoch keine größere Bedeutung zu haben.

Einige Tage nach einer letalen Bestrahlung fällt die Zahl der Erythrocyten im peripheren Blut ab. Da diese Zellen das Hämoglobin enthalten, ist das Häm, der rote Blutfarbstoff, ebenfalls erniedrigt. Untersuchungen von Altman u. Mitarb. an Knochenmarkhomogenaten von Kaninchen haben ergeben, daß mehrere Tage nach einer Ganzkörperbestrahlung mit 800 R die Biosynthese des Porphyrinringsystems[55] erniedrigt ist [45]. Die Einbaurate von Glycin-^{14}C in das Porphyrin sinkt in besonderem Maße ab, während die strahlenbedingte Hemmung der Synthese von der δ-Aminolävulinsäure ausgehend weniger ausgeprägt ist. Dagegen wird die Vorstufe Porphobilinogen-^{14}C[55] durch die Homogenate von bestrahlten Tieren in das Porphyrin vermehrt inkorporiert [45]. Damit wird in dieser Stoffwechselkette (Glycin → Porphyrin) wiederum der geschwindigkeitsbestimmende Schritt (Glycin → δ-Aminolävulinsäure) bevorzugt durch die ionisierende Strahlung geschädigt.

Diese Befunde konnten auch für die Bildung des Häms *in vivo* bestätigt werden. Nach einer Ganzkörperbestrahlung von Mäusen mit

---

[53] Unter prosthetischen Gruppen versteht man niedermolekulare Substanzen, die von spezifischen Proteinen gebunden werden können und damit an der Stabilisierung der Konformation (s. S. 70) sowie an der biologischen Aktivität dieser Proteine beteiligt sind. Die Begriffe prosthetische Gruppe und Coenzym werden häufig im gleichen Sinne gebraucht.

[54] Die Funktion des Hämoglobins besteht bekanntlich darin, daß es den Sauerstoff aus der Lunge über das Blut in die Gewebe transportiert. Da das Hämin mit den Ferri-Ionen den Sauerstoff nicht zu binden vermag, ist das Methämoglobin biologisch inaktiv.

[55] Der erste Schritt der Porphyrinsynthese ist die Reaktion von Succinyl-CoA mit Glycin und spontaner Dekarboxylierung des Produktes zu δ-Aminolävulinsäure. Zwei Moleküle δ-Aminolävulinsäure kondensieren zum Porphobilinogen. Unter Ammoniakabspaltung werden vier Moleküle Porphobilinogen zu dem Porphyrin Uroporphyrin III verknüpft, aus dem über mehrere enzymatische Reaktionen das Häm entsteht.

550 rad ^{60}Co-γ-Strahlen wurde die Einbaurate von Glycin-^{14}C, das man den Tieren injizierte, in das Häm der peripheren Erythrocyten erniedrigt gefunden [142]. Nach einer Bestrahlung von Knochenmarkzellen *in vitro* ist die Biosynthese des Häms aus Glycin ebenfalls gestört (Abb. 60). Jedoch hat sich der Einbau von Eisen in das Porphyrinringsystem zum Häm bzw. Hämoglobin wesentlich strahlenempfindlicher als die Bildung des Porphyrins erwiesen (Abb. 60). — Zum Vergleich ist ebenfalls die strahlenbedingte Hemmung der DNS-Synthese bei dieser Versuchsanordnung (Abb. 60) angegeben.

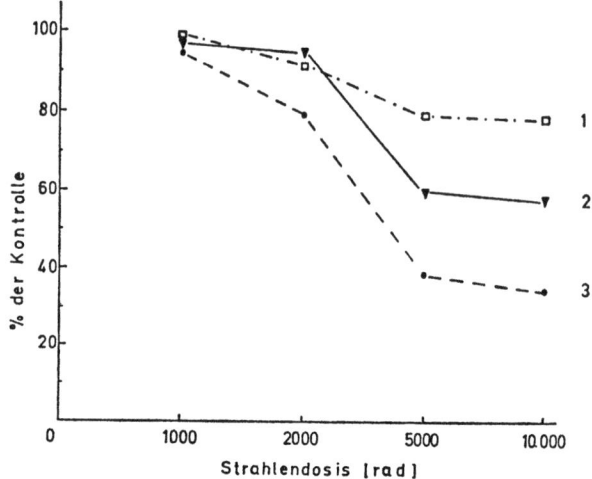

Abb. 60. Die Einbaurate von Glycin-^{14}C in das Häm (1) und in die DNS (3), sowie der Einbau von Eisen (^{59}Fe) in das Häm (2) durch Knochenmark-Zellsuspensionen (Kaninchen) nach Bestrahlung *in vitro*. (G. Izak, A. Karsai u. L. Eylon: In: Effects of radiation on cellular proliferation and differentiation, p. 57. Ed. by International Atomic Energy Agency, Vienna 1968)

Eingehende Untersuchungen von Koch u. Mitarb. haben gezeigt, daß einige Stunden nach einer Ganzkörperbestrahlung von Mäusen bereits mit Strahlendosen < 100 R der Einbau von injiziertem Eisen (^{59}Fe) in junge Erythrocyten abnimmt. — Bei Messungen direkt nach der Bestrahlung sowie nach der Strahleneinwirkung *in vitro* werden wesentlich höhere Dosen benötigt, um einen solchen Straheneffekt zu erreichen (Abb. 60) [157]. — Für die Beurteilung dieser Problematik müssen die Strahleneffekte auf die Erythropoese berücksichtigt werden. Da das Eisen durch die herabgesetzte Hämoglobin-Synthese in geringerem Maße von dem Organismus gebraucht wird, steigt der Eisengehalt im Serum, sowie in einigen Organen, wie in der Leber und Milz, nach einer Bestrahlung an [82, 157].

Der Mechanismus, auf Grund dessen der Eiseneinbau vor allem nach Bestrahlung mit niedrigen Strahlendosen abfällt, ist bisher nicht geklärt. Nach einer Ganzkörperbestrahlung von Ratten mit 850 rad Röntgenstrahlen von einem 15 MeV Linearbeschleuniger beobachteten Goudy u. Mitarb., daß die Aktivität der Ferrochelatase [56] 1—2 und 4—7 Tage p.r. im Knochenmark abnahm. Der zweite Abfall (4—7 Tage p.r.) war relativ gering [82]. Ob dieser Effekt ausreicht, um die strahlenbedingte Schädigung des Eiseneinbaus wenige Stunden p.r. zu erklären, ist bisher nicht untersucht worden. In der Leber, dem Herzmuskel, dem Skeletmuskel, der Milz und den Nieren ist die Ferrochelatase-Aktivität nach Bestrahlung mit 850 rad kaum verändert [82].

IX. Der Elektrolythaushalt, die Permeabilität und der Aktive Transport nach Bestrahlung

Unter den Elektrolyten ist den Veränderungen des Kalium- und Natriumgehaltes von Zellen und Organismen nach Bestrahlung besondere Aufmerksamkeit gewidmet worden. Beide Alkalimetalle sind in biologischen Objekten in charakteristischer Weise verteilt. So findet man intracellulär vor allem Kalium-Ionen (K^+) und extracellulär Natrium-Ionen (Na^+). Mit dieser Verteilung steht die Ausbildung von Potentialen und von Strukturen an den Zellmembranen in engem Zusammenhang. Wie das Beispiel der Ionenverteilung bereits zeigt, sind die Membranen für eine Reihe von Substanzen nicht frei passierbar (permeabel).

Im Gegensatz zur freien Diffusion, die zu einem Konzentrationsausgleich der Stoffe führt, werden beim Aktiven Transport die Substanzen gegen ein Konzentrationsgefälle, das zwischen den verschiedenen Räumen einer Zelle bzw. eines Organismus besteht, geleitet. Für diesen Vorgang wird Energie — meist in Form von ATP — benötigt.

1. Der Natrium- und Kaliumhaushalt

An mehreren biologischen Objekten ist gezeigt worden, daß lebende Zellen nach der Einwirkung ionisierender Strahlen K^+ in das Inkubationsmedium abgeben und Na^+ aufnehmen. Lehmann u. Wels beobachteten einen derartigen Straheneffekt erstmals an Erythrocyten im Jahre 1926. Bruce u. Mitarb. fanden, daß eine Bestrahlung von Hefezellen (Saccharomyces cerevisiae) mit Dosen zwischen 22—88 kR ebenfalls zu einem Verlust der K^+ führt. Durch die Gegenwart von Sauerstoff während der Bestrahlung wird diese Strahlenwirkung er-

---

[56] Die Ferrochelatase katalysiert den Einbau der Ferro-Ionen (Fe^{2+}) in das Protoporphyrin. Es entsteht das Protohäm.

heblich verstärkt. Andererseits bleibt der intracelluläre K+-Gehalt höher, wenn die Hefezellen im Anschluß an die Strahleneinwirkung mit Substraten des Energiestoffwechsels inkubiert werden [184].

Rink u. Bergeder fanden, daß nach einer Bestrahlung von Hefe mit 200 kR neben dem Abfall des K+-Gehaltes ein Anstieg des Na+-Gehaltes in den Zellen eintritt. Dieser Effekt nimmt mit steigender Strahlendosis von 100—300 kR zu. Die Autoren weisen darauf hin, daß auf Grund dieser Strahlenwirkung u. a. Stoffwechselveränderungen in den betroffenen Zellen auftreten können [184]. So ist die Aktivität vieler Enzymsysteme von dem K+-/Na+-Gehalt abhängig. Zum Beispiel wird die Acetyl-CoA Synthetase durch K+ aktiviert und durch Na+ gehemmt. Der beobachtete Strahleneffekt auf den Elektrolyt-Gehalt sollte zu einer Erniedrigung dieser Enzymaktivität in den Hefezellen führen. Der Befund, daß der Gehalt an Acetat nach der Bestrahlung ansteigt, unterstützt diese Annahme [184].

An Erythrocyten sind die strahlenbedingten Veränderungen des K+- und Na+-Gehaltes von Zellen besonders eingehend untersucht worden. In einem Dosisbereich von 2—10 kR nehmen der K+-Gehalt der Zellen im Vergleich zu unbestrahlten Erythrocyten proportional zur Strahlendosis ab und der Na+-Gehalt zu, wenn die Zellen bei 4 °C gehalten werden [206]. Mit höheren Strahlendosen steigt dieser Effekt weiter an, die Erythrocyten schwellen und es tritt schließlich Hämolyse ein (Abb. 61). Diese Beobachtung wurde von Holthusen nach Bestrahlung von Blutzellen zum ersten Mal 1923 gemacht [31].

Für die Natur dieses Strahlenschadens erscheint es bedeutsam, daß die Strahlenwirkung auf den Elektrolytgehalt der Erythrocyten stärker ist, wenn die Zellen nach der Bestrahlung bei einer niedrigen Temperatur (4 °C statt 37 °C) inkubiert werden (Abb. 61). Dagegen

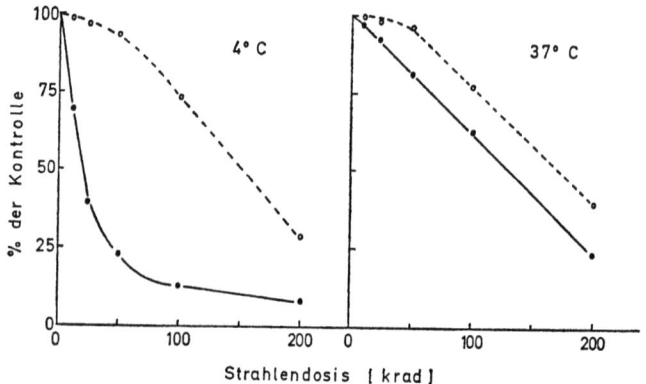

Abb. 61. Der Gehalt von K+ (•—•) und Hämoglobin (o---o) in bestrahlten (*in vitro*) Ratten-Erythrocyten nach 20 Std Inkubation bei 4 °C bzw. 37 °C in Krebs-Ringer-Lösung mit 5,5 mM Glucose und 20% Blutserum vom Kalb. [D. K. Myers u. R. W. Bide: Radiat. Res. **27**, 250 (1966)]

hat die Temperatur keine signifikante Wirkung auf das Ausmaß der strahleninduzierten Hämolyse (Abb. 61). Die Untersuchungen über die pH-Abhängigkeit zeigen ebenfalls, daß die Hämolyse und die Verschiebungen der Elektrolyte nach Bestrahlung unabhängig voneinander sind. Bei einer Veränderung des pH-Wertes von pH 7,4 auf 6,0 wird die strahleninduzierte Hämolyse wesentlich verstärkt, während der K^+-Verlust durch diese Maßnahme kaum beeinflußt ist (Myers u. Bide) [232]. Diese Beobachtungen sind an Erythrocyten von Menschen, Kälbern, Ratten und Hühnern in ähnlicher Weise gemacht worden.

Es ist angenommen worden, daß die beschriebenen Veränderungen des Elektrolytgehaltes der Blutzellen durch eine Hemmung des Aktiven Transports verursacht werden (Bresciani u. Mitarb.) [206, 232]. — Dieser Prozeß ist an eine Na^+ und K^+ abhängige Adenosintriphosphatase (ATP-ase) gekoppelt. — Während Bresciani u. Mitarb. nach Strahlendosen von 890—8900 rad eine starke Hemmung der ATP-ase-Aktivität fanden, konnten Myers u. Levy nach Bestrahlung der Erythrocyten mit 1—60 kR diesen Befund nicht bestätigen [232]. Die Glykolyse und der ATP-Gehalt der Erythrocyten, die für den Aktiven Transport benötigt werden, sind nach Strahlendosen, die zu einem starken K^+-Verlust führen, nicht erniedrigt [232]. Ebenso beeinflußt Ouabain, das die ATP-ase und den Aktiven Transport hemmt, den strahlenbedingten K^+-Austritt nicht.

Verschiedene Untersuchungen haben gezeigt, daß die Erythrocytenmembran eine Struktur besitzt, auf Grund derer die Diffusion der Kalium-Ionen in den extracellulären Raum verhindert wird. Diese spezifische Struktur wird offensichtlich in der Weise geschädigt, daß einige Sulfhydrylgruppen (SH-Gruppen) der Membran durch die ionisierenden Strahlen oder durch deren Folgereaktionen oxidiert werden. Es entstehen vor allem Disulfidbindungen [206, 232]. Ebenso können Substanzen, die mit freien SH-Gruppen reagieren, wie z.B. p-Chlormercuriphenylsulfonat, einen K^+-Austritt aus den Erythrocyten verursachen. Die Bestimmung der SH-Gruppen in den bestrahlten Erythrocytenmembranen ergibt, daß zwei Typen von SH-Gruppen auftreten, die mit unterschiedlicher Geschwindigkeit als Folge der Strahleneinwirkung verschwinden. Der schneller reagierende Typ beträgt etwa 15% der gesamten SH-Gruppen in den Membranen und scheint mit dem Straheneffekt auf den K^+-Gehalt in enger Beziehung zu stehen [232].

Auf Grund des beschriebenen Temperatureffektes (Abb. 61) ist angenommen worden, daß ein Teil des Strahlenschadens während der Inkubation bei 37 °C repariert wird. Sutherland u. Pihl haben gezeigt, daß der gemessene Verlust an SH-Gruppen wesentlich geringer ist, wenn das Inkubationsmedium bei 37 °C Glucose enthält. Unter diesen Bedingungen werden Disulfid-Gruppen, deren Zahl nach der Bestrahlung erhöht ist, zu SH-Gruppen reduziert. Es werden auf diese Weise etwa 60% des Strahlenschadens rückgängig gemacht [232].

Zweiwertige Ionen wie Calcium-Ionen (Ca^{2+}) können auch nach Bestrahlung die Erythrocytenmembran nicht ungehindert passieren. Ebenso kann das einwertig positiv geladene Cholin nicht an Stelle von Na^+ in die Zellen permeieren. Diese Befunde zeigen, daß die strukturellen Veränderungen, die den K^+-Austritt bzw. Na^+-Eintritt bewirken, nur geringfügig sind. Im Gegensatz zu anderen niedermolekularen Substanzen mit freien SH-Gruppen übt das Tripeptid Glutathion keinen Schutz auf den strahlenbedingten K^+-Verlust aus. Auf Grund dieses Befundes wird angenommen, daß an der Retention von K^+ in den roten Blutzellen SH-Gruppen beteiligt sind, die im Inneren der Erythrocytenmembran liegen [206], da die Membran für Glutathion nicht permeabel ist. Dagegen wird die strahleninduzierte Hämolyse durch Glutathion herabgesetzt.

Die beschriebenen Ergebnisse haben zu der Annahme geführt, daß nach der Bestrahlung Permeabilitätsschranken der Erythrocytenmembran zusammenbrechen, indem nur geringfügige strukturelle Änderungen an der Membran hervorgerufen werden. Diese Vorgänge haben die freie Diffusion der Alkalimetallionen durch die Zellmembran zur Folge. — Auch Rubidium- und Caesium-Ionen können nach der Bestrahlung in die Erythrocyten eindringen [206]. — Die Zelle verfügt ferner über Stoffwechselmechanismen, z.B. die Glutathionreductase, die durch Reduktion der strahlenchemisch gebildeten Disulfide zu SH-Gruppen einen Teil des Strahleneffektes reparieren können. Für diesen Reaktionsablauf werden reduzierte Pyridinnucleotide und damit ein aktiver Energiestoffwechsel benötigt. Der Restschaden kommt wahrscheinlich durch Oxidation der SH-Gruppen zu höheren Oxidationsstufen, z.B. zur Sulfinsäure, zustande.

An bestrahlten Ehrlich-Ascites-Tumorzellen von Mäusen sind bei der Untersuchung des K^+-Gehaltes ähnliche Ergebnisse wie an den Erythrocyten erhalten worden [66]. Verschiedene Autoren haben den Elektrolytgehalt in den Zellpartikeln, wie Mitochondrien und Zellkernen, untersucht. Creasey berichtete, daß Zellkerne des Thymus und der Milz von Ratten, die *in vivo* oder *in vitro* bestrahlt wurden, bereits kurze Zeit nach Strahlendosen $<$ 100 R K^+ und Na^+ verloren [103]. Dieser Effekt ist häufig als eine der frühesten und empfindlichsten biochemischen Strahlenschädigungen von Säugetierzellen diskutiert worden. Da die K^+ und Na^+ für die Struktur des DNP-Komplexes außerordentlich wichtig sind, würde eine solche Veränderung für die biologische Strahlenwirkung große Bedeutung haben. Jedoch konnten Jackson u. Christensen diese experimentellen Ergebnisse in einem Dosisbereich von 25—2000 R weder nach Bestrahlung der Thymuskerne *in vivo* noch *in vitro* bestätigen [103].

Mitochondrien der Säugetierleber vermögen gegen ein Konzentrationsgefälle aus dem Inkubationsmedium K^+ und Ca^{2+} aufzunehmen. Nach der Bestrahlung von Leber-Mitochondrien der Ratte mit 10—50 krad β-Strahlen (15 MeV Elektronen) verlieren die Zellpartikel K$^+$, wenn sie in einem Medium inkubiert werden, das 0,01 M K$^+$ enthält (Abb. 62). Dagegen nimmt der K$^+$-Gehalt durch Diffusion in die Zellpartikel zu, wenn die K$^+$-Konzentration des Suspensionsmediums 0,1 M beträgt, da dann die Konzentration an K$^+$ extramitochondrial größer ist als in den Partikeln. Ebenso ist die Fähigkeit der Mitochondrien, Ca^{2+} aufzunehmen, nach der Bestrahlung verringert (Abb. 62) [267]. Es wird daher angenommen, daß die Mito-

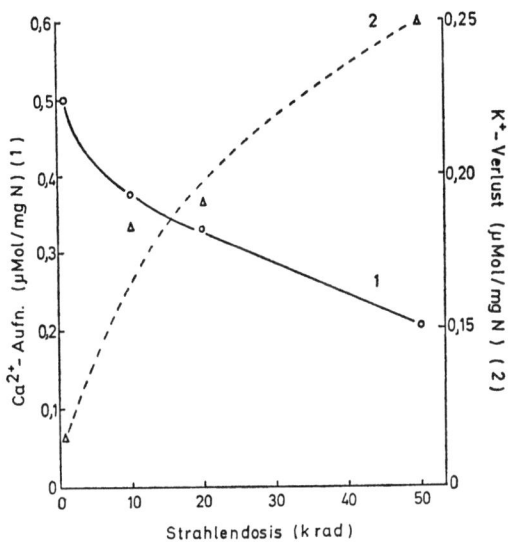

Abb. 62. Die Ca^{2+}-Aufnahme (1) und der K$^+$-Verlust (2) durch Rattenleber-Mitochondrien nach Bestrahlung *in vitro*. Die Mitochondrien wurden nach der Strahleneinwirkung 15 min bei 37 °C (1) bzw. 30 min bei 25 °C (2) inkubiert. [E. D. Wills: Int. J. Radiat. Biol. **11**, 517 (1966)]

chondrienmembran wie bei den Erythrocyten durch die ionisierenden Strahlen geschädigt und daß sie mit steigender Strahlendosis für die Kalium- und Calcium-Ionen zunehmend permeabel wird. Eine Herabsetzung des Aktiven Transports scheint unter diesen Bedingungen unwahrscheinlich; zumal die oxidative Phosphorylierung bei einer Bestrahlung *in vitro* erst nach höheren Strahlendosen abnimmt (siehe S. 109). Außerdem steigt die ATP-ase-Aktivität der Zellpartikel nach einer Bestrahlung mit 10—50 krad an, während man bei einer Schädigung des Aktiven Transports einen Abfall erwarten sollte [267].

Breuer u. Mitarb. beobachteten, daß der Na$^+$-Gehalt nach einer Ganzkörperbestrahlung von Ratten mit 2000 R in den strahlenempfindlichen Organen, z. B. in der Milz, im Verlauf von 72 Std p. r. erhöht und der K$^+$-Gehalt erniedrigt war [32]. Auf Grund der vermehrten K$^+$-Konzentration im extracellulären Raum nimmt der K$^+$-Gehalt in der Leber und den Nieren zu. Von verschiedenen Arbeitsgruppen ist gefunden worden, daß bei Säugetieren nach der Einwirkung von Strahlendosen > 1000 R die Ausscheidung von K⁺ über die Nieren und von Na⁺ über den Darm ansteigt [91].

Curran u. Mitarb. perfundierten das Ileum der Ratte mit isotonischer NaCl-Lösung. Es wurde die Aufnahme an Wasser und Na⁺ durch den Darm aus der Perfusionslösung gemessen. Nach einer lokalen Bestrahlung des Abdomens mit 2500 R nimmt die Absorption von Wasser und Na⁺ ab und 67 Std p.r. werden sogar umgekehrt sowohl Na⁺ als auch Wasser von dem Darmgewebe in das Lumen abgegeben (Abb. 63) [91].

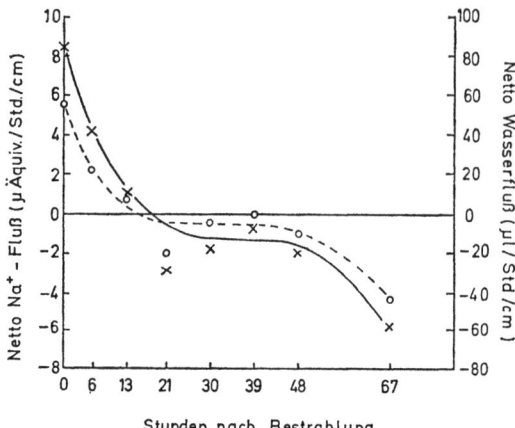

Abb. 63. Netto-Wasser- (o) und Na⁺-Fluß (x) vom Lumen des Rattenileums in das Plasma 0—67 Std nach Bestrahlung des Abdomens mit 2500—3000 R. Das Ileum wurde *in situ* mit isotonischer NaCl-Lösung perfundiert, [P. F. Curran, E. W. Webster u. J. A. Hovsepian: Radiat. Res. **13**, 369 (1960)]

Diese strahlenbedingten Veränderungen haben starke Elektrolyt- und Wasserverluste des Säugetierorganismus zur Folge. Es ist diskutiert worden, ob die Gallensäuren an der strahlenbedingten Ausscheidung von Na⁺ über den Darm beteiligt sind, da eine Unterbindung des Gallenganges (Ductus choledochus) bei Ratten zu einer Verringerung dieses Strahleneffektes führt. Eingehende Untersuchungen von Forkey u. Mitarb. haben jedoch gezeigt, daß über die Galle lediglich die Ausschüttung von Na⁺ in den Darm erhöht wird. Diese Na⁺ werden nach der Bestrahlung nicht mehr resorbiert [68].

Man nimmt an, daß in den Elektrolyt-Verschiebungen, die schwerwiegende physiologische Schädigungen verursachen, ein wesentlicher Grund für den Tod der Tiere nach Strahlendosen > 1000 R zu suchen ist („intestinal deaht", „Darmtod", s. S. 20). Ob die beobachteten Veränderungen des Gehaltes an Mineralocorticoiden (s. S. 129) mit der verringerten Na⁺-Resorption nach Bestrahlung im Zusammenhang stehen, ist bisher nicht näher untersucht worden.

2. Permeabilität und „Enzyme Release"

Im vorangehenden Abschnitt sind strahlenbedingte Veränderungen der Permeabilität verschiedener Membranen für die Ionen der Alkalimetalle und für das Wasser besprochen worden. Von verschiedenen Autoren ist diskutiert worden, ob Strahleneffekte an den Permeabilitätsschranken von Geweben, Zellen und Zellpartikeln wesentlich zur Entwicklung der biologischen Strahlenwirkung beitragen [10, 126]. Da bei den elementaren Ionisationsprozessen eine lokalisierte Anhäufung von elektrischen Ladungen auftritt (s. S. 6), ist es durchaus vorstellbar, daß diese Vorgänge zu Veränderungen an biologischen Strukturen wie den Membranen führen. Am spezifischen Aufbau dieser Organisationsformen sind elektrische Ladungen der Makromoleküle beteiligt. Neben den kurzzeitigen Effekten können strahlenchemische Reaktionen, wie die Oxidation von SH-Gruppen (s. S. 89) oder die Bildung von Lipidperoxiden (s. S. 115) [268], länger anhaltende Strukturänderungen an den Membranen hervorrufen. Ebenso weist die abnehmende Bindung von Lipiden in den Mitochondrien-Membranen auf eine Strahlenschädigung dieser Funktionen hin (s. S. 118). Dennoch haben die bisherigen Untersuchungen über strahleninduzierte Permeabilitätsänderungen nicht zu einheitlichen Vorstellungen geführt.

Nach einer lokalen Bestrahlung nimmt die Permeabilität der Haut gegenüber Farbstoffen zu [10, 126]. Verschiedene Autoren haben zeigen können, daß die ionisierenden Strahlen strukturelle Veränderungen der Mucopolysaccharide [57] hervorrufen. Zum Beispiel wird die Viscosität der Synovia [57] erniedrigt [129]. Es ist nicht geklärt, ob diese Effekte unmittelbar durch die Strahlung oder über enzymatische Prozesse, z.B. über die Aktivierung der Hyaluronidase [57], verursacht werden [126, 129].

In vorangegangenen Kapiteln ist mehrfach auf verschiedene Strahlenwirkungen hingewiesen worden, die für mögliche Veränderungen der Permeabilität von niedermolekularen Substanzen sprechen. So ist der Gehalt z.B. der Aminosäuren in der Milz wenige Minuten nach Ganzkörperbestrahlung erniedrigt (Abb. 33). Ebenfalls sinkt der Gehalt der Adeninnucleotide in den Zellkernen des Thymus ab (s. S. 112). Pollard u. Weller beobachteten, daß die Zellmembran von E. coli 15 T$^-$L$^-$ (s. S. 45) nach einer Bestrahlung für Thymin erhöht durchlässig ist [178]. Andererseits fanden Scaife u. Alexander, daß die Permeabilität der Mitochondrien aus der Leber, den Nieren, der Milz und dem Thymus durch ionisierende Strahlen für die Pyridinnucleotide

---

[57] Die Mucopolysaccharide bauen sich chemisch aus Uronsäuren, z.B. Glucuronsäure, und Aminozuckern, deren Aminogruppe acetyliert oder sulfuriert ist, auf. Sie sind wesentlicher Bestandteil des Bindegewebes. Die Hyaluronsäure ist ein verbreitetes Mucopolysaccharid. Sie kommt u.a. in der Synovia vor. Die Synovia ist eine zähe, klebrige Flüssigkeit, die in den Gelenken die Reibung herabsetzt. Die Hyaluronidase degradiert die Hyaluronsäure enzymatisch.

nicht verändert wurde. Die Mitochondrien wurden mit 9000 rad in einer wäßrigen Suspension *in vitro* bestrahlt oder 4 Std nach einer Ganzkörperbestrahlung von Ratten mit 1000 rad isoliert [7].

Insbesondere von Bacq u. Alexander ist die Hypothese aufgestellt worden, daß die Freisetzung von Enzymen („enzyme relase") aus den verschiedenen Zellkompartimenten die primäre biochemische Strahlenschädigung darstellt [10]. Es besteht die Vorstellung, daß hydrolytische Enzyme auf diese Weise mit ihren Substraten, z. B. die DN-ase mit der DNS, in Kontakt kommen und biologisch aktiv werden.

Die enzymatische Aktivität mehrerer hydrolytischer Enzyme, die in den Lysosomen lokalisiert sind, steigt nach einer Bestrahlung an (s. S. 84). Nach einer Ganzkörperbestrahlung von Säugetieren mit Dosen bis zu 1000 R wurden jedoch für einen Übertritt lysosomaler Enzyme in das Cytoplasma unterschiedliche Ergebnisse berichtet (s. S. 50). Bei der Bestrahlung dieser Zellpartikel *in vitro* werden hohe Strahlendosen benötigt, um einen Austritt von Enzymen zu erreichen. Wills u. Wilkinson bestrahlten Rattenleber-Lysosomen in wäßriger Suspension und beobachteten, daß nach Dosen > 5 krad die Enzyme β-Glucuronidase und eine Phosphatase freigesetzt wurden. Da unter diesen Bedingungen Lipidperoxide in den Partikelmembranen gebildet werden, nehmen die Autoren an, daß die Peroxide die Membranstruktur verändern, so daß die Enzyme in das Medium übertreten können [268]. Gleichzeitig werden aber auch SH-Gruppen strahlenchemisch oxidiert (s. S. 90).

Hagen u. Mitarb. berichteten, daß 2—12 Std nach Ganzkörperbestrahlung von Ratten mit 800 R in den Zellkernen des Thymus die Aktivität der glykolytischen Enzyme Aldolase, Phosphoglycerinaldehyd-Dehydrogenase und Lactat-Dehydrogenase abnahm [87]. Ebenso ist die RN-ase-Aktivität in den Kernen von Lymphoma Zellen nach einer Strahleneinwirkung von 2000 R erniedrigt [7]. Die Autoren nehmen an, daß diese Enzyme auf Grund einer Schädigung der Kernmembran in das Cytoplasma permeieren. Es ist jedoch nicht experimentell sichergestellt worden, ob die Enzyme im Cytoplasma tatsächlich auftreten.

Für die Mitochondrien der Milz ist gezeigt worden, daß die Aktivität der Glutamat-Dehydrogenase[58] in den Zellpartikeln nach Bestrahlung abnimmt, daß aber die Enzymaktivität im Cytoplasma nicht ansteigt (Abb. 64). Offensichtlich wird das Enzymprotein in den Mitochondrien der Milz nach Bestrahlung inaktiviert bzw. abgebaut. Ein Austritt der Enzymaktivität aus den Partikeln erscheint auf Grund dieser Befunde unwahrscheinlich. Die Messungen des Protein-Gehaltes

---

[58] Die Glutamat-Dehydrogenase katalysiert die Reaktion Glutamat + NAD$^+$ + H$_2$O $\rightleftharpoons$ α-Ketoglutarat + NADH + NH$_3$. Das Enzym ist nur in den Mitochondrien lokalisiert. Die geringe Aktivität, die im Cytoplasma gemessen wird (Abb. 64), ist auf das Aufbrechen von Mitochondrien bei der Gewebeaufarbeitung zurückzuführen.

in der Milz stimmen mit diesen Ergebnissen überein (Abb. 31) [226]. Dagegen beobachteten Pollard u. Weller, daß die Permeabilität durch die Zellmembran von E. coli 15 T⁻L⁻ für das Enzym β-Galactosidase nach einer Strahleneinwirkung zunahm [178].

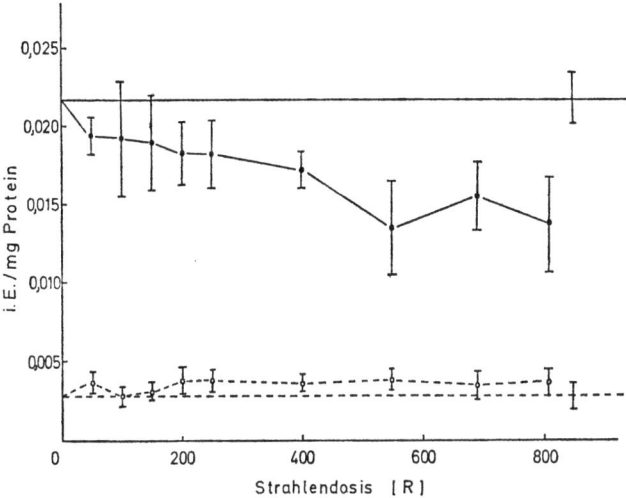

Abb. 64. Die Aktivität der Glutamat-Dehydrogenase, angegeben in internationalen Einheiten (i.E. = μMol Umsatz/min bei 25 °C) pro mg Protein, in den Mitochondrien (●—●) und im Cytoplasma (o---o) des Milzgewebes von Mäusen 24 Std nach Ganzkörperbestrahlung mit 50—810 R. [C. Streffer u. H.-J. Melching: Strahlentherapie 129, 282 (1966)]

Nach einer Bestrahlung von Säugetieren und Menschen ist die Aktivität mehrerer Enzyme im Blutserum erhöht. Wie bei anderen pathologischen Zuständen, z.B. Herzinfarkt und Leberschäden, ist dieser Effekt wohl mehr auf den strahlenbedingten Abbau von Geweben und Zellen als auf Permeabilitätsänderungen zurückzuführen. Es ist versucht worden, diese Veränderungen zur Diagnostik des Strahlenschadens heranzuziehen (s. S. 162).

3. Der Aktive Transport

Nach einer Bestrahlung von Ratten wird die Aminosäure Glycin vom Lebergewebe vermehrt aufgenommen (s. S. 77) [145]. Bekhor u. Mitarb. fanden, daß 24 Std nach einer Ganzkörperbestrahlung von Ratten mit 150—600 R der Gehalt der Aminosäure α-Aminoisobuttersäure, die den Tieren injiziert wurde, in den Nieren und im Skeletmuskel (gluteus maximus) erhöht war. Dagegen wird die Aminosäure in das Thymusgewebe der bestrahlten Tiere 2—48 Std p.r. in geringerem Umfang transportiert (Abb. 65) [85]. Ebenso konnten Christensen u. Jackson zeigen, daß die Aufnahme der Purin-Base

Adenin in Thymocyten, die *in vitro* bestrahlt wurden, erniedrigt war (Abb. 65). Der Einbau des Adenins in die Nucleinsäure — der Anteil an Adenin-^{14}C, der mit Trichloressigsäure gefällt wird —, ist jedoch stärker geschädigt als der Transport (Abb. 65). Bei der angewendeten Technik werden sowohl die DNS- als auch die RNS-Synthese erfaßt, deren Hemmung nach der Einwirkung ionisierender Strahlen sehr unterschiedlich ist (s. S. 67) [39].

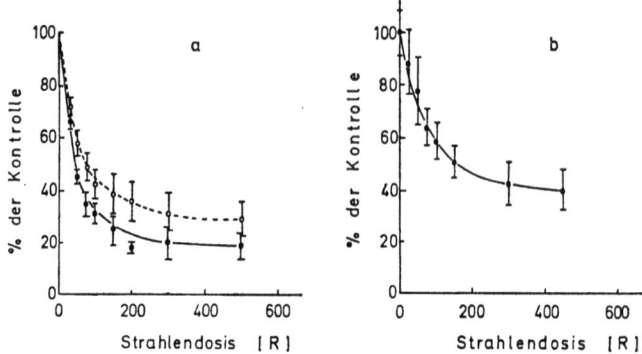

Abb. 65. a Die Aufnahme von Adenin-^{14}C (o---o) und der Einbau des Adenins in Nucleinsäuren (●—●) in Ratten-Thymocyten nach Bestrahlung *in vitro* [G. M. Christensen u. K. L. Jackson: Radiat. Res. **35**, 410 (1968)]. b Die Aufnahme von α-Aminoisobuttersäure im Thymus von Ratten 24 Std nach Ganzkörperbestrahlung. [I. J. Bekhor, P. Shah, D. W. Thomas u. L. A. Bavetta: Radiat. Res. **21**, 223 (1964)]

Besonders interessant erscheint es in diesem Zusammenhang, daß in den Thymocyten die Dosisabhängigkeit der Straheneffekte auf die DNS-Synthese (Abb. 22), auf die Proteinsynthese (Abb. 29), sowie auf den Aktiven Transport der Vorstufen dieser Makromoleküle (Abb. 65) sehr ähnlich ist. Dagegen ist die Aufnahme von α-Aminoisobuttersäure in das Milzgewebe von Ratten 1—24 Std nach einer Ganzkörperbestrahlung mit 300 R unverändert. Gleichzeitig findet jedoch eine verminderte Proteinsynthese in diesem Organ statt (Bekhor u. Mitarb.) [85].

Sehr eingehend wurde der Aktive Transport von Aminosäuren in Ehrlich-Ascites-Tumorzellen nach Bestrahlung untersucht. Hagemann u. Evans fanden, daß die aktive Aufnahme der Aminosäure Glycin in diese Zellen 75 min nach Röntgenbestrahlung mit einigen kR *in vitro* stark erniedrigt war [85]. Dagegen beobachtete Archer einen derartigen Strahleneffekt für die Aminosäure L-Serin 15 min nach der Einwirkung von etwa 100 krad ^{60}Co-γ-Strahlen [9]. Wahrscheinlich muß diese unterschiedliche Empfindlichkeit auf die verschiedenen Versuchsanordnungen, wie Zeitfaktoren (75 min und 15 min p.r.), Konzentration der Zellsuspensionen, die verwendeten Aminosäuren Glycin und L-Serin usw., zurückgeführt werden.

Von beiden Arbeitsgruppen wird berichtet, daß nach der Bestrahlung nur der Aktive Transport geschädigt ist, während der passive Fluß der Aminosäuren Glycin, L-Serin und L-Phenylalanin durch die Zellmembran erst bei Anwendung höherer Strahlendosen verändert ist. Jedoch ist die aktive Aufnahme von L-Serin durch die Tumorzellen strahlenempfindlicher als diejenige von L-Phenylalanin. Es wird angenommen, daß dieses Verhalten durch die unterschiedlichen Eigenschaften der beiden Systeme verursacht wird. — Für den Aktiven Transport von L-Serin werden Na^+ und ein sehr aktiver Stoffwechsel benötigt, während das System für L-Phenylalanin mit einem geringeren Energiestoffwechsel und ohne Na^+ funktionsfähig ist [9]. — Archer nimmt an, daß ein oder mehrere hypothetische Makromoleküle, die den Aktiven Transport an den Energiestoffwechsel koppeln, durch die ionisierenden Strahlen in besonderem Maße geschädigt werden [9]. Möglicherweise sind die beschriebenen Veränderungen des Elektrolythaushaltes ebenfalls in diesem Zusammenhang von Bedeutung.

Als Folge der Schädigung der DNS-Synthese im Darm und der Mitosehemmung in den Lieberkühnschen Krypten[59] nach Bestrahlung wird die Zellwanderung in die Spitzen der Darmzotten unterbrochen. Daher hat der Darm von Säugetieren etwa 2—3 Tage nach einer Strahlendosis > 1000 R seine Epithelzellen weitgehend verloren. Es kommt zu schweren Resorptionsstörungen, wie es für den Elektrolythaushalt beschrieben worden ist (s. S. 150). Jedoch ist von verschiedenen Autoren berichtet worden, daß 24—72 Std nach der Einwirkung von Dosen < 1000 R der Aktive Transport vor allem von Zuckern, Aminosäuren und Fettsäuren im Darm herabgesetzt ist [55, 173]. Wenige Stunden und 10 Tage nach Bestrahlung von Ratten mit 300—600 R tritt dagegen keine signifikante Veränderung auf [55].

Perris beobachtete, daß 3 Tage nach Bestrahlung mit 650 R die Resorption der Glucose und Galactose *in vivo* erniedrigt war. Dagegen nimmt die Konzentration des Zuckers Sorbose, der nicht aktiv transportiert wird, aus dem Darmlumen der bestrahlten Tiere in verstärktem Maße ab [173], da die Permeabilität durch die Darmwand erhöht ist. Wie bereits für die Na^+ (s. S. 150) und Albumin (s. S. 79) berichtet worden ist, nimmt auch die Durchlässigkeit der Membran für Zucker im Darm nach der Strahleneinwirkung zu, während der Aktive Transport herabgesetzt ist. Im Gegensatz zu anderen Organen ist die Glykolyse (Bildung von Lactat aus Glucose) im Darm 3 Tage p.r. erniedrigt. Es wird angenommen, daß zwischen diesem Strahleneffekt und der Hemmung der Resorption von Zuckern im Darm ein Zusammenhang besteht [173].

Allerdings müssen die beschriebenen cellulären Veränderungen des Darmes berücksichtigt werden, um diese Befunde abschließend zu

---

[59] Die Lieberkühnschen Krypten liegen zwischen den Darmzotten. Auf Grund einer starken Proliferation werden in ihnen ständig neue Epithelzellen für die Darmzotten gebildet.

beurteilen. Vor allem die Ergebnisse, die 2—3 Tage nach der Einwirkung von Strahlendosen > 1000 R gewonnen werden, müssen im Zusammenhang mit den morphologischen Beobachtungen gesehen werden. Da häufig parallele Untersuchungen unter vergleichbaren Bedingungen fehlen, erscheint hier eine stärkere Zusammenarbeit von morphologisch bzw. biochemisch orientierten Strahlenbiologen notwendig. Auf ähnliche Problemstellungen an anderen Organsystemen ist bereits hingewiesen worden (s. S. 114).

X. Die Bildung toxischer Substanzen nach Bestrahlung

Von vielen Autoren ist die Möglichkeit diskutiert worden, daß die ionisierenden Strahlen durch ihre Wirkung auf Materie toxische Substanzen bilden oder deren Synthese im Stoffwechsel induzieren und daß diese „Radiotoxine" dann ihrerseits die biologischen Effekte hervorrufen. Im ersten Kapitel ist darauf hingewiesen worden, daß man zwischen einer direkten und einer indirekten Strahlenwirkung unterscheidet (s. S. 11). Wenn auch die strahleninduzierten Radikale des Wassers (s. S. 13) nicht in die Gruppe der Radiotoxine eingeordnet werden sollen, so sollen in diesem Zusammenhang aber Untersuchungen besprochen werden, die mit einem molekularen Bestrahlungsprodukt des Wassers, dem Wasserstoffperoxid (H_2O_2, s. S. 15), durchgeführt worden sind.

Insbesondere von Warburg ist die These vertreten worden, daß die biologischen Strahlenschäden in vielen Fällen auf die Wirkung des Wasserstoffperoxids zurückzuführen sind. Warburg u. Mitarb. fanden, daß die anaerobe Glykolyse von Ascites-Tumorzellen sowohl durch ionisierende Strahlen als auch durch Wasserstoffperoxid gehemmt wird. Eine Strahlendosis von 2400 R (Röntgenstrahlen, Dosisleistung 1000 R/min) führt bei diesen Untersuchungen quantitativ zu dem gleichen Effekt, der durch eine Peroxidkonzentration von etwa 10^{-5} M (molar) erreicht wird. Diese Konzentration entspricht der Menge an Wasserstoffperoxid, die durch eine Strahlendosis von 2400 R in dem Medium gebildet wird [262]. Zu analogen Ergebnissen kamen Frey u. Pollard bei vergleichenden Untersuchungen der Wirkung von ^{60}Co-γ-Strahlen (Dosisleistung 5,5 kR/min) und Wasserstoffperoxid auf das Wachstum und auf die Atmung von E. coli T$^-$L$^-$-Kulturen [73]. Allerdings wurde von Warburg bereits darauf hingewiesen, daß die Übereinstimmung zwischen der Wirkung der ionisierenden Strahlen und des Peroxides nur bei sehr niedrigen Zellkonzentrationen ($\leq 0{,}1\%$) besteht [262].

Bei diesen Experimenten sowie bei ähnlichen Versuchsanordnungen wird der Strahleneffekt durch das Enzym Katalase [60] weitgehend ver-

---

[60] Das Enzym Katalase zersetzt das Wasserstoffperoxid in Wasser und Sauerstoff ($2 H_2O_2 \rightarrow 2 H_2O + O_2$). Die prosthetische Gruppe des Enzyms ist das Porphyrin Hämin (s. S. 143).

hindert [2, 239]. Damit wird ein weiterer Hinweis dafür geliefert, daß die strahleninduzierte Bildung des Peroxids die biologische Strahlenwirkung in den angeführten Systemen auslöst. Besonders eindrucksvoll konnte dieses Verhalten von Aebi gezeigt werden, der die Bildung von Methämoglobin (s. S. 143) in menschlichen Erythrocyten nach Bestrahlung bestimmte (Abb. 66) [3]. Bei Personen, deren rote Blutzellen nur eine geringe Katalase-Aktivität aufweisen, tritt nach einer Bestrahlung der Erythrocyten *in vitro* im Vergleich zu normalen Individuen eine sehr starke Methämoglobin-Bildung ein (Abb. 66). Durch Katalase kann dieser Effekt unterdrückt werden.

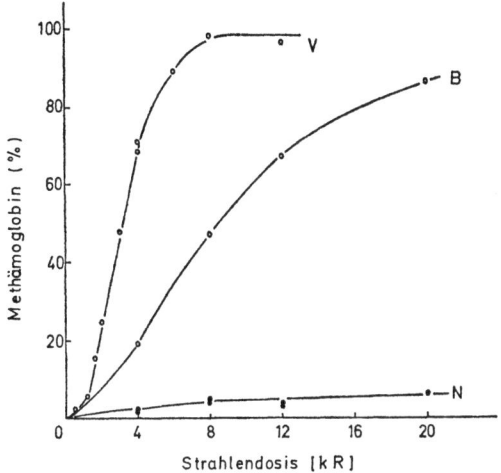

Abb. 66. Die Methämoglobin-Bildung in menschlichen Erythrocyten nach Bestrahlung *in vitro*. N = Person mit normaler Katalase-Aktivität, B = Person mit 1% und V = Person mit 0,5% der normalen Katalase-Aktivität in den Erythrocyten. [H. Aebi: Radiat. Res. Suppl. 3, 107 (1963)]

Aronson u. Mitarb. beobachteten, daß die Katalase-Aktivität in Hefe (Saccharomyces cerevisiae) nach einer Röntgen- oder γ-Bestrahlung mit 100 krad und höheren Dosen ansteigt. Diese Enzyminduktion wird ebenfalls durch Wasserstoffperoxid erreicht. Nadkarni u. Mitarb. konnten außerdem zeigen, daß die Strahlenresistenz der Hefezellen mit steigender Katalase-Aktivität, die durch eine Vorbestrahlung induziert wurde, zunimmt. Es wird angenommen, daß bei den verwendeten Zellsuspensionen (100 mg Trockengewicht/10 ml) sowohl das Abtöten der Hefezellen als auch die Induktion der Katalase nach der Bestrahlung auf das gebildete Wasserstoffperoxid zurückzuführen sind [260]. Allerdings lag bei diesen Untersuchungen die angewendete Wasserstoffperoxid-Konzentration um den Faktor 100 höher (10^{-2} M) als diejenige, die bei der Bestrahlung erreicht wurde ($5-10 \cdot 10^{-5}$ M).

Adler untersuchte E. coli Mutanten, die die prosthetische Gruppe der Katalase, nämlich Hämin, nicht synthetisieren können und daher keine Katalase-Aktivität enthalten. Es hat sich ergeben, daß diese Mutanten nicht strahlenempfindlicher sind als E. coli-Stämme, die das Enzym besitzen, wenn die Strahlenwirkung auf die Koloniebildung direkt nach der Bestrahlung gemessen wird (2). Werden die Bakterienzellen dagegen in dem bestrahlten Medium inkubiert, so nimmt die Überlebensrate der Mutanten ohne katalatische Enzymaktivität stärker ab („after-effect"). Wahrscheinlich wird dieser Effekt durch das gebildete Wasserstoffperoxid hervorgerufen, daß von diesen Zellen nicht abgebaut werden kann. Bei weiteren Mutanten von E. coli und von Rhodopseudomonas spheroides konnte gezeigt werden, daß keine grundsätzliche Übereinstimmung zwischen der Höhe der intracellulären Katalase-Aktivität und der Strahlenempfindlichkeit besteht. Allerdings erhebt sich die Frage, in welchem Maße diese unterschiedliche Resistenz auf die Aktivität der Repair-Systeme zurückgeführt werden muß.

Bei einer Bestrahlung von Säugetieren kommt dem gebildeten Wasserstoffperoxid wahrscheinlich keine wesentliche Bedeutung zu [63]. So liegt die LD_{50} für das Peroxid unter der Annahme, daß es bei intraperitonealer Injektion im Organismus gleichmäßig verteilt wird, um ein Vielfaches höher als die Menge an Wasserstoffperoxid, die durch eine letale Strahlendosis von etwa 800 R in den Geweben gebildet werden kann [239]. Es ist ferner berichtet worden, daß bereits niedrigere Strahlendosen erhebliche Veränderungen in Säugetiergeweben hervorrufen können. Nach einer Hemmung der Katalase-Aktivität *in vivo* ist die Toxicität des Wasserstoffperoxids zwar erhöht, erreicht aber noch nicht den Bereich, der notwendig ist, um damit die Strahlenwirkung erklären zu können.

Folgerichtig wird die Strahlenresistenz von Säugetieren durch Katalase-Inhibitoren, wie z. B. 3-Amino-1,2,4-triazol, nicht herabgesetzt [63, 239]. Ein Meerschweinchenstamm mit einer sehr niedrigen Katalase-Aktivität in den Geweben ist nicht strahlenempfindlicher als andere Stämme der gleichen Tierart (Radev) [239]. Feinstein u. Mitarb. untersuchten einen Mäusestamm, dessen Katalase-Aktivität im Blut 1—2% und in den Organen 8—38% des normalen Tierstammes betrug. In der Strahlenempfindlichkeit unterscheiden sie sich nicht. Außerdem treten nach einer Vergiftung der Tiere durch Wasserstoffperoxid wesentlich andere pathologische Symptome auf als nach einer Bestrahlung [63].

Die These, daß die Strahleneffekte auf die Wirkung des gebildeten Wasserstoffperoxids zurückzuführen sind, gilt also nur unter ganz speziellen Versuchsanordnungen, nämlich bei stark verdünnten Zellsuspensionen (z. B. $5 \cdot 10^7$ Zellen/ml) [73] und unter Vorsichtsmaßnahmen, die die Zersetzung des Peroxids im Medium verhindern [262]. Unter diesen Bedingungen wird die direkte Strahlenwirkung bedeutungslos. Außerdem ist die Lebensdauer der Radikale wie OH˙, H˙

oder e_{aq}^- (s. S. 14) zu kurz, so daß sie im Medium reagieren, bevor sie zu einer Tumor- oder Bakterienzelle gelangen. So beträgt die mittlere Reichweite der OH˙ bei einer Bestrahlung von reinem Wasser mit ^{60}Co-γ-Strahlen etwa 0,4 µ, — in einem Kulturmedium, das Radikalfänger enthält, ist dieser Wert noch geringer — während der Abstand zwischen den Bakterienzellen bei einer Konzentration von $5 \cdot 10^7$ Zellen/ml ungefähr 20 µ beträgt. Dagegen reicht die Beständigkeit des Wasserstoffperoxids aus, um durch Diffusion die Zellen zu erreichen. Außerdem sind die E. coli Zellen wahrscheinlich in der Lage, das Wasserstoffperoxid über einen Aktiven Transportmechanismus aufzunehmen [73]. Liegen die genannten Bedingungen (hohe Verdünnung) nicht vor, so kommen die direkte Strahlenwirkung und die kurzlebigen Radikale zum Zuge.

Von anderen Autoren wird angenommen, daß organische Peroxide, z. B. die Lipidperoxide, für die biologische Strahlenwirkung von großer Bedeutung sind [174, 267, 268]. Auf diese Substanzen ist bereits mehrfach hingewiesen worden (s. S. 115). Sowohl auf Grund der direkten Strahlenwirkung als auch durch oxidierende Agentien, die durch die ionisierende Strahlung induziert werden, können Peroxide vor allem der Pyrimidin-Basen in den Nucleinsäuren gebildet werden [136]. Diese Reaktionen führen zu ähnlichen Schäden, wie sie vor allem im Zusammenhang mit der DNS besprochen worden sind (s. S. 29).

Kuzin u. Mitarb. fanden, daß Extrakte, die aus bestrahlten Blättern (Strahlendosis 15—50 kR) von Vicia faba gewonnen wurden, radiomimetisch auf die Mitose-Aktivität wirken. Die aromatische Aminosäure Tyrosin wurde von den Präparationen aus bestrahlten Pflanzen in verstärktem Maße oxidiert [126]. Die Autoren vermuten, daß über Semichinone Substanzen vom Typ der Chinone gebildet werden, die die beobachteten Effekte auslösen.

Weitere Untersuchungen haben ergeben, daß ionisierende Strahlen das enzymatische System der Tyrosinase[61] aktivieren. Dabei ist es wesentlich, daß das Substrat Tyrosin während der Bestrahlung anwesend ist. Kuzin u. Mitarb. nehmen an, daß strahlenchemisch gebildete Oxidationsprodukte des Tyrosins den erhöhten Umsatz durch dieses Enzym verursachen [127]. Es ist möglich, daß die entstandenen ortho-Chinone u. a. von den Zellkernen aufgenommen werden und eine Hemmung der DNS-Synthese hervorrufen. Die toxischen Substanzen, die aus Pflanzen nach sehr hohen Strahlendosen extrahiert wurden, konnten jedoch bisher chemisch nicht charakterisiert werden. Aus *in vivo* bestrahlten Säugetiergeweben sind noch keine derartigen Radiotoxine isoliert worden.

Die Untersuchungen über Radiotoxine sind in der Literatur nicht unwidersprochen geblieben. Häufig ist angenommen worden, daß

---

[61] Das Enzym Tyrosinase hydroxyliert die Aminosäure Tyrosin zum 3,4-Dihydroxyphenylalanin (DOPA) und oxidiert dieses zum ortho-Chinon.

derartige Toxine beim strahleninduzierten Abbau der Gewebe entstehen. In keinem Falle ist es jedoch bisher gelungen, diese Vorstellungen mit irgendwelchen molekularen Strukturen zu identifizieren. Es erscheint fraglich, ob diesen niedermolekularen Substanzen eine entscheidende Bedeutung für die Entwicklung eines biologischen Schadens nach Strahlendosen im subletalen bis letalen Bereich zukommt.

Offenbar greifen die ionisierenden Strahlen, die kurzlebigen Radikale (OH˙, H˙ oder e^-_{aq}) ebenso wie die Peroxide in vielen Fällen dieselben funktionellen Gruppen in biologischen Materialien an. Damit wird ein Verhalten demonstriert, das auf Grund der chemischen Reaktivität dieser Gruppen durchaus plausibel erscheint. Dieser Übereinstimmung ist es zuzuschreiben, daß häufig der Versuch unternommen worden ist, die Wirkung ionisierender Strahlen mit einem definierten chemischen Agens gleichzusetzen. Daß diesen Versuchen bisher kein vollständiger Erfolg beschieden war, liegt wohl vor allem in der Eindringtiefe ionisierender Strahlen, in der Variabilität des LET (s. S. 7), sowie in den kinetischen Abläufen der Ionisation und der folgenden Vorgänge begründet. Die Vielfalt der strahlenbiologischen Experimente hat gezeigt, daß mit derartigen Versuchen nur ein Teil der Strahlenwirkungen erfaßt werden kann.

XI. Biochemische Untersuchungen zur Diagnostik des Strahlenschadens

Aus praktischen Erwägungen ist häufig die Frage aufgeworfen worden, ob nach der Bestrahlung biochemische Reaktionen einsetzen, die für einen Strahlenschaden spezifisch sind und mit deren Hilfe das Ausmaß der Schädigung bestimmt werden kann. Oft hat sich an derartige Untersuchungen der Wunsch nach einer „biologischen Dosimetrie" geknüpft.

Da man diese Überlegungen auf Patienten, die z.B. einen Reaktorunfall erlitten haben und deren Befinden durch die Probennahme nicht beeinträchtigt werden soll, anwenden will, ist vor allem an Messungen im Urin und Blut gedacht worden. Dabei sollten die Teste auf möglichst kleine Strahlendosen ansprechen. Im Verlauf dieser Abhandlung sind verschiedene Metabolite und biochemische Systeme genannt worden, die für diesen Zweck geeignet erscheinen. So ist gezeigt worden, daß z.B. Abbauprodukte der DNS, das Desoxycytidin (Abb. 19) und die β-Aminoisobuttersäure (BAIBA, Abb. 20), sowie das Kreatin (Abb. 34), das Taurin (Abb. 36) und die 5-Hydroxyindolessigsäure (Abb. 56) nach verhältnismäßig kleinen Strahlendosen im Urin vermehrt ausgeschieden werden.

Mehrere dieser Metabolite sind daher im Urin von Personen bestimmt worden, die in den fünfziger Jahren bei Unfällen erheblichen

Strahlenbelastungen ausgesetzt waren [220]. Dabei ist im allgemeinen ebenso wie bei den Tierexperimenten eine erhöhte Ausscheidung dieser Substanzen gemessen worden. Gerber u. Mitarb. bestimmten die Ausscheidung von Kreatin/Kreatinin (Abb. 67) sowie von BAIBA an ver-

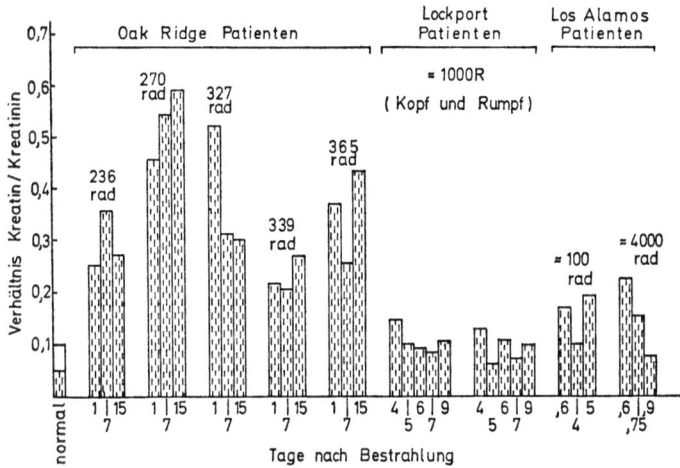

Abb. 67. Ausscheidung von Kreatin/Kreatinin im Urin von Menschen nach Strahlenunfällen. [G. B. Gerber, G. Gerber, S. Kurohara, K. I. Altman u. L. H. Hempelmann: Radiat. Res. **15**, 314 (1961)]

schiedenen Tagen nach Bestrahlung bei 9 Patienten, die an Unfällen in Oak Ridge (Juni 1958), Lockport (März 1960) bzw. Los Alamos (Dezember 1958) beteiligt waren. Eine Korrelation zwischen den biochemischen Messungen und der physikalisch bestimmten Strahlendosis war bei diesen Untersuchungen nicht möglich. Dabei ist vor allem zu berücksichtigen, daß bei den Unfällen häufig Teilkörperbestrahlungen auftreten und daß die Dosisverteilung nicht bekannt ist. Zu dieser Problematik kommt die Schwierigkeit, geeignete Kontrollwerte zu erhalten. Da vor der Strahlenexposition im allgemeinen keine Analysen durchgeführt werden, können individuelle Schwankungen nicht eliminiert werden.

Die tierexperimentellen Untersuchungen haben ergeben, daß die meisten der gemessenen Metabolite nur in einem unteren Bereich eine Abhängigkeit von der Strahlendosis zeigen. Wird die Dosis darüber hinaus gesteigert, so wird ein Sättigungseffekt erreicht bzw. die Strahlenwirkung sinkt ab (Abb. 19, 34 und 36). Damit wird deutlich, daß die Ausscheidung dieser Metabolite, die vor allem durch den strahlenbedingten Abbau von Geweben freigesetzt werden, nur in sehr begrenztem Umfang für die Abschätzung des Strahlenschadens eingesetzt werden können. Es erscheint notwendig, in diesem Zusammenhang Stoffwechselreaktionen heranzuziehen, die in einem höheren Dosisbereich in Abhängigkeit von der Strahlendosis verändert werden.

Bei der Besprechung des Tryptophan-Stoffwechsels ist auf derartige Strahleneffekte hingewiesen worden. So nimmt die Aktivität der Decarboxylase aromatischer Aminosäuren und der Kynureninase im Lebergewebe von Mäusen nach einer Strahlenbelastung von 500 bis 800 R ab (Abb. 38), bzw. das Verhältnis der enzymatischen Aktivitäten Kynurenin Transaminase/Kynureninase (s. S. 94) steigt an. Von diesem Quotienten scheint abzuhängen, in welchem Ausmaß die Stoffwechselprodukte dieser Enzyme, Kynurensäure und Anthranilsäure (Abb. 37, s. S. 93) im Urin der bestrahlten Mäuse ausgeschieden werden (Abb. 68). Beide Relationen (Kynurenin Transaminase/Kynureninase bzw. Kynurensäure/Anthranilsäure) verlaufen bei bestrahlten Mäusen parallel zueinander (Abb. 68). Möglicherweise könnte also die

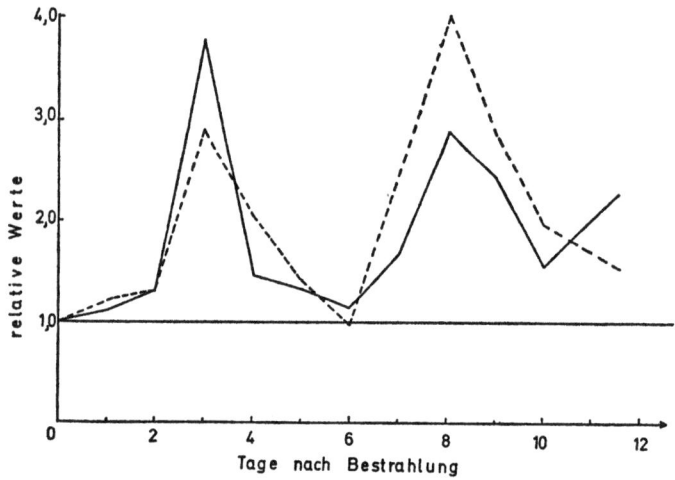

Abb. 68. Das Verhältnis der Kynurensäure-/Anthranilsäure-Ausscheidung im Urin (—) und der Quotient der Kynurenin-Transaminase-/Kynureninase-Aktivität (---) im Lebergewebe 1—10 Tage nach Ganzkörperbestrahlung von Mäusen mit 690 R. Die Werte der Kontrolltiere wurden gleich 1,0 gesetzt. [C. Streffer: Int. J. Radiat. Biol. **12**, 487 (1967)]

Messung der Kynurensäure- und der Anthranilsäure-Ausscheidung im Urin zur Abschätzung des Strahlenschadens herangezogen werden. Untersuchungen von Ladner u. Wollschläger deuten ebenfalls in diese Richtung. Die Autoren konnten zeigen, daß die Xanthurensäure (Abb. 37 f) nach einer Bestrahlung von Ratten mit 810—1250 R vermehrt ausgeschieden wird [128].

Es ist bereits darauf hingewiesen worden, daß nach einer Bestrahlung eine Reihe von enzymatischen Aktivitäten im Blutserum von

Säugetieren und Patienten ansteigt. Insbesondere sind in diesem Zusammenhang einige Transaminasen (z. B. die Glutamat-Oxalacetat- und die Glutamat-Pyruvat-Transaminase) sowie Dehydrogenasen (z. B. die Lactat- und die Malat-Dehydrogenase) untersucht worden. Vor allem Kärcher u. Mitarb. haben Möglichkeiten aufgezeigt, wie enzymatische Messungen für die Verlaufskontrolle bei Tumorpatienten nach Bestrahlung eingesetzt werden können [108].

Bei einer Berücksichtigung und einem weiteren Ausbau dieser Ergebnisse könnte eine Abschätzung des biologischen Strahlenschadens auf Grund biochemischer Messungen vor allem als Ergänzung z. B. zu hämatologischen Methoden [25] möglich gemacht werden. Allerdings wird nur durch die Auswertung verschiedener Stoffwechselreaktionen die Angabe von Dosisbereichen möglich sein. Es muß dabei berücksichtigt werden, daß derartige Dosisbereiche in weitgehendem Maße von der Strahlenempfindlichkeit des biologischen Objektes abhängig sind.

XII. Schlußbetrachtungen

In den vorangegangenen Kapiteln ist versucht worden, die wesentlichen biochemischen Veränderungen, die in biologischen Objekten und Organismen nach der Einwirkung ionisierender Strahlen auftreten, darzustellen. Es hat sich gezeigt, daß die beobachteten Effekte außerordentlich vielfältig und häufig nicht miteinander in Einklang zu bringen sind. Dieser Mangel an Übereinstimmung ist in vielen Fällen auf die unterschiedliche Höhe der Strahlendosis und vor allem auf die verschiedenen Zeiten zurückzuführen, zu denen die Untersuchungen nach Bestrahlung unternommen worden sind. So laufen gerade bei der Anwendung von subletalen bis letalen Dosen viele biochemische Prozesse in Form von sinusähnlichen oder anderen rhythmischen Phasen ab, da der bestrahlte Organismus bestrebt ist, den Schaden durch Gegenregulieren zu beheben.

Bei der Analyse biochemischer Vogänge nach der Straßeneinwirkung hat sich immer wieder die Frage gestellt, welche Moleküle und welche Prozesse sind es, die durch die ionisierenden Strahlen primär geschädigt werden und von denen die Entwicklung des biologischen Strahlenschadens ihren Ausgang nimmt. Wenn auch unsere Kenntnisse zur Beantwortung dieser Fragen vor allem bei höherstehenden Organismen noch äußerst mangelhaft sind, soll dennoch versucht werden, das bisherige Wissen unter diesen Gesichtspunkten zu besprechen. Es erscheint dabei sinnvoll, die Diskussion auf der Stufe der biologischen Organisationsformen: Bakteriophagen, Bakterien, Lymphocyten (Thymocyten) und Säugetieren zu führen. Die Lymphocyten werden als ein Beispiel für Säugetierzellen gewählt, da über strahlenbedingte

Veränderungen dieses biologischen Objektes zahlreiche experimentelle Daten vorliegen.

1. Die Bakteriophagen

Die Untersuchungen, die an bestrahlten Bakteriophagen durchgeführt worden sind, ermöglichen es bis zu einem gewissen Grad, den aufgezeigten Fragenkomplex für diese biologischen Objekte zu beantworten. Dieser Umstand liegt in dem relativ einfachen Aufbau der Partikel begründet. Die Phagen bestehen im wesentlichen nur aus DNS und Protein. Alle bisherigen Experimente haben ergeben, daß die DNS mit dem empfindlichen Treffbereich der Phagen identisch ist.

Werden Phagen ionisierenden Strahlen ausgesetzt, so verhindern sehr wahrscheinlich strahlenbedingte Doppelkettenbrüche oder Basenschädigungen auf dem Phagengenom die Vermehrung dieser Partikel in den Bakterienzellen. Diese Veränderungen führen damit zur biologischen Inaktivierung der Phagen (s. S. 30). Einzelkettenbrüche und Pyrimidin-Dimere nach UV-Bestrahlung können in einem gewissen Umfang „toleriert" werden, wenn ein hcr$^+$-Stamm, der diese Schäden der Phagen-DNS repariert (s. S. 43), als Wirtszelle dient. Der Einbau von 5-Bromuracil kann eine Strahlensensibilisierung der DNS, die *in vitro* bestrahlt wird, und des Phagens verursachen. Dieser Effekt ist von der Inkorporierungsrate der halogenierten Pyrimidin-Base in die Polynucleotidketten abhängig. Allerdings müssen die Phagen bei diesen Experimenten in Gegenwart von Sauerstoff und Radikalfängern, wie z. B. Histidin, bestrahlt werden, da nur dann strahlenchemische Veränderungen an den Basen zur Wirkung kommen [70, 234]. Unter diesen Bedingungen tragen strahlenchemische Veränderungen an den DNS-Basen sowie die Basen-Eliminierung (s. S. 29) wesentlich zur Inaktivierung der Phagen bei.

Die unterschiedliche Strahlenempfindlichkeit der verschiedenen Viren bzw. Phagen ist häufig als eine Funktion der Molekülgröße des Phagengenoms (der DNS) erklärt worden. Mit zunehmendem Molekulargewicht der DNS sollte die Wahrscheinlichkeit eines letalen Treffers in diesem Molekül ansteigen. Es hat sich jedoch gezeigt, daß eine gesetzmäßige Abhängigkeit zwischen dem Volumen der DNS im Phagen (Chromosomen-Volumen) und der Strahlenempfindlichkeit (D_{37}) nur innerhalb gewisser Gruppen von Viren besteht (Abb. 69). Möglicherweise kommt in diesem Zusammenhang der DNS-Struktur eine größere Bedeutung zu. Diese Fragen bedürfen weiterer Klärung.

Die Proteinhülle der Phagen kann als Radikalfänger fungieren. Sie setzt daher die Schädigung an der DNS herab. Der Mechanismus, mit dessen Hilfe die Phagen an die Bakterienmembran adsorbiert werden, wird erst durch sehr hohe Strahlendosen geschädigt (s. S. 46) [37]. Dagegen ist die Fähigkeit dieser Partikel, ihre DNS in die Bakterienzelle zu „injizieren", nach niederen Strahlendosen herabgesetzt. Wahrscheinlich kommen in diesem Zusammenhang die Doppelkettenbrüche zur Geltung, die ein vollständiges Eindringen der Phagen-DNS in die Zellen verhindern.

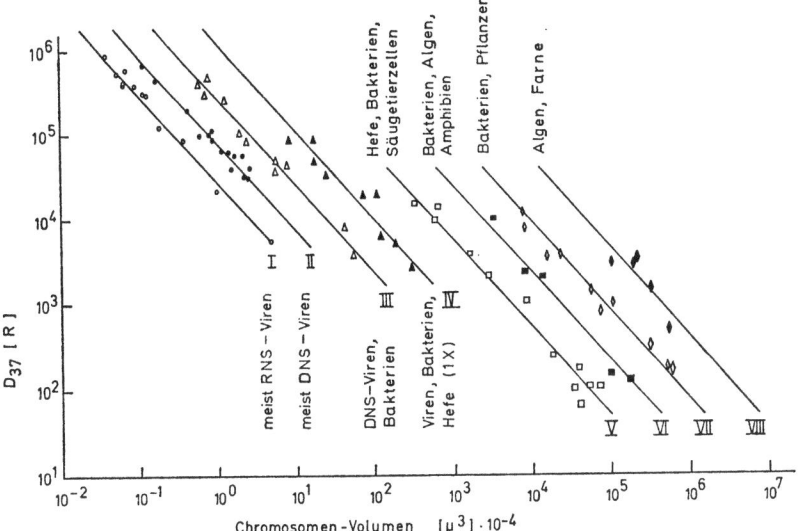

Abb. 69. Beziehungen zwischen der D_{37} (Überlebensrate) und dem Chromosomen-Volumen bei Viren und Zellkulturen. [A. H. Sparrow, A. G. Underbrink u. Rh. C. Sparrow: Radiat. Res. **32**, 915 (1967)]

2. Die Bakterien

Eine Reihe von experimentellen Befunden spricht dafür, daß auch in den Bakterien die strahleninduzierten Veränderungen an der DNS zum Tode der Organismen führen. Wie ist jedoch die außerordentlich unterschiedliche Strahlenempfindlichkeit einzelner Bakterienstämme, z.B. der verschiedenen E. coli-Mutanten (Abb. 11), zu erklären?

Im allgemeinen werden die Repairsysteme zu diesem Zweck herangezogen. So verfügen die strahlenresistenten Stämme des Bacteriums E. coli über wirksamere Repair-Systeme als die empfindlichen Mutanten. Einzelkettenbrüche sollten auf Grund dieser Vorstellungen nur dann zur Abtötung der Zelle führen, wenn kein funktionstüchtiges Repair-System vorhanden ist, wie es z.B. für E. coli B_{s-1} angenommen wird. McGrath u. Williams berechneten, daß daher für diese E. coli Mutante bereits *ein* Einzelkettenbruch pro Bakterienzelle letal ist [72]. Für Bakterienstämme, die ein aktives Repair-System besitzen, wie z.B. E. coli B/r (Abb. 11, s. S. 36), wird angenommen, daß ein Doppelkettenbruch pro Bakterienzelle das letale Ereignis darstellt (McGrath u. Williams [72], sowie Kaplan [101]).

Eine erneute Analyse der Einzelkettenbrüche bei E. coli B_{s-1} durch Freifelder ergab jedoch, daß nach der Einwirkung einer Strahlendosis in Höhe der D_{37} (2730 rad) 7,4 Einzelkettenbrüche in dem Genom der Bakterienzelle auftreten. — Das Molekulargewicht des Genoms wurde mit $2,5 \cdot 10^9$ eingesetzt. — Es kommen also auf einen letalen Treffer 7,4 Einzelkettenbrüche und etwa 0,7 Doppelkettenbrüche, wenn man annimmt, daß auch bei der Bestrahlung der DNS in der Bakterienzelle auf 10 Einzelkettenbrüche ein Doppelkettenbruch entfällt. Da bei einer Bestrahlung von E. coli B_{s-1} mit 2730 rad (D_{37}) wahrscheinlich strahlenchemische Veränderungen an den DNS-Basen eintreten (Alper) [72], könnte die Abtötung dieser Mutante durch ionisierende Strahlen wie bei den Phagen auf der Basis von Doppelkettenbrüchen und Basenschäden (Abb. 9) erklärt werden. Damit bleibt jedoch immer noch ungeklärt, warum E. coli B_{s-1} weniger strahlenresistent ist als z. B. E. coli B/r.

Die Hypothese, daß die Strahlenempfindlichkeit von Organismen durch die Basenzusammensetzung der DNS, insbesondere durch den Gehalt an Guanin plus Cytosin, bestimmt wird, hat sich nach der Analyse einer großen Zahl von Viren, Bakterien, Hefen und Säugetierzellen als nicht haltbar erwiesen [247]. Sparrow u. Mitarb. haben versucht, eine Beziehung zwischen dem Chromosomen-Volumen und der D_{37} zu finden. Die Untersuchung von 120 verschiedenen Organismen ergab acht Gruppen, in denen eine lineare Abhängigkeit zwischen den Logarithmen der Chromosomen-Volumina und der Strahlenempfindlichkeit besteht (Abb. 69). Mit steigendem Volumen der DNS pro Zelle nimmt innerhalb dieser Gruppen die D_{37} ab. Es ist jedoch keine Einordnung der Organismen auf Grund ihrer biologischen Entwicklungsstufe möglich. So verteilen sich die Viren auf die Gruppen 1—4 und die Bakterien auf die Gruppen 3—7 (Abb. 69) [247]. Zwischen dem DNS-Gehalt pro Zelle und der D_{37} wurde keine Korrelation beobachtet. Offenbar müssen weitere Parameter, die bisher nicht hinreichend bekannt sind, wie z. B. die Faltung der DNS-Helix sowie die Beziehungen der DNS-Struktur zum Protein in der Zelle u.a., bei diesen Überlegungen in Zukunft berücksichtigt werden.

Ebenso wie Phagen werden auch Bakterien durch 5-Bromuracil gegenüber ionisierenden Strahlen sensibilisiert. Allerdings ist die Interpretation dieses Befundes schwierig, da einerseits die Inkorporierung des 5-Bromuracils in die DNS die strahlenchemische Schädigung der Nucleotidketten erhöht und andererseits die Wirkung der halogenierten Base auf den Stoffwechsel berücksichtigt werden muß [7]. Die Konzentrationen des 5-Bromuracils, die für die Sensibilisierung von Zellen benutzt werden, liegen häufig im toxischen Bereich.

Bei einer Reihe von Mikroorganismen werden zur Inaktivierung derartig hohe Strahlendosen benötigt, daß strahlenbedingte Veränderungen an den bakteriellen Membranen wie die Oxidation von SH-Gruppen und die Bildung von Lipidperoxiden beachtet werden müssen [7, 267, 268]. Damit kann ein Stoffaustausch zwischen den

Zellkompartimenten untereinander und zum extracellulären Raum eintreten, der zum Tode der Zellen führen kann.

Mehrfach ist darauf hingewiesen worden, daß die Bedingungen, unter denen die Bakterien gezüchtet werden, für die Strahlenresistenz Bedeutung haben (Abb. 4) [217]. Stapleton u. Fisher beobachteten, daß E. coli B/r weniger strahlenempfindlich war, wenn das Kulturmedium Glucose enthielt [217]. Die lag-Phase für die Protein-Synthese ist bei den mit Glucose kultivierten Bakterien erheblich verkürzt. Diese Zellen sind offenbar in verstärktem Maße in der Lage, auf den Strahleninsult zu „antworten", möglicherweise durch die Synthese von Enzymen des Repair-Systems.

Bei der Diskussion über die Strahlenempfindlichkeit von Bakterien sind neben der DNS als möglicher Treffbereich offensichtlich noch andere Faktoren zu berücksichtigen. Wie aus den dargestellten Befunden hervorgeht, wird man den primären Strahlenschaden wahrscheinlich nicht mit *einer* Ursache verknüpfen dürfen. Es erhebt sich vielmehr die Frage, welche strahlenbedingten Veränderungen von Molekülen, Strukturen sowie Stoffwechselprozessen zum Untergang der Bakterienzelle beitragen.

3. Die Lymphocyten

Es ist mehrfach hervorgehoben worden, daß die Lymphocyten — wenn sie aus dem Thymus isoliert werden, häufig als Thymocyten bezeichnet — zu den strahlenempfindlichsten Säugetierzellen zählen. Auch bei diesen Zellen ist die DNS als der entscheidende, empfindliche Treffbereich diskutiert worden. Allerdings ist es bisher nicht möglich gewesen, experimentell zu zeigen, daß z. B. Brüche der Nucleotidketten auftreten, wenn die DNS in den lebenden Zellen mit 200—800 rad bestrahlt wird (s. S. 46). — Diese Strahlendosen bewirken einige Stunden p.r. den Untergang (interphase death) der Lymphocyten. — Jedoch kann dieser Befund durch technische Mängel der Methoden, mit deren Hilfe die DNS isoliert wird, bedingt sein, da das Molekulargewicht der DNS in den Zellen um Größenordnungen höher ist als dasjenige der extrahierten Nucleinsäure (s. S. 26).

Dagegen wurde einige Stunden p.r. ein Abbau der DNS gemessen (Abb. 17), mit dem eine Hemmung der DNS-Synthese (Abb. 22) und schließlich der Protein-Synthese (Abb. 29) einhergeht. Unter denselben Bedingungen treten eine Reihe weiterer biochemischer Veränderungen ein. Die Proteolyse, insbesondere der Histone, ist erhöht (s. S. 84). Die oxidative Phosphorylierung in den Mitochondrien und der Gehalt an Pyridinnucleotiden nehmen ab (s. S. 108 und 140). Der Aktive Transport der Nucleinsäure-Basen und Aminosäuren ist geschädigt (Abb. 65). Die primären Veränderungen nach der Bestrahlung sind jedoch ungeklärt.

Die Befunde, daß die Zellkerne der Lymphocyten K^+ und Na^+ verlieren (s. S. 148) und daß die oxidative Phosphorylierung in diesen

Zellpartikeln erniedrigt ist (s. S. 112), ließen sich nach der Einwirkung niedriger Strahlendosen (≤ 400 R) nicht bestätigen. Whitfield u. Mitarb. nehmen an, daß der Phosphatgehalt in den Zellkernen der Thymocyten nach Bestrahlung ansteigt und damit die Struktur des DNP-Komplexes gestört wird. Zwar konnten strukturelle Veränderungen des DNP-Komplexes gemessen werden (Skalka), aber eine Erhöhung des Phosphatgehaltes trat nicht ein [195]. Die partielle Auflösung der Bindung zwischen der DNS und den Histonen liefert wahrscheinlich einen entscheidenden Beitrag zum enzymatischen Abbau der Nucleotid- und der Peptidketten. Diese Vorgänge wurden bereits diskutiert (s. S. 34). Ob und in welchem Zusammenhang zu diesen Prozessen die Veränderungen des Energiestoffwechsels stehen, bedarf weiterer Klärung. Ebenso können bisher keine befriedigenden Argumente angeführt werden, die die hohe Strahlenempfindlichkeit der Lymphocyten im molekularen Bereich zu deuten vermögen.

4. Die Säugetiere

Erhalten Mäuse eine Ganzkörperbestrahlung im Bereich der $LD_{50/30}$ bis $LD_{90/30}$, so sterben die letal geschädigten Tiere in einem Zeitraum von 10—14 Tagen p.r. Es wird allgemein angenommen, daß die Schädigung der blutbildenden Organe, vor allem des Knochenmarks und der lymphatischen Gewebe, den Tod der Mäuse nach derartigen Strahlendosen verursacht. Nach einer Strahlenbelastung > 1000 R verkürzt sich die Überlebenszeit, und das Absterben der Säugetiere wird in diesem Dosisbereich vor allem den strahleninduzierten Veränderungen im Gastro-Intestinal-Tract zugeschrieben [25].

Der cytokinetische Ablauf dieser Prozesse ist sowohl im hämatopoetischen Gewebe als auch im Darm eingehend untersucht worden. Als besonders strahlenempfindlich hat sich das Eintreten der Zellen in die Mitose erwiesen. Da der molekulare Mechanismus dieser Vorgänge bisher nur sehr mangelhaft verstanden wird, kann hier auch für das strahlenbiologische Experiment keine Erklärung gegeben werden.

Alle biochemischen Straleneffekte, deren Veränderungen in den lymphatischen Geweben in Abhängigkeit von der *in vivo* verabreichten Strahlendosis 2—24 Std p.r. gemessen wurden (z.B. Abb. 22, 31, 64 und 65), treten bereits nach einer Ganzkörperbestrahlung mit 100 rad auf. Sie werden im Dosisbereich 100—500 rad erheblich verstärkt und nehmen nach höheren Strahlendosen nur noch abgeschwächt zu. In den lymphatischen Organen steigen die Aktivitäten hydrolytischer Enzyme nach der Strahleneinwirkung stark an. Damit kommt es u.a. zu einem erheblichen Abbau von Nucleinsäuren (s. S. 46) und Proteinen (s. S. 82), der mit einer Degeneration dieser Organe verbunden ist. Nach einer niedrigen Strahlenbelastung setzt die Regeneration der lymphatischen Gewebe früher ein. Dieser Befund ist auf die verbliebenen Reserven an sogen. Stammzellen und auf die geringere Störung des gesamten Stoffwechsels zurückzuführen.

Auf Grund der erheblichen Schädigung des lymphatischen Systems durch Strahlendosen, die keine tödlichen Folgen für die Säugetiere haben, erhebt sich die Frage, ob dieses System am Strahlentod der Laboratoriumstiere, von denen z. B. Infektionsgefahren weitgehend ferngehalten werden, maßgebend beteiligt ist. Dennoch erscheint es sinnvoll, strahlenbiologische Untersuchungen an den lymphatischen Geweben durchzuführen, um vor allem eine Erklärung für die hohe Strahlenempfindlichkeit der Lymphocyten zu finden.

Unter denselben Bedingungen (Strahlendosis und Zeitfaktoren), bei denen die hämatologischen Effekte und die akute Strahlenkrankheit auftreten, kommt es zu sehr vielfältigen biochemischen Veränderungen des Aminosäure-, Kohlenhydrat- sowie des Fett-Stoffwechsels in der Leber und anderen Organen. Es ist sehr wahrscheinlich, daß diese Stoffwechselstörungen an der Entwicklung der akuten Strahlenkrankheit beteiligt sind.

Die zahlreichen Ergebnisse haben dabei Überlegungen von Jordan [106] sowie Krebs [121] in mancher Beziehung bestätigt. Jordan ging davon aus, daß die Absorption einer sehr geringen Energie (z. B. 10^5 erg/g Gewebe, das entspricht $2,4 \cdot 10^{-3}$ cal/g Gewebe bei einer Strahlendosis von 1000 rad; s. S. 5) die Abtötung von Organismen zur Folge hat und daß dieser Effekt nur über Verstärkungsvorgänge bzw. durch den Ausfall von Steuerungsmechanismen erreicht werden kann. Krebs nimmt an, daß die ionisierenden Strahlen ihre Wirkung über die „pacemaker" (Schrittmacher)-Systeme des Stoffwechsels entfalten, da diese Enzymsysteme an der Regulation des Metabolismus unmittelbar beteiligt sind.

Es kann eine ganze Reihe von Beispielen angeführt werden, bei denen die regulierenden Stoffwechselschritte nach einer Ganzkörperbestrahlung verändert sind, während die anderen Enzymsysteme des gleichen Stoffwechselweges sich normal verhalten. So ist im Lebergewebe mehrere Tage p. r. die Aktivität der Fructose-1,6-diphosphatase und der Glykogengehalt erhöht (s. S. 99). Die Acetyl-CoA Carboxylase-Aktivität und die Fettsäure-Synthese (s. S. 120) sowie die HMG-CoA Reductase-Aktivität und die Cholesterin-Synthese (s. S. 125) steigen an. Bei der Biosynthese des NAD^+ aus Tryptophan (s. S. 142) und des Porphyrins aus Glycin (s. S. 143) sind die geschwindigkeitsbestimmenden Enzymsysteme erniedrigt.

Diese Effekte sind nicht auf strahlenchemische Veränderungen an den Enzymen selbst zurückzuführen, da direkt nach der Bestrahlung keine Veränderung gemessen wird. Offenbar wird über einen bisher unbekannten Mechanismus die Regulation der Biosynthese der betreffenden Enzymproteine gestört. Daß hier sehr spezifische Prozesse ablaufen, zeigen die Befunde, daß die allgemeine Proteinsynthese (s. S. 76) und vor allem die Induktion von Enzymaktivitäten durch

Glucocorticoide in der Leber (s. S. 80) nach Bestrahlung nicht beeinträchtigt ist. Offenbar sind jedoch andere hormonelle Faktoren in diesem Zusammenhang von Bedeutung, da die beschriebenen Effekte nicht auftreten, wenn z. B. der Kopf der Mäuse durch Bleiabdeckung vor der Strahlung geschützt wird.

— Die $LD_{50/30}$ der Tiere liegt unter diesen Bedingungen um den Faktor 2 höher als bei Ganzkörperbestrahlung. Die Überlebenszeit (die Tiere sterben 4—8 Tage p.r.) deutet darauf hin, daß der sogen. Darmtod eintritt. Obwohl der größte Teil des Knochenmarks bestrahlt wird, konnte bei dieser Teilkörperbestrahlung die sogen. hämatologische Phase in einem Dosisbereich von 800—1500 R nicht beobachtet werden. —

Auch die auffallende Parallelität zwischen Symptomen, die beim Vitamin B_6-Mangel und während der akuten Strahlenkrankheit auftreten (s. S. 138), gibt einen Hinweis dafür, daß Veränderungen des Stoffwechsels, z. B. auch in der Leber, für die Entwicklung des Strahlenschadens beim Säugetier in Betracht gezogen werden müssen. Sicherlich wird das Strahlensyndrom zu einseitig analysiert, wenn es nur aus der Sicht des Hämatologen gesehen wird, zumal diese Veränderungen ebenfalls auf der molekularen Ebene ihren Ursprung nehmen müssen. Für das Säugetier gilt in weit stärkerem Maße als für die Bakterien, daß es *eine* Ursache für den Strahlenschaden nicht gibt, sondern daß das Zusammenspiel vieler Faktoren von Bedeutung ist.

Nach der Einwirkung höherer Strahlendosen treten Verschiebungen der Elektrolyte und Veränderungen an den Membranen stärker in den Vordergrund. Obwohl ein „enzyme release" zumindest im Dosisbereich bis zu 1500 R nicht stattfindet (s. S. 152), scheint in den Zellen eine abnorme Verteilung von niedermolekularen Substraten und Inhibitoren des Stoffwechsels (s. S. 51 und 140) nach Bestrahlung möglich zu sein und erhebliche Auswirkungen für den Stoffwechsel zu haben.

Bei vielen biochemischen Messungen an bestrahlten Säugetieren hat man sich auf einen Untersuchungszeitraum bis zu 24—48 Std p.r. beschränkt. Wie die dargestellten Befunde zeigen, treten die beobachteten Veränderungen des Stoffwechsels, vor allem im Lebergewebe, häufig erst zu einem späteren Zeitpunkt auf. Die molekularen Prozesse, die diesen Abweichungen des Stoffwechsels vorausgehen, konnten bisher nicht experimentell erfaßt werden. Obwohl die meßbaren biochemischen Strahleneffekte also nur ein Glied in einer längeren Reaktionskette darstellen, scheinen sie doch eine spezifische Folge des primären Strahlenschadens zu sein. Eine Möglichkeit, diese primären Schädigungen, die schließlich zur akuten Strahlenkrankheit führen, zu erkennen, ist damit gegeben, daß die Ursachen für die beobachteten Veränderungen gefunden werden. Es erscheint daher notwendig, die akute Strahlenkrankheit unter diesen Aspekten mit biochemischen Methoden in erhöhtem Maße zu untersuchen.

Es ist versucht worden, mit dieser Abhandlung einen Wissenschaftszweig vorzustellen, der sich noch sehr stark im Fluß befindet. Zwar gibt es eine ungeheure Zahl experimenteller Befunde, die Sicht der kausalen Zusammenhänge ist jedoch bisher nur in sehr beschränktem Maße gelungen. Es hat sich gezeigt, daß die Untersuchung der biologischen Strahlenwirkungen im molekularen Bereich die Kenntnisse über allgemeine biologische Vorgänge erweitert. Gerade die Möglichkeit, in Regulationsprozesse einzugreifen, lassen die ionisierenden Strahlen als ein wertvolles Werkzeug erscheinen, das wegen seiner spezifischen Qualitäten allerdings einer kundigen Führung bedarf.

Abkürzungen und Erläuterungen

Acetylcholinesterase	Acetylcholin Acetyl-Hydrolase, E.C.3.1.1.7.
Acetyl-CoA Carboxylase	Acetyl-CoA: CO_2 Ligase (ADP), E.C.6.4.1.2.
Acetyl-CoA Synthetase	Acetat: CoA Ligase (AMP), E.C.6.2.1.1.
ACTH	Adrenocorticotropes Hormon.
Actinomycin D	Antibioticum, das aus Streptomyceten isoliert wird. Es hemmt die Protein-Biosynthese vorwiegend dadurch, daß die Bildung der m-RNS und der DNS blockiert ist.
Acyl-CoA	durch Coenzym A aktivierte (Thioester) Carbonsäuren (Fettsäuren).
Adenosintriphosphatase	ATP Pyrophosphohydrolase, E.C.3.6.1.8.
ADP	Adenosindiphosphat.
Adrenalektomie	operative Entfernung der Nebennieren.
Adrenocorticotropes Hormon	Hormon der Hypophyse, das vor allem die Sekretion der Glucocorticoide aus der Nebennierenrinde hervorruft.
Aktives Zentrum von Enzymen	An ihm sind einige Aminosäurereste der Polypeptidketten der Enzyme beteiligt, die auf Grund der nativen Konformation räumlich nahe zueinander angeordnet sind. In dem Zentrum wird das Substrat gebunden und dort findet der katalytische Prozeß statt.
Aldosteron	siehe Corticosteroide.

Alkohol-Dehydrogenase	Alkohol: NAD Oxidoreductase, E.C.1.1.1.1.
D-Aminosäureoxidase	D-Aminosäure: O_2 Oxidoreductase (desaminierend), E.C. 1.4.3.3.
L-Aminosäureoxidase	L-Aminosäure: O_2 Oxidoreductase (desaminierend), E.C. 1.4.3.2.
AMP	Adenosinmonophosphat.
Androgene	Steroidhormone, die die Ausbildung der männlichen Geschlechtsmerkmale fördern. Sie werden vorwiegend in den Hoden, aber auch im Ovar und in der Nebennierenrinde gebildet. Ein hervorragender Vertreter ist das Testosteron.
Androstendion	Metabolische Vorstufe des Androgens Testosteron.
Anorexie	Appetitlosigkeit.
Aspartat Transcarbamylase	Carbamylphosphat: L-Aspartat Carbamyltransferase, E.C. 2.1.3.2.
ATP	Adenosintriphosphat.
ATP-ase	Adenosintriphosphatase.
BAIBA	β-Aminoisobuttersäure.
Bakteriophagen	„Bakterienpathogene" Viren, die im wesentlichen aus DNS bzw. RNS und Proteinen bestehen. Ein Stoffwechsel und die Vermehrung der Partikel ist nur in Bakterien möglich.
5-Bromuracil	Dieses halogenierte Pyrimidin kann an Stelle des Thymins in die Nucleotidkette der DNS eingebaut werden.
C	Coulomb $\triangleq$ Ampére $\cdot$ sec.
Caesiumchlorid-Dichtegradient	siehe Dichtegradient.
Carboxypeptidase	E.C. 3.4.2.1.
Catecholamine	Biogene Amine, deren chemische Struktur sich vom Brenzcatechin ableitet, Adrenalin, Nor-Adrenalin und Dopamin. Sie werden vorwiegend im Nebennieren-Mark gebildet.
Chinone	Sie werden durch Oxidation (Elektronenentzug) aus Dihydroxyl-Derivaten von aromatischen Kohlenwasserstoffen (z.B. Benzol) gebildet. Bei Abgabe von einem Elektron entsteht das Semichinon, bei Abgabe von zwei Elektronen das Chinon. Hydrochinon wird zum para-Benzochinon, Brenzcatechin wird zum ortho-Benzochinon oxidiert.
Chloramphenicol	(Chloromycetin) Antibioticum aus Streptomyceten. Hemmt die Protein-Biosynthese.

Citrat-Synthase	Citrat Oxalacetat-Lyase (CoA acetylierend), E.C. 4.1.3.7.
CMP	Cytidinmonophosphat.
Coliphagen	Bakteriophagen, die sich in Escherichia coli (E. coli) vermehren.
CoA	Coenzym A, siehe auch Acyl-CoA.
Compton-Effekt	Streuung eines energiereichen Photons (γ-Quant, $E > 0,1$ MeV) an Elektronen. Ein Teilbetrag der Photonen-Energie wird auf das Elektron übertragen.
Corticosteroide	Steroidhormone der Nebennierenrinde. Die wesentlichen Gruppen sind die Glucocorticoide und die Mineralocorticoide. Die Glucocorticoide, vor allem das Cortison und das Hydrocortison, sind an der Regulation des Kohlenhydrat-Stoffwechsels beteiligt. Die Mineralocorticoide, vor allem das Aldosteron, wirken auf den Mineralhaushalt von Säugetieren.
Cristae mitochondriales	Lamellenartige Doppelmembranen, die von der Außenmembran der Mitochondrien ausgehen. Mit ihrer Struktur ist die oxidative Phosphorylierung verknüpft.
Cytochromoxidase	Cytochrom c: O_2 Oxidoreductase, E.C. 1.9.3.1.
Cytostatica	Substanzen, die das Wachstum und die Vermehrung von Zellen hemmen.
D_{37}	Bei einer exponentialen Abhängigkeit zwischen dem Strahlenschaden und der Dosis D besteht die Beziehung $N/N_0 = e^{-\alpha D}$. Dabei gibt N_0 die Zahl der Teilchen (z.B. DNS-Moleküle oder Phagen) in dem bestrahlten Volumen vor der Bestrahlung und N die Zahl der ungeschädigten Teilchen nach der Bestrahlung mit der Dosis D an. Auf Grund von Überlegungen, die aus der Treffertheorie folgen, wird zur Angabe der Strahlenempfindlichkeit eines Systems die Dosis benutzt, bei der das Produkt $\alpha \cdot D = 1$ ist. Es folgt dann $N/N_0 = e^{-1} \cong 0,37$, d.h. 37% der Teilchen sind bei dieser Dosis nicht verändert. Sie wird daher als D_{37} bezeichnet.
dAMP	Desoxyadenosinmonophosphat.
dATP	Desoxyadenosintriphosphat.
dCDP	Desoxycytidindiphosphat.
dCMP	Desoxycytidinmonophosphat.

dCTP	Desoxycytidintriphosphat.
Decarboxylase aromatischer Aminosäuren	5-Hydroxy-L-Tryptophan Carboxy-Lyase, E.C. 4.1.1.28.
Desoxycytidin-monophosphat Desaminase	$dCMP + H_2O \rightleftharpoons dUMP + NH_3$.
Desoxyribo-nuclease I	Desoxyribonucleat Oligonucleotid-Hydrolase, E.C. 3.1.4.5.
Desoxyribo-nuclease II	Desoxyribonucleat 3'-Nucleotid-Hydrolase, E.C. 3.1.4.6.
dGMP	Desoxyguanosinmonophosphat.
dGTP	Desoxyguanosintriphosphat.
Dichtegradienten-Zentrifugation	Es werden Schichten mit abnehmender Konzentration, im allgemeinen Saccharose oder Caesiumchlorid, in einem Zentrifugenröhrchen übereinander angebracht. Die Dichte der Lösung nimmt dann zum Boden des Röhrchens zu. Auf die oberste Schicht wird das zu untersuchende Material aufgetragen. Beim Zentrifugieren findet im Dichtegradienten eine Trennung der zu analysierenden Partikel statt, wenn diese sich in ihrer Sedimentationsgeschwindigkeit bzw. Dichte unterscheiden.
Direkte Strahlenwirkung	Im Gegensatz zur indirekten Wirkung wird die Strahlenenergie in den analysierten Molekülen (z.B. DNS oder Protein) direkt absorbiert.
D.K.-Bruch	Doppelkettenbruch
Dosisleistung	Applizierte Dosis pro Zeiteinheit (z.B. rad/min).
DN-ase	Desoxyribonuclease.
DNP	Desoxyribonucleoprotein.
DNS	Desoxyribonucleinsäure.
DNS-Polymerase	Desoxynucleosidtriphosphat: DNS Desoxynucleotidyltransferase, E.C. 2.7.7.7.
dUMP	Desoxyuridinmonophosphat.
E.K.-Bruch	Einzelkettenbruch.
Elektronenspin-resonanz-Spektroskopie	Mit Hilfe dieser Methode können ungepaarte Elektronen und damit Radikale nachgewiesen werden. Das Spektrum gestattet gewisse Aussagen über die Lokalisation der Elektronen bzw. der Radikalstellen im Molekül zu machen.
Entkopplung der oxidativen Phosphorylierung	Die Phosphorylierung ist gehemmt, obwohl die Atmung (Elektronentransport) funktioniert.

enzyme release	Freisetzung der Enzyme aus den Zellkompartimenten. Nach Bacq u. Alexander ist dieser Vorgang ein Primärschaden der biologischen Strahlenwirkungen.
ESR	Elektronenspinresonanz.
eV	Elektronenvolt.
FAD, FADH$_2$	Oxidiertes bzw. reduziertes Flavin-Adenin-Dinucleotid.
FDP	Fructose-1,6-diphosphat.
Fructose-1,6-diphosphatase	D-Fructose-1,6-diphosphat, 1-Phosphohydrolase, E.C. 3.1.3.11.
β-Galactosidase	β-D-Galactosid, Galactohydrolase, E.C. 3.2.1.23.
„gap" im Chromosom	Regionen im Chromosom, die durch DNS-spezifische Reaktionen nicht angefärbt werden, bzw. bei der Analyse mit UV-Licht nicht absorbieren. Sie treten auf nach Behandlung der Zellen mit ionisierenden Strahlen, UV-Licht oder chemischen Substanzen. Ihre Entstehung ist unklar.
Genom	Summe aller Gene eines Organismus.
Glu	Glutaminsäure.
Glucocorticoide	siehe Corticosteroide.
Glucose-6-phosphat-Dehydrogenase	D-Glucose-6-phosphat: NADP Oxidoreductase, E.C. 1.1.1.49.
β-Glucuronidase	β-D-Glucuronid Glucuronohydrolase, E.C. 3.2.1.31.
GluNH$_2$	Glutamin.
Glutamat-Dehydrogenase	L-Glutamat: NAD(P) Oxidoreductase (desaminierend), E.C. 1.4.1.3.
Glutamat-Oxalacetat-Transaminase	L-Aspartat: 2-Oxoglutarat Aminotransferase, E.C. 2.6.1.1.
Glutamat-Pyruvat-Transaminase	L-Alanin: 2-Oxoglutarat Aminotransferase, E.C. 2.6.1.2.
Glutathion-Reductase	NAD(P)H$_2$: Glutathion-Oxidoreductase, E.C. 1.6.4.2.
Gonadotropes Hormon	Proteohormon der Hypophyse, das das Wachstum und die Funktion der Gonaden (Ovar und Hoden) reguliert.
G$_1$-Phase, G$_2$-Phase	siehe Zellcyclus.
G-Wert	Gibt die Zahl der Moleküle an, die bei einer Energieabsorption von 100 eV strahlenchemisch verändert oder gebildet werden.
Hämatopoese	Blutbildung.

Hämolyse	Austritt des Hämoglobins aus den Erythrocyten als Folge einer Zerstörung der Zellmembran.
hcr	(host cell reactivation) Reaktivierung von geschädigten Bakteriophagen in Bakterienzellen.
Hepatektomie	Operative Entfernung der Leber (partiell).
Heparin	Saures Mucopolysaccharid (Sulfatester), das die Gerinnung hemmt.
Hexokinase	ATP: D-Glucose-6-Phosphotransferase, E.C. 2.7.1.2.
Histon	Basische Proteine, die viel Lysin und Arginin enthalten. Mit der DNS bilden sie den DNP-Komplex.
HMG-CoA	β-Hydroxy-β-methylglutaryl-Coenzym A.
HMG-CoA Reductase	Mevalonat: NADP Oxidoreductase (acylierend CoA), E.C. 1.1.1.34.
Hydrocortison	siehe Corticosteroide.
Hyperchromie	Zunahme der Absorption einer DNS-Lösung bei 260 mμ, wenn die native DNS denaturiert wird (Übergang der Doppelstrang-Helix in eine Einstrang-DNS).
Hypophysektomie	Operatives Entfernen der Hypophyse.
Hypothalamus	Teil des Zwischenhirns, u.a. sind diese Zentren an der Regulation der Hypophysen-Aktivität beteiligt.
IDP	Inosindiphosphat.
indirekte Strahlenwirkung	Die ionisierende Strahlung wird in dem Medium absorbiert, es entstehen Radikale z.B. des Wassers, die dann mit weiteren Molekülen z.B. der DNS oder den Proteinen reagieren können.
Induktion von Enzymaktivitäten	Spezifische Stimulierung der Enzymsynthese durch niedermolekulare Substanzen, z.B. durch Hormone oder Substrate.
interphase death	Es treten Veränderungen im Stoffwechsel der Zellen (z.B. Lymphocyten) einschließlich degenerativer Prozesse ein, die zum Tod der Zellen in der Interphase (G_1-, S- und G_2-Phase) des Zell-Cyclus führen.
Ionisationsdichte	Zahl der Ionisationsereignisse, die durch die Energieabsorption eines ionisierenden Teilchens eintreten, bezogen auf die Wegstrecke dieses Teilchens.
Ipm	Impulse pro Minute bei der Messung radioaktiver Isotope.

Isocitrat Dehydrogenase	L$_s$-Isocitrat: NAD Oxidoreductase (dekarboxylierend), E.C. 1.1.1.41.
ITP	Inosintriphosphat.
α-Ketoglutarat-Decarboxylase	2-Oxoglutarat: Lipoat Oxidoreductase (Acceptor-acylierend), E.C. 1.2.4.2.
17-Ketosteroide	Steroide, die wie z. B. die Corticosteroide an C-17 des Kohlenstoffgerüstes eine Ketogruppe tragen. Sie können durch eine Farbreaktion gemeinsam erfaßt werden. Ihre Ausscheidung im Urin wird zur Funktionsanalyse der Nebennierenrinde benutzt.
keV	Kilo-Elektronenvolt (10^3 eV).
Kollagen	Strukturproteine des Bindegewebes, Sehnen und Bänder.
Konformation	Spezifische, räumliche Struktur der Proteine. Durch sie wird die biologische Aktivität der Enzyme bestimmt.
kR	Kilo-Röntgen (10^3 R).
Kynureninase	L-Kynurenin-Hydrolase, E.C. 3.7.1.3.
Kynurenin Transaminase	L-Kynurenin: 2-Oxoglutarat Aminotransferase, E.C. 2.6.1.7.
lag-Phase	Verzögerungszeit für den Beginn eines Prozesses.
Lactat Dehydrogenase	L-Lactat: NAD Oxidoreductase, E.C. 1.1.1.27.
LD	Letal-Dosis; z. B. $LD_{50/30}$ = Strahlendosis, die 50% eines Tierkollektivs in 30 Tagen abtötet.
LET	Linearer-Energie-Transfer; absorbierte Strahlenenergie pro Wegstrecke eines primären, ionisierenden Teilchens (Einheit = keV/μ).
Ligase	siehe Polynucleotid Ligase.
Loch-Test	Test zur Messung der biologischen Aktivität von Phagen. Es werden viele Bakterien mit einigen Phagen auf eine Agar-Platte gebracht. Die Phagen vermehren sich und lysieren die Bakterien. An diesen Stellen entstehen Löcher im Bakterienrasen.
Lysin-Decarboxylase	L-Lysin Carboxy-Lyase, E. C. 4.1.1.18.
Lysosomen	Zellpartikel, die vorwiegend hydrolytische Enzymaktivitäten enthalten.
M	Molarität; Konzentration in Mol/Liter.
Malat Dehydrogenase	L-Malat: NAD Oxidoreductase, E.C. 1.1.1.37.
MeV	Millionen Elektronenvolt (10^6 eV).
Michaeliskonstante	Substratkonzentration, bei der die halbe maximale Umsatzgeschwindigkeit eines Enzyms erreicht ist.

Mikrosomen	Bruchstücke des Ergastoplasmas, die bei der Gewebefraktionierung entstehen.
Mineralocorticoide	siehe Corticosteroide.
Mitomycin	Antibioticum aus Streptomyceten.
Mitose	siehe Zellcyclus.
Monoaminoxidase	Monoamin: O_2 Oxidoreductase (desaminierend), E.C. 1.4.3.4.
M-Phase	Mitose-Phase, siehe Zellcyclus.
Mrad	Mega rad (10^6 rad).
NAD+, NADH	Oxidiertes bzw. reduziertes Nicotinamid-Adenin-Dinucleotid.
NAD-Glycohydrolase	E.C. 3.2.2.5.
NADH-Cytochrom c Reductase	$NADH_2$: Cytochrom c Oxidoreductase, E.C. 1.6.2.1.
NADH-Ubichinon Reductase	$NAD(P)H_2$: Ubichinon Oxidoreductase, E.C. 1.6.5.3.
NADP+, NADPH	Oxidiertes bzw. reduziertes Nicotinamid-Adenin-Dinucleotid-Phosphat.
Neurosekretion	Produktion und Sekretion von Hormonen bzw. hormonähnlichen Substanzen durch Zellen des Zentralnervensystems, z.B. im Hypothalamus.
N-Lost	Methyl-bis-(β-chloräthyl)-amin. Stickstoff enthaltende, alkylierende Substanz, die radiomimetisch wirkt.
NN-Mark, NN-Rinde	Nebennieren-Mark, bzw. -Rinde.
Nucleosid	DNS- oder RNS-Base, die N-glykosidisch an Desoxyribose bzw. Ribose gebunden ist.
Nucleotid	Nucleosid, das Phosphat am Zucker esterartig gebunden enthält.
Oestrogene	Steroidhormone, die das Wachstum der weiblichen Geschlechtsmerkmale fördern. Sie werden vor allem im Ovar und in der Placenta gebildet. Hervorragender Vertreter ist das Oestradiol.
Oligonucleotide	Verbindungen mit 3—10 Nucleotiden.
δ-Ornithin Transaminase	L-Ornithin: 2-Oxosäure Aminotransferase, E.C. 2.6.1.13.
Palmityl-CoA Dehydrogenase	Acyl-CoA: (Acceptor) Oxidoreductase, E.C. 1.3.99.3.
PALP	Pyridoxal-5′-phosphat.
PEP	Phosphoenolpyruvat.
PEP-Carboxykinase	Orthophosphat: Oxalacetat Carboxy-Lyase (phosphorylierend), E.C. 4.1.1.31.
Phage	siehe Bakteriophage.

Photoeffekt	Die Energie eines γ-Quanten wird bei der Wechselwirkung mit Materie in einem Vorgang auf ein Elektron übertragen.
Phosphodiesterase	Orthophosphorsäurediester Phosphohydrolase, E.C. 3.1.4.1.
Phosphofructokinase	ATP: D-Fructose-6-phosphat, 1-Phosphotransferase, E.C. 2.7.1.11.
Phosphoglycerinaldehyd Dehydrogenase	D-Glycerinaldehyd-3-phosphat: NAD Oxidoreductase (phosphorylierend), E.C. 1.2.1.12.
Phosphorylase b	α-1-4-Glucan: ortho-Phosphat Glucosyl-Transferase, E.C. 2.4.1.1.
P_i	Anorganisches Phosphat.
Polynucleotid Ligase	Enzymatisches System, das die Bildung eines Phosphatdiesters zwischen zwei Nucleotidketten katalysiert (s. S. 40).
P/O-Wert	Zahl der gebildeten Mole ATP pro einem halben Mol verbrauchten Sauerstoff bei der oxidativen Phosphorylierung.
PP	Pyrophosphat.
p.r.	post radiationem.
PRPP	5-Phospho-ribose-1-pyrophosphat.
Puromycin	Antibioticum, hemmt die Protein-Biosynthese.
Pyruvat-Decarboxylase	Pyruvat: Lipoat Oxidoreductase (Acceptor-acetylierend), E.C. 1.2.4.1.
Pyruvat-Kinase	ATP: Pyruvat Phosphotransferase, E.C. 2.7.1.40.
R	Röntgen, Dosiseinheit, definiert auf Grund der Bildung von Ionenpaaren durch Röntgen- und γ-Strahlen in Luft. 1 R = $2{,}58 \cdot 10^{-4}$ C $\cdot$ kg^{-1}.
rad	roentgen absorbed dose, 1 rad entspricht der Strahlendosis, die zu einer Energieabsorption von 100 erg/g in dem bestrahlten Material führt.
Radikalfänger	Substanzen, die auf Grund ihrer chemischen Eigenschaften sehr leicht mit freien Radikalen reagieren und damit die Radikale „inaktivieren".
RBW	Relative Biologische Wirksamkeit. Verhältnis der Dosis einer Röntgenstrahlung der Energie 250 kV in rad zu der Dosis der untersuchten Strahlenart in rad bei gleichen biologischen Effekten.

Ribonuclease	Polyribonucleotid, 2-Oligonucleotidtransferase (cyclisierend), E.C. 2.7.7.16.
RN-ase	Ribonuclease.
RNS	Ribonucleinsäure; m-RNS = messenger-RNS; r-RNS = ribosomale RNS; t-RNS = = Transfer-RNS.
RNS-Polymerase	Nucleosidtriphosphat: RNS Nucleotidyltransferase, E.C. 2.7.7.6.
S	Svedberg-Einheit, Einheit für die Angabe der Sedimentationskonstanten.
Saccharose-Dichtegradient	siehe Dichtegradient.
Sarkom	Bösartige Geschwulst, die aus Bindegewebe hervorgeht.
D-Serin-Desaminase	D-Serin Hydro-Lyase (desaminierend), E.C. 4.2.1.14.
SH-Gruppe	Sulfhydrylgruppe.
S-Phase	siehe Zellcyclus.
Splenektomie	Operative Entfernung der Milz.
Stress	Durch unspezifische Reize tritt die Aktivierung des Hypothalamus, der Hypophyse und über das ACTH der Nebennierenrinde ein. Es kommt zur Ausschüttung der Corticosteroide, die peripher wirksam werden.
Succinat Dehydrogenase	Succinat: (Acceptor) Oxidoreductase, E.C. 1.3.99.1.
Synapse	Umschaltstelle im Nervensystem.
TDP	Thymidindiphosphat.
Testosteron	siehe Androgene.
Thymidin Kinase	ATP: Thymidin 5'-phosphotransferase, E.C. 2.7.1.21.
Thyreotropes Hormon	Proteohormon der Hypophyse, das an der Regulation und Funktion der Schilddrüse beteiligt ist.
Thyreodektomie	Operatives Entfernen der Schilddrüse.
Thyroxin	Hormon der Schilddrüse.
TMP	Thymidinmonophosphat.
TMP-Synthetase	dUMP + N^5,N^{10}-Methylentetrahydrofolat $\rightleftharpoons$ TMP + Dihydrofolat.
Transkription	Übertragung der genetischen Information von der DNS auf die m-RNS.
Treffbereich	(target) strahlenempfindliches Volumen (Organ, Zellpartikel oder Molekül), dessen Ausfall zur Schädigung bzw. zum Untergang des betrachteten biologischen Systems führt.

Tryptophan Hydroxylase	Tryptophan 5-Hydroxylase, E.C. 1.99.1.4.
Tryptophan Pyrrolase	L-Tryptophan: O_2 Oxidoreductase, E.C. 1.13.1.12.
TTP	Thymidintriphosphat.
Tyrosin-α-Ketoglutarat-Transaminase	L-Tyrosin: 2-Oxoglutarat Aminotransferase, E.C. 2.6.1.5.
uvr	Ultraviolett resistent; Genorte, die an dem Dunkel-Repair der UV-bestrahlten DNS in Bakterien beteiligt sind.
Vasopressin	Proteohormon, das im Hypothalamus gebildet und in der Hypophyse gespeichert wird. Es ist an der Regulation der Rückresorption in den Nieren und des osmotischen Druckes im Blut beteiligt.
Wachstumshormon	Proteohormon der Hypophyse, fördert u.a. das Längenwachstum und stimuliert die Protein-Biosynthese.
Zellcyclus	Der „Lebenscyclus" einer Zelle wird eingeteilt in: 1. G_1-Phase, die präsynthetische Phase. 2. S-Phase, die Synthese-Phase, in der die DNS-Synthese stattfindet. 3. G_2-Phase, die postsynthetische Phase. 4. M-Phase, Mitose, in der die Zellteilung stattfindet.
ZNS	Zentral-Nerven-System.

Literatur

1. Adelstein, S. J., u. L. K. Mee: Biochem. J. **80**, 406 (1961).
2. Adler, H. J.: Radiat. Res. Suppl. **3**, 110 (1963).
3. Aebi, H.: Radiat. Res. Suppl. **3**, 107 (1963).
4. Agostini, C., A. Sessa, A. Fenaroli u. P. A. Ciccarone: Radiat. Res **23**, 350 (1964).
5. Alexander, P.: Atomic radiation and life. London and Tonbridge: Whitefriars Press 1957.
6. — u. J. T. Lett: Nature **187**, 933 (1960).
7. — C. J. Dean, L. D. G. Hamilton, J. T. Lett, and G. Parkins: In: Cellular radiation biology. Edited by M. D. Anderson, p. 241. Baltimore: The Williams and Wilkins Company 1965.
8. Allert, U.: Strahlentherapie **135**, 227 (1968).
9. Archer, H. G.: Radiat. Res. **35**, 109 (1968).
10. Bacq, Z. M., and P. Alexander: Fundamentals in radiobiology. 2nd edition. Oxford, London, Edinburgh, New York, Toronto, Paris, Frankfurt: Pergamon Press 1966.
11. Bagramyan, E. R.: Probl. Endokrinol. i Gormonoterap. **12**, 66 (1966); zit. nach Chem. Abstr. **66**, 357x (1966).
12. — u. S. Yu. Babadzhanova: Radiobiologiya **6**, 758 (1966); zit. nach Chem. Abstr. **66**, 366z (1967).
13. Baker, D. G., A. Carsten, A. Jahn u. F. McFadyen: Radiat. Res. **32**, 265 (1967).
14. Baugnet-Mahieu, L., R. Goutier u. M. Semal: Radiat. Res. **31**, 808 (1967).
15. Belyaeva, E. M., u. Yu. P. Vinetskii: Radiobiologiya **7**, 184 (1967).
16. Berndt, J.: Atomkernenergie (im Druck).
17. — u. R. Gaumert: Int. J. Radiat. Biol. **11**, 593 (1966).
18. — — Strahlentherapie **137**, 88 (1969).
19. — — Persönliche Mitteilung.
20. — — Experientia **25**, 16 (1969).
21. Betel, I.: Int. J. Radiat. Biol. **12**, 459 (1967).
22. Binhammer, R. T., u. J. R. Crocker: Radiat. Res. **18**, 429 (1963).
23. Blokhina, V. D., u. T. T. Martynova: Radiobiologiya **5**, 659 (1965).
24. Bohne, L., Th. Coquerelle u. U. Hagen: Studia biophysica (im Druck).
25. Bond, V. P., T. M. Fliedner, and J. O. Archambeau: Mammalian radiation lethality. New York-London: Academic Press 1965.
26. Boquet, P. L., u. P. Fromageot: Int. J. Radiat. Biol. **13**, 343 (1967).
27. Borrebaek, B., S. Abraham u. I. L. Chaikoff: Biochim. Biophys. Acta **90**, 451 (1964).
28. Braams, R.: In: Radiation research. Ed. by G. Silini, p. 371. Amsterdam: North-Holland Publish. Comp. 1967.
29. Braun, H.: Strahlentherapie **133**, 412 (1967).
30. — G. Hornung u. M. Neumeyer: Strahlentherapie **126**, 454 (1965).
31 Breuer, H., u. H. K. Parchwitz: Strahlentherapie **113**, 83 (1960).
32. — — u. C. Winkler: Strahlentherapie **105**, 580 (1958).
33. Brent, T. P., J. A. V. Butler u. A. R. Crathorn: Nature **210**, 393 (1966).
34. Burstein, Sh., u. G. Pincus: Endocrinology **80**, 947 (1967).
35. Campagnari, F., U. Bertazzoni u. L. Clerici: J. biol. Chem. **242**, 2168 (1967).
36. Chang, L. O., u. W. B. Looney: Int. J. Radiat. Biol. **12**, 187 (1966).

37. Chapman, J. D., J. Swez u. E. C. Pollard: Nature **218**, 690 (1968).
38. Chiriboga, J.: Experientia **23**, 903 (1967).
39. Christensen, G. M., u. K. L. Jackson: Radiat. Res. **35**, 410 (1968).
40. Clark, J. B.: European J. Biochem. **2**, 19 (1967).
41. Clarke, I. D., u. J. Lang: Radiat. Res. **24**, 142 (1965).
42. Cleaver, J. E.: Biophys. J. **8**, 775 (1968).
43. Corless, J., u. I. Gray: Radiat. Res. **31**, 775 (1967).
44. Damjanovich, S., T. Sanner u. A. Pihl: Biochim. Biophys. Acta **136**, 593 (1967).
45. Dancewicz, A. M., K. I. Altman u. K. Salomon: Int. J. Radiat. Biol. **5**, 85 (1962).
46. Davern, C. I.: J. mol. Biol. **32**, 151 (1968).
47. Dean, C. J.: In: Effects of radiation on cellular proliferation and differentiation. p. 23. Vienna: International Atomic Energy Agency 1968.
48. Dessauer, F.: Z. Phys. **12**, 38 (1922).
49. Dienstbier, Z., M. Arient u. J. Shejbal: Staatliche Zentrale für Strahlenschutz der DDR. Berlin, SZS Report **12** (1966).
50. Dolgova, A. Ya.: Radiobiologiya **7**, 300 (1967).
51. Domon, M., u. A. M. Rauth: Radiat. Res. **35**, 350 (1968).
52. Dose, K., u. U. Dose: Int. J. Radiat. Biol. **4**, 85 (1961/62).
53. Doyle, R. J., u. E. Spoerl: Radiat. Res. **34**, 326 (1968).
54. Duchesne, P. Y., S. Hajduković, M. L. Beaumarriage u. Z. M. Bacq: Radiat. Res. **34**, 583 (1968).
55. Duyet, Ph. van, V. Nejtek u. Z. Dienstbier: Strahlentherapie **135**, 610 (1968).
56. Eberhagen, D., u. U. Remler: Strahlentherapie **132**, 441 (1967).
57. — u. U. Horn: Strahlentherapie **135**, 364 (1968).
58. Eckstein, H., V. Paduch u. H. Hilz: Biochem. Z. **344**, 435 (1966).
59. — — — European J. Biochem. **3**, 224 (1967).
60. Elkina, N. I., u. R. E. Libinzon: Radiobiologiya **5**, 662 (1965).
61. Elkind, M. M., and G. F. Whitmore: The radiobiology of cultured mammalian cells. New York, London, Paris: Gordon and Breach Science Publishers 1967.
62. Fausto, N., A. O. Smoot u. J. L. van Lancker: Radiat. Res. **22**, 288 (1964).
63. Feinstein, R. N., J. T. Faulhaber u. J. B. Howard: Radiat. Res. **35**, 341 (1968).
64. Filippova, V. N., L. I. Soldatenkova u. I. F. Seits: Radiobiologiya **5**, 806 (1965).
65. Flemming, K., u. M. Langendorff: Strahlentherapie **128**, 109 (1965).
66. — J. N. Mehrishi u. J. A. F. Napier: Int. J. Radiat. Biol. **14**, 175 (1968).
67. — B. Geierhaas, W. Hemsing u. K. Mannigel: Int. J. Radiat. Biol. **14**, 93 (1968).
68. Forkey, D. J., K. L. Jackson u. G. M. Christensen: Int. J. Radiat. Biol. **14**, 49 (1968).
69. Forssberg, A.: In: Ciba Foundation Symposium on Ionizing Radiations and Cell Metabolism. London: J. & A. Churchill Ltd. 1956, p. 212.
70. Freifelder, D.: Virology **36**, 613 (1968).
71. — Radiat. Res. **29**, 329 (1966).
72. — J. Mol. Biol. **35**, 303 (1968).
73. Frey, H. E., u. E. C. Pollard: Radiat. Res. **36**, 59 (1968).
74. Fricke, H., u. B. W. Petersen: Strahlentherapie **26**, 329 (1927).
75. Furlan, M., u. M. Jericijo: Strahlentherapie **133**, 262 (1967).
76. Gerber, G. B., u. J. Remy-Defraigne: Abstr. of Third International Congress of Radiation Research, Cortina d'Ampezzo 1966, Nr. 357.
77. — G. Gerber, K. I. Altman u. L. H. Hempelmann: Int. J. Radiat. Biol. **1**, 277 (1959).
78. Glavind, J., u. M. Faber: Int. J. Radiat. Biol. **12**, 121 (1967).
79. Glocker, R.: Röntgen- und Radiumphysik für Mediziner. Stuttgart: Thieme 1949.

80. Goetze, T., u. E. Goetze: Acta biol. med. germ. **15**, 353 (1965).
81. Gottlieb, A. A., V. R. Glisin u. P. Doty: Proc. nat. Acad. Sci. (Wash.) **57**, 1849 (1967).
82. Goudy, B., E. Dawes, A. E. Wilkinson u. E. D. Wills: Europ. J. Biochem. **3**, 208 (1967).
83. Grady, L. J., u. E. C. Pollard: Radiat. Res. **36**, 68 (1968).
84. Grunicke, H., E. Richter, M. Hinz, M. Liersch, B. Puschendorf u. H. Holzer: Biochem. Z. **346**, 60 (1966).
85. Hagemann, R. F., u. T. C. Evans: Radiat. Res. **33**, 371 (1968).
86. Hagen, U., u. R. Wild: Strahlentherapie **124**, 275 (1964).
87. — H. Ernst u. I. Cepicka: Biochim. Biophys. Acta **74**, 598 (1963).
88. — K. Keck, F. Zimmermann u. H. Kröger: Strahlentherapie **132**, 40 (1967).
89. — H. Kröger u. E. Petersen: persönl. Mitteilung.
90. Hall, J. C., A. L. Goldstein, B. P. Sonnenblick: J. biol. Chem. **238**, 1137 (1963).
91. Hallauer, W., u. J. Schirmeister: In: Ärztliche Maßnahmen bei außergewöhnlicher Strahlenbelastung. Hrsg. von T. M. Fliedner u. W. Hauger, S. 35. Stuttgart: Thieme 1967.
92. Hanawalt, Ph. C., u. R. H. Haynes: Sci. Amer. **1967**, 36.
93. Hansen, H. J. M., L. G. Hansen u. M. Faber: Int. J. Radiat. Biol. **9**, 25 (1965).
94. Haynes, R. H., R. M. Baker, and G. E. Jones: In: Energetics and mechanisms in radiation biology. Ed. by G. O. Phillips, p. 425. London-New York: Academic Press 1968.
95. Hems, G.: Nature **186**, 710 (1960).
96. Herranen, A., u. W. K. Brunkhorst: Arch. Biochem. Biophys. **119**, 353 (1967).
97. Howard-Flanders, P., u. R. P. Boyce: Radiat. Res. Suppl. **6**, 156 (1966).
98. Hutchinson, F.: In: Cellular radiation biology, p. 86. Ed. by M. D. Anderson, Baltimore: The Williams and Wilkins Company 1965.
99. Ichii, Sh., u. Sh. Kobayashi: J. Radiat. Res. **6**, 17 (1965).
100. — — u. S. Omata: J. Radiat. Res. **6**, 97 (1965).
101. Ikenaga, M.: Radiat. Res. **34**, 421 (1968).
102. Ivanenko, T. I.: Radiobiologiya **5**, 338 (1965).
103. Jackson, K. L., u. G. M. Christensen: Radiat. Res. **27**, 434 (1966).
104. John, D. W., u. L. L. Miller: J. biol. Chem. **243**, 268 (1968).
105. Johns, H. E.: In: Radiation research, p. 733. Ed. by G. Silini. Amsterdam: North Holland Publish. Co. 1967.
106. Jordan, P.: Physikalische Z. **39**, 345 (1938).
107. Jung, H., u. H. Schüssler: Z. Naturforsch. **23b**, 934 (1968).
108. Kärcher, K.-H.: Einführung in die klinisch-experimentelle Radiologie, S. 293. München-Berlin: Urban und Schwarzenberg 1964.
109. Kaplan, H. S.: In: Cellular radiation biology, p. 584. Ed. by M. D. Anderson, Baltimore: The Williams and Wilkins Company 1965.
110. Kapp, D. S., u. K. C. Smith: Radiat. Res. **35**, 515 (1968).
111. Kay, R. E., u. C. Entenman: J. biol. Chem. **234**, 1634 (1959).
112. — u. H. Chan: J. Neurochem. **14**, 401 (1967).
113. Keel, E. O.: Radiobiologiya **6**, 369 (1966).
114. Khanson, K. P.: Radiobiologiya **5**, 44 (1965).
115. Kivy-Rosenberg, E., J. Cascarano u. B. W. Zweifach: Radiat. Res. **20**, 668 (1963).
116. — — — Radiat. Res. **23**, 310 (1964).
117. Klinger, W., W. Finck u. H. Leibe: Acta biol. med. germ. **16**, 415 (1966).
118. Klouwen, H. M., A. W. M. Appelman, and I. Betel: In: The cell nucleus: Metabolism and radiosensitivity, p. 295. London: Taylor and Francis 1966.
119. Koch, R., u. H. Mönig: Nature **203**, 859 (1964).
120. Korogodin, V. J., M. N. Meissel, and T. S. Remesova: In: Radiation research, p. 538. Ed. by G. Silini. Amsterdam: North-Holland Publish. Co. 1967.

121. Krebs, H. A.: In: Ciba Foundation Symposium on Ionizing Radiations and Cell Metabolism, p. 92. London: J. & A. Churchill Ltd. 1956.
122. Kucherenko, M. E., u. B. O. Tsudzevich: Visn. Kiiv. Univ. Ser. Biol. Nr. 8, 57 (1966); zit. nach Chem. Abstr. 67, 97474b (1967).
123. Kudryashov, Yu. B., u. O. S. Arutyunova: Nauch. Dokl. Vyssh. Shk. Biol. Nauki 1967, 58; zit. nach Chem. Abstr. 66, 102309n (1967).
124. Kulinskii, V. I., u. L. F. Semenov: Radiobiologiya 5, 494 (1965).
125. Kurohara, S. S.: Acta radiol. (Stockh.) Suppl. 244, 1 (1965).
126. Kuzin, A. M.: Radiation biochemistry.: Israel Program for Scientific Translations Ltd. 1964.
127. — E. G. Plyshevskaya, V. A. Kopylov, E. A. Ivanitskaya, N. E. Lebedeva, I. K. Kolomijtseva, V. I. Tokarskaya u. S. K. Melnikova: Int. J. Radiat. Biol. 10, 1 (1966).
128. Ladner, H.-A., u. G. Wollschläger: Strahlentherapie 131, 461 (1966).
129. Lamberts, H. B.: In: Energetics and mechanisms in radiation biology, p. 387. Ed. by G. O. Phillips. London-New York: Academic Press 1968.
130. Lamerton, L. F.: In: Radiation effects in physics, chemistry and biology, p. 1. Ed. by M. Ebert and A. Howard. Amsterdam: North-Holland Publish. Co. 1963.
131. Langendorff, H.: In: Strahlenschutz in Forschung und Praxis, Bd. 2, S. 35. Hrsg. von H.-J. Melching, H. R. Beck, H.-A. Ladner u. E. Scherer. Freiburg: Rombach 1963.
132. — u. H. Geyer: Arch. Mikrobiol. 46, 1 (1963).
133. — u. M. Langendorff: Strahlentherapie 136, 220 (1968).
134. — — Persönliche Mitteilung.
135. Larionova, K. M.: Radiobiologiya 1, 247 (1961).
136. Latarjet, B., B. Ekert u. P. Demerseman: Radiat. Res. Suppl. 3, 247 (1963).
137. Lea, D. E.: Actions of radiations on living cells. Cambridge: University Press 1946.
138. Lehnert, S. M., u. S. Okada: Int. J. Radiat. Biol. 10, 601 (1966).
139. Lett, J. T., I. Caldwell, C. J. Dean u. P. Alexander: Nature 214, 790 (1967).
140. — P. Feldschreiber, J. G. Little, K. Steele u. C. J. Dean: Proc. Roy. Soc. Ser. B 167, 184 (1967).
141. Lochman, E.-R., D. Weinblum u. A. Wacker: Biophysik 1, 396 (1964).
142. Lockner, D., U. Ericson u. G. Hevesy: Int. J. Radiat. Biol. 9, 143 (1965).
143. Maas, H., u. M. Timm: Biophysik 1, 334 (1964).
144. — W. Schmack u. S. Opoku: Z. Krebsforsch. 65, 261 (1963).
145. — E. Jenner u. F. Hölzl: Z. Naturforsch. 22b, 634 (1967).
146. Madison, J. T.: In: Ann. rev. of biochemistry, Vol. 37, p. 131. Ed. by P. D. Boyer, A. Meister, R. L. Sinsheimer, E. E. Snell. Palo Alto, Calif.: Annual Reviews Inc. 1968.
147. Maor, D., u. P. Alexander: Int. J. Radiat. Biol. 6, 93 (1963).
148. Matsudeira, H., T. Sekiguchi u. Ch. Nakamura: Int. J. Radiat. Biol. 13, 21 (1967).
149. Man'eva, V. L., E. A. Rapoport, S. G. Tul'kes u. I. B. Zbarskii: Vopr. Med. Khim. 12, 407 (1966); zit. nach Chem. Abstr. 66, 102312h (1967).
150. Mee, L. K., u. S. J. Adelstein: Radiat. Res. 32, 93 (1967).
151. Miquel, J., P. R. Lundgren u. J. O. Jenkins: Acta Radiol. Ther. Phys. Biol. 5, 132 (1966); zit. nach Chem. Abstr. 66, 44127p (1967).
152. Miras, C. J., J. D. Mantzos, N. J. Legakis u. G. M. Levis: Radiat. Res. 36, 119 (1968).
153. — — — Radiat. Res. 36, 208 (1968).
154. Miroshnichenko, G. P., G. N. Zaitseva, D. Birnbaum u. A. N. Belorzerskii: Dokl. Akad. Nauk SSR 164, 1421 (1965); zit. nach Chem. Abstr. 64, 2385a (1966).
155. Mishkin, E. P., u. M. L. Shore: Radiat. Res. 33, 437 (1968).
156. Modig, H. G., u. L. Révész: Int. J. Radiat. Biol. 13, 469 (1967).

157. Mönig, H., u. U. Meyer: Strahlentherapie **136**, 596 (1968).
158. Mosier, H. D., u. R. A. Jansons: Proc. Soc. exp. Biol. Med. **218**, 23 (1968).
159. Myers, D. K.: Canad. J. Biochem. Physiol. **40**, 619 (1962).
160. — u. K. Skov: Canad. J. Biochem. **44**, 839 (1966).
161. Nakken, K. F.: Strahlentherapie **131**, 384 (1966).
162. Nerurkar, M. K., u. M. B. Sahasrabudhe: Int. J. Radiat. Biol. **2**, 210 (1960).
163. Neuwirt, J., J. Taborsky, I. Borová u. Z. Pokorny: Acta biol. med. germ. Suppl. III, S. 287.
164. Olivera, B. M., u. I. R. Lehman: Proc. nat. Acad. Sci. (Wash.) **57**, 1700 (1967).
165. Omata, S., S. Ichii u. N. Yago: J. Biochem. (Tokyo) **63**, 695 (1968).
166. Ord, M. G., u. L. A. Stocken: Biochim. Biophys. Acta **29**, 201 (1958).
167. — In: Mechanisms in radiobiology, Vol. 1, p. 259. Ed. by M. Errera u. A. Forssberg. New York and London: Academic Press 1961.
168. — — Proc. roy. Soc. Edinb. B **50**, 117 (1968).
169. Painter, R. B.: Radiat. Res. **35**, 513 (1968).
170. Parisek, J., M. Arient, Z. Dienstbier u. J. Skoda: Nature **182**, 721 (1958).
171. Pauly, H.: Int. J. Radiat. Biol. **6**, 221 (1962).
172. Pecevsky, I., u. Z. Kućan: Biochim. Biophys. Acta **145**, 310 (1967).
173. Perris, A. D.: Radiat. Res. **34**, 523 (1968).
174. Philpot, J. St. L.: Radiat. Res. Suppl. **3**, 55 (1963).
175. Pikulev, A. T., u. Z. I. Polyakova: Vopr. Med. Khim. **13**, 25 (1967); zit. nach Chem. Abstr. **66**, 82894u (1967).
176. Pitot, H. C., C. Peraino u. C. Lamar, jr.: Radiat. Res. **33**, 599 (1968).
177. Pollard, E. C., u. P. K. Weller: Radiat. Res. **32**, 417 (1967).
178. — — Radiat Res. **35**, 722 (1968).
179. Pullman, M. E., u. G. Schatz: In: Ann. rev. biochemistry. Vol. 36, p. 539. Ed. by P. D. Boyer, A. Meister, R. L. Sinsheimer and E. E. Snell: Palo Alto, Calif.: Annual Reviews, Inc. 1967.
180. Radiobiological dosimetry. Recommendations of the International Commission on Radiological Units and Measurements, Report 10e, 1962, National Bureau of Standards, United States Department of Commerce.
181. Rappoport, D. A., u. R. R. Fritz: Radiat. Res. **21**, 5 (1964).
182. Reuter, A. M., A. Sassen u. F. Kennes: Radiat. Res. **30**, 445 (1967).
183. —, G. B. Gerber, F. Kennes u. J. Remy-Defraigne: Radiat. Res. **30**, 725 (1967).
184. Rink, H., u. H.-D. Bergeder: Strahlentherapie **135**, 354 (1968).
185. Romantsev, E. F., u. L. F. Romanova: Biokhimiya **32**, 1145 (1967).
186. Roth, J. S., M. Wagner u. M. Koths: Radiat. Res. **22**, 722 (1964).
187. Rupp, W. D., u. P. Howard-Flanders: J. Mol. Biol. **31**, 291 (1968).
188. Rust, J. H., G. V. Le Roy, J. L. Spratt, G. B. Ho u. L. J. Roth: Radiat. Res. **20**, 703 (1963).
189. Sahasrabudhe, M. B., M. K. Nerurkar u. A. J. Baxi: Int. J. Radiat. Biol. **1**, 52 (1959).
190. Savitskii, I. V.: Radiobiologiya **6**, 807 (1966).
191. —, u. V. V. Tsubul'skii: Vopr. Med. Khim. **13**, 364 (1967); zit. nach Chem. Abstr. **67**, 97476 d (1967).
192. Scaife, J. F.: Canad. J. Biochem. **41**, 1469 (1963).
193. — In: The cell nucleus-metabolism and radiosensitivity. London: Taylor & Francis 1966, p. 309.
194. — Canad. J. Biochem. **44**, 433 (1966).
195. —, u. H. Brohee: Int. J. Radiat. Biol. **13**, 111 (1967).
196. Scheid, W., u. H. Traut: Mutation Res. **6**, 481 (1968).
197. Scherer, E., u. H.-St. Stender: Strahlenpathologie der Zelle. Stuttgart: Thieme 1963.
198. Scholes, G., J. F. Ward u. J. Weiss: J. Mol. Biol. **2**, 379 (1960).
199. Schreiber, H.: Biophysikalische Strahlenkunde. Berlin: VEB Deutscher Verlag der Wissenschaften 1957.

200. Schwarz, H. P., L. Dreisbach, E. Polis, B. D. Polis u. E. Soffer: Arch. Biochem. Biophys. **111**, 422 (1965).
201. Sestan, N.: Nature **205**, 615 (1965).
202. Setlow, J. K.: Radiat. Res. Suppl. **6**, 141 (1966).
203. Setlow, R. B.: In: Radiation research. Ed. by G. Silini. Amsterdam: North Holland Publishing Company 1967, p. 525.
204. —, and E. C. Pollard: Molecular biophysics. Oxford-London-New York-Paris: Pergamon Press 1962.
205. Seydewitz, V.: Persönliche Mitteilung.
206. Shapiro, B., u. G. Kollmann: Radiat. Res. **34**, 335 (1968).
207. Silini, G.: Radiation research. Amsterdam: North-Holland Publish. Co. 1967.
208. Simić, M. M., T. Hudnik-Plevnik u. D. T. Kanazir: Nature **214**, 489 (1967).
209. Simpson, C. G., u. L. C. Ellis: Radiat. Res. **31**, 139 (1967).
210. Skurikhina, M. M., u. M. A. Lomova: Vopr. Med. Khim. **12**, 534 (1966); zit. nach Chem. Abstr. **66**, 371 d (1967).
211. Smit, J. A., u. L. A. Stocken: Biochem. J. **91**, 155 (1964).
212. Smith, D. E., u. J. F. Thomson: Radiat. Res. **11**, 198 (1959).
213. Snyder, F., u. R. Wood: Radiat. Res. **33**, 142 (1968).
214. Sommermeyer, K.: In: Strahlenbiologie, Strahlentherapie, Nuklearmedizin und Krebsforschung. Ergebnisse 1952—1958. Hrsg. von H. R. Schinz, H. Holthusen, H. Langendorff, B. Rajewsky, G. Schubert. Stuttgart: Thieme 1959, S. 1.
215. —, G. H. Schnepel u. R. Buss: Biophysik **4**, 129 (1967).
216. Sonka, J., J. Nosek, Z. Vich, J. Pospisil u. Z. Dienstbier: Atompraxis **3**, 157 (1965).
217. Stapleton, G. E., u. W. D. Fisher: Radiat. Res. **30**, 173 (1967).
218. Stitch, S. R., R. E. Oakey u. Sh. S. Eccles: Biochem. J. **88**, 76 (1963).
219. Strelina, A. V.: Radiobiologiya **6**, 519 (1966).
220. Streffer, C.: In: Ärztliche Maßnahmen bei außergewöhnlicher Strahlenbelastung. Hrsg. von T. M. Fliedner u. W. Hauger. Stuttgart: Thieme 1967, S. 127.
221. Streffer, C.: Int. J. Radiat. Biol. **12**, 487 (1967).
222. — Umschau in Wissenschaft und Technik **16**, 492 (1968).
223. — J. Vitaminol. **14**, 130 (1968).
224. — Unveröffentlichte Ergebnisse.
225. —, u. H.-J. Melching: Strahlentherapie **125**, 341 (1964).
226. — — Strahlentherapie **129**, 282 (1966).
227. —, u. D. Leesemann: Strahlentherapie (im Druck).
228. —, H.-J. Melching u. H. Mattausch: Strahlentherapie **130**, 146 (1966).
229. Strubelt, O.: Strahlentherapie **121**, 613 (1963).
230. Sugino, Y., E. P. Frenkel u. R. L. Potter: Radiat. Res. **19**, 682 (1963).
231. Suhar, A., u. M. Furlan: Strahlentherapie **132**, 604 (1967).
232. Sutherland, R. M., u. A. Pihl: Radiat. Res. **34**, 300 (1968).
233. Swingle, K. F., and L. J. Cole: In: Current topics in radiation research. Vol. 4, p. 191. Ed. by M. Ebert and A. Howard. Amsterdam: North-Holland Publish. Co. 1968.
234. Szybalski, W.: Radiat. Res. Suppl. **7**, 147 (1967).
235. Tabachnik, J., J. S. Perlish u. R. M. Freed: Radiat. Res. **23**, 594 (1964).
236. Tacera, J., u. M. Pospišil: Int. J. Radiat. Biol. **13**, 289 (1967).
237. Taliaferro, W. H., L. G. Taliaferro, and B. N. Jaroslow: Radiation and immune mechanism. New York-London: Academic Press 1964.
238. Tereshchenko, O. Ya.: Radiobiologiya **7**, 67 (1967); zit. nach Chem. Abstr. **66**, 92188f. (1967).
239. Thomson, J. F.: Radiat. Res. Suppl. **3**, 93 (1963).
240. —, Sh. L. Nance u. L. F. Bordner: Radiat. Res. **29**, 121 (1966).

241. Timoféeff-Ressovsky, N. W., u. K. G. Zimmer: Das Trefferprinzip in der Biologie. Arbeitsgemeinschaft medizinischer Verlage GmbH. Leipzig: S. Hirzel 1947.
242. Trams, G., H. Maass u. E. Kirschbaum: Z. Krebsforsch. (im Druck).
243. Trebukhina, R. V.: Radiobiologiya 6, 766 (1966).
244. Trowell, O. A.: Int. J. Radiat. Biol. 4, 163 (1961/62).
245. Uchiyama, T., N. Fausto u. J. L. van Lancker: J. biol. Chem. 241, 991 (1966).
246. Ulrich, M.: Dissertation. Karlsruhe 1967.
247. Underbrink, A. G., u. A. H. Sparrow: Radiat. Res. 35, 311 (1968).
248. Varagić, V., S. Stepanović, N. Svećenski u. S. Hajduković: Int. J. Radiat. Biol. 12, 113 (1967).
249. Vartérész, V.: Strahlenbiologie. Budapest: Académiai Kiadó 1966.
250. De Vellis, J., u. O. A. Schjeide: Biochem. J. 107, 259 (1968).
251. Veninga, T. S.: Biogenous amines in radiobiology. Groningen Holland: Institute of Radiopathology 1965.
252. Vinogradova, M. F.: Radiobiologiya 7, 179 (1967).
253. Waldschmidt, M.: Strahlentherapie 128, 586 (1965).
254. — Int. J. Radiat. Biol. 11, 429 (1966).
255. — Int. J. Radiat. Biol. 12, 135 (1967).
256. — Strahlentherapie 132, 463 (1967).
257. — Strahlentherapie 135, 695 (1968).
258. —, u. E. Könneker: Strahlentherapie 136, 581 (1968).
259. Walschmidt-Leitz, E., u. L. Keller: Strahlentherapie 137, 422 (1967).
260. Wagle, M. M., u. G. B. Nadkarni: Radiat. Res. 33, 174 (1968).
261. Walther, G., K.-J. Schmidt u. H.-A. Ladner: Strahlentherapie 136, 500 (1968).
262. Warburg, O.: Naturwissenschaften 51, 373 (1964).
263. Weber, G., u. A. Cantero: Amer. J. Physiol. 197, 1284 (1959).
264. —, R. L. Singhal, and S. K. Srivastava: In: Adv. in enzyme regulation. Vol. 3, p. 43. Ed. by G. Weber. Oxford-London-Edinburgh-New York-Paris-Frankfurt: Pergamon Press 1965.
265. Weinert, H., u. U. Hagen: Strahlentherapie 136, 204 (1968).
266. Weiss, J. J., u. C. M. Wheeler: Biochim. Biophys. Acta 145, 68 (1967).
267. Wills, E. D.: Int. J. Radiat. Biol. 11, 517 (1966).
268. Wills, E. D., u. A. E. Wilkinson: Int. J. Radiat. Biol. 13, 45 (1968).
269. — — Radiat. Res. 31, 732 (1967).
270. Winkler, L., u. E. Goetze: Acta biol. med. germ. 20, 545 (1968).
271. Yamada, T., u. H. Ohyama: Int. J. Radiat. Biol. 14, 169 (1968).
272. Yost, H. T., M. T. Yost u. H. H. Robson: Biol. Bull. 133, 697 (1967).
273. Zicha, B., J. Beneš u. Z. Dienstbier: Strahlentherapie 135, 467 (1968).
274. —, K. Lejsek, J. Beneš u. Z. Dienstbier: Experientia 22, 712 (1966).
275. Zimmer, K. G.: Strahlentherapie 134, 161 (1967).
276. —, and A. Müller: In: Current topics in radiation research. Ed. by M. Ebert u. A. Howard. Vol. 1, p. 1. Amsterdam: North-Holland Publish. Co. 1964.
277. Zimmerman, D. H., u. H. L. Cromroy: Life Sci. 6, 621 (1967).

Namenverzeichnis

Adelstein, S. J. 76
Adler, H. J. 158
Aebi, H. 157
Agostini, C. 117
Albers-Schönberg 1
Alexander, P. 16, 28, 31, 54, 151, 152
Allfrey, V. G. 111
Alper, T. 166
Altman, K. I. 86, 120, 143, 161
Ancel, P. 2
Archer, H. G. 155
Arient, M. 56
Aronson, D. M. 157
Ashwood-Smith, M. J. 90

Bacq, Z. M. 127, 128, 152
Bagramyan, E. R. 128
Barendsen, G. W. 11
Barnabei, O. 67
Barron, E. S. G. 71
Bavetta, L. A. 154
Becquerel 1
Bekhor, I. J. 153, 154
Bekkum, D. W. van 107, 108, 109, 110
Benjamin, T. L. 109
Bergeder, H.-D. 146
Bergonié, J. 1, 20
Berliner, D. L. 131
Berndt, J. 99, 104, 120, 124
Bernheim, M. L. C. 116
Betel, I. 111, 112
Bethell, F. H. 108
Bide, R. W. 146, 147
Billen, D. 47
Binhammer, R. T. 127
Blokhina, V. D. 118
Böwing, G. 93
Bohn, G. 1
Boling, M. E. 38, 40
Bollinger, J. N. 119
Boquet, P. L. 91
Boyce, R. P. 38
Braun, Heribert 88
Braun, Hildegard 21, 114
Brent, T. P. 63
Bresciani, F. 147
Breuer, H. 149
Brinkman, R. 134

Bruce, O. S. 145
Bucher, N. L. R. 124
Burstein, Sh. 130

Campagnari, F. 62
Carrier, W. L. 38
Chang, L. O. 60
Chapman, J. D. 47
Chiriboga, J. 98
Christensen, G. M. 148, 153, 154
Cleaver, J. E. 45
Cole, L. J. 46, 51
Corless, J. 77
Creasey, W. A. 111, 148
Crick, F. H. C. 23
Crocker, J. R. 127
Crossfill, M. L. 19
Crowther, J. A. 12
Curran, P. F. 150

Dale, W. M. 71
Davern, C. I. 68
Deakin, H. 89
Dean, C. J. 39, 41
Deanović, Z. 134, 135
Dessauer, F. 12, 13
De Vellis, J. 81
Dienstbier, Z. 56
Di Luzio, N. R. 117, 119
Dolgova, A. Ya. 137
Dose, K. 103
Doyle, R. J. 136

Eberhagen, D. 117
Eckstein, H. 64, 77, 103
Eichel, H. J. 54, 141
Elko, E. E. 117, 119
Ellinger, F. 134
Ellis, L. C. 131
Ellis, M. E. 46
Entenman, C. 104, 117
Ernst, H. 83
Euler, H. von 59
Evans, T. C. 154
Eylon, L. 144

Feinstein, R. N. 158
Feldschreiber, P. 39

Fisher, W. D. 167
Flemming, K. 129
Forssberg, A. 16, 17, 102
Frampton, E. W. 47
Freifelder, D. 25, 26, 166
Frey, H. E. 156
Fricke, H. 13, 71
Fröhlich, H. 14
Fromageot, P. 91

Ganis, F. M. 85
Gaumert, R. 120
Geierhaas, B. 129
Gerber, G. 161
Gerber, G. B. 85, 86, 87, 93, 161
Gertler, P. 86
Geyer, H. 138
Glocker, R. 9
Gordy, W. 71
Goudy, B. 145
Goutier, R. 50
Gray, I. 77
Greuer, B. 80
Guild, W. R. 7

Hagemann, R. F. 154
Hagen, U. 25, 28, 32, 66, 84, 152
Halberstaedter, L. 1
Hall, J. C. 110
Harbers, E. 24, 65, 66
Harrington, H. 62
Hartweg, H. 93
Haskill, J. S. 74
Heidelberger, C. 66
Heineke, H. 1
Hempelmann, L. H. 85, 86, 161
Hemsing, W. 129
Hevesy, G. von 59, 76
Hill, R. F. 36, 37
Hilz, H. 140
Hollaender, A. 16, 17
Holthusen, H. 2, 16, 146
Holweck, F. 12
Hovsepian, J. A. 150
Howard-Flanders, P. 38, 43, 44
Hunt, J. W. 74
Hutchinson, F. 7, 73, 74, 75

Ijichi, H. 142
Ikenaga, M. 28
Ivanenko, T. I. 128
Izak, G. 144

Jackson, K. L. 148, 153, 154
Jansons, R. A. 127
Jaroslow, B. N. 82
Jordan, P. 169
Jung, H. 73

Kärcher, K.-H. 163
Kaplan, H. S. 31, 32, 39, 41, 165
Kapp, D. S. 41
Karsai, A. 144
Kay, R. E. 90, 104
Khanson, K. P. 110
Kivy-Rosenberg, E. 104
Klouwen, H. M. 111, 112
Koch, R. 1, 72, 131, 144
Korogodin, V. J. 1
Krebs, H. A. 169
Kröger, H. 66, 80
Kućan, Z. 53
Künkel, H. A. 103, 127
Kulinskii, V. J. 133
Kunitz, M. 51
Kurohara, S. 161
Kuzin, A. M. 159

Ladner, H. A. 162
Lancker, J. L. van 64
Langendorff, H. 86, 88, 92, 130, 131, 138
Lea, D. E. 12, 13
Lehmann, F. 145
Lehnert, S. M. 64
Lett, J. T. 39, 45
Levy, L. 147
Lindop, P. J. 19
Little, J. G. 39
Logan, R. 66
London, E. S. 1
Looney, W. B. 60

Maass, H. 77, 102, 103
Magee, J. L. 14
Mannigel, U. 129
Maor, D. 54
Martin, F. L. 17
Mateyko, C. M. 127
Matsudeira, H. 67
Matthaei, J. H. 70
McGrath, R. A. 32, 165
Mee, L. K. 76
Meissel, M. N. 107, 110
Melching, H.-J. 83, 86, 153
Mikuta, E. T. 93
Miletić, B. 46
Miras, C. J. 123
Mirsky, A. E. 111
Mishkin, E. P. 80
Mönig, H. 1, 72
Mosier, H. D. 127
Myers, D. K. 57, 60, 146, 147

Nakken, K. F. 138
Neuwirt, J. 89
Nirenberg, M. W. 70

Ochoa, S. 70
Ohyama, H. 101
Okada, S. 64
Oldekop, M. 140
Ord, M. G. 61, 78, 89, 90
Osawa, S. 111

Painter, R. B. 45
Parižek, J. 56
Pauly, H. 68, 80
Peacocke, A. R. 33
Pečevsky, I. 52, 53
Perris, A. D. 155
Perthes, G. 1
Petersen, E. 66
Pfleger, R. C. 122
Pierucci, O. A. 50
Pihl, A. 147
Pincus, G. 130
Platzmann, R. L. 14
Pollard, E. C. 7, 35, 45, 47, 80, 151, 153, 156
Potter, R. L. 108

Radev, T. 158
Rajewsky, B. 20
Randić, M. 134, 135
Rathgen, G. H. 102, 103
Ray, D. K. 73, 74, 75
Rehnborg, C. S. 117
Révész, L. 90
Rink, H. 146
Risse, O. 13
Röntgen, C. W. 1
Rotblat, J. 19
Roth, J. S. 54
Rüter, J. 140
Rupert, C. S. 35
Rupp, W. D. 44

Samuel, A. H. 14
Savitskii, I. V. 137
Scaife, J. F. 48, 110, 141, 151
Schorn, H. 128
Schubert, G. 103
Schüssler, H. 73
Schwarz, H. P. 118
Selye, H. 127
Semenov, L. F. 133
Setlow, J. K. 38, 40
Setlow, R. B. 7, 38
Shah, P. 154
Shelley, R. N. 119, 124
Shore, M. L. 80
Simson, E. 37
Skalka, M. 117, 118, 168
Škoda, J. 56

Skov, K. 60
Smit, J. A. 78
Smith, K. C. 41
Snyder, F. 119, 122
Sommermeyer, K. 12, 72
Sonka, J. 104
Sparrow, A. H. 31, 165, 166
Sparrow, Rh. C. 165
Spirtes, M. A. 141
Spoerl, E. 136
Stapleton, G. E. 17, 167
Steele, K. 39
Stitch, S. R. 132
Stocken, L. A. 61, 78, 89, 90, 111
Strelina, A. V. 110
Streffer, C. 83, 86, 91, 97, 99, 100, 125, 142, 153, 162
Strubelt, O. 90
Supek, Z. 134, 135
Sutherland, R. M. 147
Swez, J. 47
Swingle, K. F. 48, 51
Szybalski, W. 25, 30

Taliaferro, L. G. 82
Taliaferro, W. H. 81, 82
Thomas, D. W. 154
Thomson, J. F. 93, 109
Timofeff-Ressovsky, N. W. 12
Trams, G. 67
Tribondeau, L. 1, 20
Tribukait, B. 16
Trowell, O. A. 51

Uchiyama, T. 66
Ulbrich, O. 120
Underbrin, A. G. 31, 165

Vachek, H. 140
Veninga, T. S. 134
Vintemberger, P. 2
Vogt, M. 65

Waldschmidt, M. 87, 121
Waldschmidt-Leitz, E. 80
Warburg, O. 156
Watson, J. D. 23
Webster, E. W. 150
Weinman, E. O. 123
Weiss, B. 41
Weiss, J. 13
Weller, P. K. 151, 153
Wels, P. 145
Whitfield, J. F. 168
Wilkinson, A. E. 89, 152

Williams, R. W. 32, 165
Wills, E. D. 89, 116, 149, 152
Winkler, C. 128
Wollschläger, G. 162
Wüppen, I. 140

Yamada, T. 101
Yost, H. T. 109, 110

Zavarine, R. 31
Zimmer, K. G. 12
Zimmermann, F. 65

Sachverzeichnis

Absorption der Strahlenenergie 1, 4, 5, 75, 76
Acetat-Einbau in Lipide 120, 121, 124, 125
Acetoacetat 125
Acetyl-CoA 95, 96, 104, 115, 120
Acetyl-CoA-Carboxylase 121, 169
Acetyl-CoA-Synthetase 121, 146
Acetylcholin 132
Acyl-CoA 115, 118, 121, 122
Adenin, Ativer Transport des $\sim$ 154
Adeninnucleotide 101, 102, 103, 106, 111, 112, 113, 114, 147, 151
Adenosintriphosphatase 147, 149
Adrenocorticotropes Hormon (ACTH) 78, 126, 127, 128
Aktiver Transport 145, 147, 149, 153, 154, 155, 167
Aktives Zentrum von Enzymen 72, 75, 76
Aktivierende Enzyme für Aminosäuren 70, 78
Alkohol-Dehydrogenase 78, 103
Allosterie 76
β-Aminoisobuttersäure (BAIBA), Ausscheidung von $\sim$ 56, 57, 160, 161
Aminosäuren, Aktiver Transport von $\sim$ 153, 154
—, strahlen-chemische Veränderung in Proteinen 15, 73, 76
—, Einbau in Proteine 76, 77, 78
Aminosäuregehalt 79, 85, 86
Aminosäureoxidase 70, 71, 87
Androgene 126, 131, 132
Anthranilsäure 92, 93, 162
Antikörper-Synthese 81, 82
Ascorbinsäure 128, 137, 138
Aspartat-Transcarbamylase 76
Atmung 107, 156

Basenveränderungen in der DNS 25, 28, 29, 30, 31, 164, 166
Basenzusammensetzung der DNS und Strahlenempfindlichkeit 31, 32, 166
— in der DNS nach Bestrahlung 63
Blutserum, Enzymaktivitäten im $\sim$ 153, 162, 163
5-Bromuracil, Sensibilisierung durch $\sim$ 29, 30, 31, 40, 164, 166
"by-pass" bei der DNS-Reduplikation 44

Calcium-Ionen 51, 148, 149
Carboxypeptidase 71
Catecholamine 132, 133, 135
Chinone 159
Cholesterin 115, 119, 124, 125, 128, 169
Chromosomen-Volumen und Strahlenempfindlichkeit 164, 165, 166
Citrat-Cyclus 95, 96, 104, 105, 113
CO_2-Bildung aus Substraten 104, 105
Coenzym A 90
Compton-Effekt bei der Absorption ionisierender Strahlen 5, 6, 9
Corticosteroide 80, 91, 98, 99, 127, 128, 129, 130
Cystein 15, 30, 71, 85, 88, 89, 90, 91, 92
Cytochrom c 106, 108, 110, 114
Cytochromoxidase 110

Decarboxylasen der Aminosäuren 88, 89, 92, 94, 134, 139, 162
Desoxycytidin 55, 56, 160
Desoxycytidinphosphat-Desaminase, 57, 62
Direkte Strahlenwirkung 1, 2, 12, 30, 31, 158, 159
Disulfid-Gruppen 15, 70, 72, 73, 74, 89, 90, 147, 148
DN-ase-Aktivitäten 40, 43, 46, 49, 50, 51, 52
DNP-Komplex, Struktur des $\sim$ 24, 32, 33, 34, 51, 64, 65, 85, 89, 168
DNS, Abbau 37, 38, 39, 40, 41, 42, 43, 44, 45, 46, 47, 48, 49, 65, 167, 168
—, Polymerase 24, 38, 44, 61, 62, 63, 64
—, Synthese 59, 60, 61, 62, 63, 64, 65, 68, 69, 76, 167
Doppelketten-Bruch in der DNS 25, 26, 27, 29, 30, 32, 41, 164, 165, 166
Dosimetrie, "biologische" $\sim$ 160
Dosiseinheiten ionisierender Strahlen 9, 10
Dosisleistung 10, 15, 156

Einzelketten-Bruch in der DNS 25, 26, 27, 28, 29, 32, 41, 164, 165, 166
Eisen-Stoffwechsel 144, 145
Elektron, hydratisiertes $\sim$ 14, 15, 72, 74, 159, 160

193

Elektronen-Spin-Resonanz (ESR)-Spektroskopie 28, 71, 72
Entkopplung der oxidativen Phosphorylierung 106, 110, 114
enzyme release s. Freisetzung von Enzymproteinen

Ferrochelatase 145
Fett-Mobilisierung 117
Fettsäure, Abbau 121, 122
—, Gehalt 117, 118, 119
—, Synthese 120, 121, 169
—, Synthetase 115, 121
Fibrinogen 80
Folsäure 137
Freisetzung von Enzymproteinen aus intracellulären Räumen 50, 83, 84, 152, 170
Fricke-Dosimeter 16
Fructose-1,6-diphosphat 95, 96, 100, 101, 102
Fructose-1,6-diphosphatase 95, 99, 100, 169

G-Werte für die Radikale des Wassers 14, 15
β-Galaktosidase 68, 80, 153
gap im Chromosom 69
Gastro-Intestinal-Syndrom 20, 150, 168
Glucocorticoide 128 129, 130,
Gluconeogenese 95, 98, 99, 100
Glucose 95, 98, 101, 155
Glucosephosphat 95, 96
Glucose-6-phosphat-Dehydrogenase 104
β-Glucuronidase 152
Glucuronsäure 98
Glutamat-Dehydrogenase 76, 87, 152, 153
Glutamat-Oxalacetat-Transaminase 87, 88, 163
Glutamat-Pyruvat-Transaminase 88, 163
Glutathion 90, 148
Glutathion-Reductase 90, 148
Glycerophosphat 99
Glycerophosphat-Dehydrogenase 81
Glycin 77, 143, 169
Glykogen 95, 96, 97, 98, 99, 100, 101, 169
Glykolyse 95, 100, 101, 102, 103, 107, 147, 155, 156
Gonadotropes Hormon 128, 132

Hämatologische Phase 20, 168, 169, 170
Hämolyse 146, 147, 148
Halbwertschicht 9
Harnstoff 86, 87
hcr s. Wirtszellenreaktivierung
Hexokinase 78, 100, 101, 103
Histamin 132, 134, 135, 136
Histidin 15, 26, 27, 30, 31, 72, 73, 75, 164

Histone 24, 32, 61, 83, 84, 90, 167, 168
3-Hydroxyanthranilsäure 92, 139
β-Hydroxybutyrat 109, 110, 125
5-Hydroxyindolessigsäure 92, 134, 135, 160
Hydroxyl-Radikal (OH·) 13, 14, 15, 72, 74, 90, 158, 160
β-Hydroxy-β-methyl-glutaryl-Coenzym A 115, 125, 169
5-Hydroxytryptamin 92, 94, 132, 134, 135, 136
Hyperchromie der DNS 33, 45

Indirekte Strahlenwirkung 1, 2, 12, 13, 30, 32, 71, 158, 159
Induktion der Enzymsynthese 68, 80, 81, 88, 130, 157, 169
Inhibitoren, intracelluläre Verteilung und Wirkung 50, 51, 85, 170
interphase death 21, 112, 167
intestinal death s. Gastro-Intestinal-Syndrom
Ionisation von Atomen und Molekülen 1, 3, 4, 5, 6, 7, 8, 9, 10
Ionisationsdichte 7, 8, 9, 10, 15

Kalium-Gehalt 90, 102, 145, 146, 147, 148, 149, 150, 167
Katalase 156, 157, 158
Kollagen 74, 85
Konformation von Proteinen 70, 74, 75
Kreatin 86, 87, 160, 161
Kreatinphosphat 113
Kynurenin 92, 93
Kynureninase 92, 93, 94, 139, 142, 162
Kynurenin-Transaminase 92, 94, 162
Kynurensäure 92, 93, 94, 162

Lactat 90, 95, 99, 100, 101, 102
Ligase s. Polynucleotid-Ligase
Linearer Energie-Transfer (LET) 7, 8, 9, 10, 11, 12, 17
Lipämie 117
Lipidperoxide 115, 116, 151, 152, 159, 166
Lost 44
Lysin-Decarboxylase 68, 80
Lysosomen 49, 50, 83, 84, 89, 116, 152

Malonyl-Co A 115, 120, 121
Matrizenfunktion der DNS s. priming ability
Membran, Erythrocyten ~ 146, 147, 148
Membranveränderungen 116, 118, 146, 147, 148, 151, 152, 166
Methämoglobin 143, 157
Methionin 15, 73, 76, 89

Methylnicotinsäureamid 143
Mevalonsäure 115, 125
Mikrosomen 77, 89, 116
Mineralocorticoide 128, 129, 150
Mitochondrien 21, 83, 89, 105, 106, 107, 108, 109, 110, 111, 114, 116, 148, 149, 151, 152, 153, 167
Mitose 21, 63
Monoaminoxidase 92, 132, 134
Mucopolysaccharide 151

NAD-Gehalt 85, 102, 103, 112, 139, 140, 141, 142, 167
NAD-Glycohydrolase 139, 140, 141
NAD-Synthese 92, 94, 139, 140, 141, 142, 169
NADH-Cytochrom c-Reductase 108
Nahrungsaufnahme und Stoffwechselveränderungen 88, 96, 97, 98, 108, 117, 121, 138
Natrium-Gehalt 145, 146, 147, 148, 149, 150, 155, 167
Nebennierenfunktion 67, 78, 128, 129, 130
Neurosekretion 127
Nucleotid-Gehalt, s. auch Adeninnucleotide 55, 56, 57
5'-Nucleotidasen 57

Oestrogene 126, 131, 132, 136
δ-Ornithin-Transaminase 81
Orotsäure, Einbau in die RNS 67
oxidative Phosphorylierung 95, 106, 108, 109, 110, 111, 167

Paarbildung bei der Absorption ionisierender Strahlen 6
Pentosephosphatcyclus 95, 96, 104
PEP-Carboxykinase 95, 99
Peptidasen 70, 84
Permeabilität 111, 145, 146, 147, 148, 149, 150, 151, 153, 155
Peroxide 15, 16, 115, 116, 159, 160
Phosphat, Einbau in die DNS 28, 60
Phosphat, Gehalt 113, 168
Phosphatasen 109, 152
Phosphatide 115, 118, 123
Phosphofructokinase 95, 100, 101, 102
Phosphoglycerinaldehyd-Dehydrogenase 71, 78, 102, 103, 152
Phosphorylase b aus Kaninchenmuskel 76
Phosphorylierung von Histonen 61
Photoeffekt bei der Absorption ionisierender Strahlen 5, 6, 9
Photoreaktivierung an der DNS 35, 36, 45
P/O-Quotient 108, 109, 110, 111

Polynucleotid Ligase 37, 38, 40, 41, 42
Polynucleotide, Struktur der gebildeten ~ 40, 46, 48, 49, 50
Porphyrin-Synthese 143, 144, 169
Primärstruktur von Proteinen 70, 72, 75
priming ability 24, 62, 64, 65, 66, 68, 69
Proteinabbau 82, 83, 84, 85, 168
Proteinbiosynthese 76, 77, 78, 79, 81, 82, 167, 169
Proteingehalt 82, 83
Puls-Radiolyse 14
Pyridinnucleotide s. NAD
Pyridoxal-5'-phosphat 87, 88, 89, 92, 94, 138, 139
Pyrimidin-Dimere 34, 35, 38, 39, 40, 41, 42, 43, 44, 164
Pyruvat 90, 95, 99, 100, 101, 102
Pyruvat-Kinase 95, 100, 101

Radikalfänger 27, 30, 31, 159
Radiotoxine 156, 157, 159, 160
rec-Mutanten 43
Reichweite ionisierender Strahlen 8, 9
Rekombination am Chromosom 43, 45
Relative Biologische Wirkung (RBW) 11, 12
Repair, Dunkel- ~ 36, 37, 38, 39, 40, 41, 42, 43, 44, 45, 164, 165, 166
reproductive death 21
Resorption im Darm 97, 150, 155
Riboflavin 137
Ribonuclease (RNase) 54, 55, 72, 73, 74, 75, 76, 152
RNS, strahlenchemische Veränderungen an der ~ 35
RNS-Abbau 52, 53, 54, 55
— -Gehalt 67, 77
— -Polymerase 24, 65, 66, 67
— -Synthese 24, 65, 66, 67, 68, 69

S-Peptid der Ribonuclease 76
Sauerstoffeffekt 16, 17, 29, 30, 31, 46, 116, 164
„Schmelztemperatur" der DNS 33
Sedimentationsverhalten der DNS 45, 48
Serin-Dehydrogenase 68, 81
Serumproteine 79, 80, 85
Stickstoffbilanz 87
Stress 127, 130
Succinat-Dehydrogenase 105, 106
— -Cytochrom c-Reductase 110
Sulfhydryl-Gruppen 15, 71, 88, 89, 90, 116, 147, 148, 151, 152, 166

Taurin 89, 90, 91, 92, 136, 160
Temperatur und Strahlenwirkung 2, 3
Testosteron-Bildung 131
Thiamin 136, 137

195

Thymidin, Einbau in die DNS 59, 60, 61, 64
— -Kinase 58, 61, 62
Thyreotropes Hormon 126, 128
Transaminasen der Aminosäuren 70, 81, 87, 88
Transkription 24, 41, 62, 68, 81
Transmutation 28, 68
Treffbereich 12, 24, 30, 167
Treffertheorie 12
Triglyceride 115, 117, 119, 122, 123
Tryptophan 15, 72, 92, 93, 94, 139, 141, 162, 169
— -Hydroxylase 94
Tryptophanpyrrolase 80, 92, 93
Tyrosin 15, 72, 73, 159
Tyrosin-α-Ketoglutarat-Transaminase 81

Überlebenszeit von Säugetieren, in Abhängigkeit von der Strahlendosis 19, 20, 169, 170
Unfälle in kerntechnischen Anlagen 85, 160, 161
Uridin, Einbau in die RNS 67
Uridindiphosphat-glucose 98
uvr-Mutanten (ultraviolett-resistent) 43, 44

Vasopressin 128
Verdünnungseffekt bei der Bestrahlung von Lösungen 13, 71
Vernetzungen in der DNS 25, 28, 32
Viscosität von DNS-Lösungen 32, 48
Vitamin B_6-Mangel 88, 89, 92, 138, 139, 170

Wachstumshormon 128
Wasser-Haushalt 150
Wasserstoff-Radikal (H˙) 13, 14, 158, 160
Wasserstoffbrücken in der DNS 23, 26, 33
— — Proteinen 74
Wasserstoffperoxid 15, 156, 157, 158, 159
Wirtszellenreaktivierung 43, 164

Xanthurensäure 92, 93, 94, 162

Zell-Cyclus und DNS-Synthese 63
Zellkern 21, 78, 83, 85, 89, 111, 112, 116, 148, 152, 167
Zellkulturen, teilungssynchronisierte ∼ 63, 64
Zellpopulation und biochemische Veränderungen 50, 54, 88
Zucker, Resorption im Darm 155

Erschienene Bände der Heidelberger Taschenbücher

1 Max Born: Die Relativitätstheorie Einsteins. DM 10,80
2 K. H. Hellwege: Einführung in die Physik der Atome
  2. erweiterte Auflage. DM 8,80
3 Wolfhard Weidel: Virus und Molekularbiologie
  2. erweiterte Auflage. DM 5,80
4 L. S. Penrose: Einführung in die Humangenetik. DM 8,80
5 Hans Zähner: Biologie der Antibiotica. DM 8,80
6 Siegfried Flügge: Rechenmethoden der Quantentheorie
  3. Auflage. DM 10,80
7/8 G. Falk: Theoretische Physik I und Ia auf der Grundlage einer allgemeinen Dynamik
  Band 7: Elementare Punktmechanik (I). DM 8,80
  Band 8: Aufgaben und Ergänzungen zur Punktmechanik (Ia). DM 8,80
9 Kenneth W. Ford: Die Welt der Elementarteilchen. DM 10,80
10 Richard Becker: Theorie der Wärme. DM 10,80
11 P. Stoll: Experimentelle Methoden der Kernphysik. DM 10,80
12 B. L. van der Waerden: Algebra I
   7. neubearbeitete Auflage der Modernen Algebra. DM 10,80
13 H. S. Green: Quantenmechanik in algebraischer Darstellung. DM 8,80
14 Alfred Stobbe: Volkswirtschaftliches Rechnungswesen. DM 10,80
15 Lothar Collatz/Wolfgang Wetterling: Optimierungsaufgaben.
   DM 10,80
16/17 Albrecht Unsöld: Der neue Kosmos. DM 18,—
18 Fred Lembeck/Karl-Friedrich Sewing: Pharmakologie-Fibel
   Tafeln zur Pharmakologie-Vorlesung. DM 5,80
19 A. Sommerfeld/H. Bethe: Elektronentheorie der Metalle. DM 10,80
20 K. Marguerre: Technische Mechanik. I. Teil: Statik. DM 10,80
21 K. Marguerre: Technische Mechanik. II. Teil: Elastostatik. DM 10,80
22 K. Marguerre: Technische Mechanik. III. Teil: Kinetik. DM 12,80
23 B. L. van der Waerden: Algebra II
   5. Auflage der Modernen Algebra. DM 14,80
24 Manfred Körner: Der plötzliche Herzstillstand
   Akuter Herz- und Kreislaufstillstand. DM 8,80
25 W. Reinhard: Massage und physikalische Behandlungsmethoden.
   DM 8,80
26 H. Grauert/I. Lieb: Differential- und Integralrechnung I. DM 12,80
27/28 G. Falk: Theoretische Physik II und IIa
   Band 27: Allgemeine Dynamik und Thermodynamik (II). DM 14,80
   Band 28: Aufgaben und Ergänzungen zur Allgemeinen Dynamik und Thermodynamik (IIa). DM 12,80

29 P. D. Samman: Nagelerkrankungen. DM 14,80
30 R. Courant/D. Hilbert: Methoden der mathematischen Physik I
3. Auflage. DM 16,80
31 R. Courant/D. Hilbert: Methoden der mathematischen Physik II
2. Auflage. DM 16,80
32 F. W. Ahnefeld: Sekunden entscheiden — Lebensrettende Sofortmaßnahmen. DM 6,80
33 K. H. Hellwege: Einführung in die Festkörperphysik I. DM 9,80
36 H. Grauert/W. Fischer: Differential- und Integralrechnung II. DM 12,80
37 V. Aschoff: Einführung in die Nachrichtenübertragungstechnik. DM 11,80
38 R. Henn/H. P. Künzi: Einführung in die Unternehmensforschung I. DM 10,80
39 R. Henn/H. P. Künzi: Einführung in die Unternehmensforschung II. DM 12,80
40 M. Neumann: Kapitalbildung, Wettbewerb und ökonomisches Wachstum. DM 9,80
41 G. Martz: Die hormonale Therapie maligner Tumoren. DM 8,80
42 W. Fuhrmann/F. Vogel: Genetische Familienberatung. DM 8,80
43 H. Grauert/I. Lieb: Differential- und Integralrechnung III. DM 12,80
44 J. H. Wilkinson: Rundungsfehler. DM 14,80
45 G. H. Valentine: Die Chromosomenstörungen. DM 14,80
46 Robert D. Eastham: Klinische Hämatologie. DM 8,80
47 C. N. Barnard/V. Schrire: Die Chirurgie der häufigen angeborenen Herzmißbildungen. DM 12,80
48 R. Gross: Medizinische Diagnostik — Grundlagen und Praxis. DM 9,80
49 K. Jacobs: Selecta Mathematica I. DM 10,80
50 H. Rademacher/O. Toeplitz: Von Zahlen und Figuren. DM 8,80
51 E. B. Dynkin/A. A. Juschkewitsch: Sätze und Aufgaben über Markoffsche Prozesse. DM 14,80
52 H. M. Rauen: Chemie für Mediziner — Übungsfragen. DM 7,80
53 H. M. Rauen: Biochemie — Übungsfragen. DM 9,80
54 G. Fuchs: Mathematik für Mediziner und Biologen. DM 12,80
57/58 H. Dertinger/H. Jung: Molekulare Strahlenbiologie. DM 16,80
59/60 C. Streffer: Strahlen-Biochemie. DM 14,80

Bitte Gesamtverzeichnis der Reihe anfordern!

MIX
Papier aus verantwortungsvollen Quellen
Paper from responsible sources
FSC® C105338

If you have any concerns about our products,
you can contact us on
ProductSafety@springernature.com

In case Publisher is established outside the EU,
the EU authorized representative is:
**Springer Nature Customer Service Center GmbH
Europaplatz 3, 69115 Heidelberg, Germany**

Printed by Libri Plureos GmbH
in Hamburg, Germany